H. J. L. Baudrillart

La Normandie

(passé et présent)

Elibron Classics
www.elibron.com

Elibron Classics series.

ISBN 0-543-82600-7 (paperback)
ISBN 0-543-82599-X (hardcover)

This Elibron Classics Replica Edition is an unabridged facsimile of the edition published in 1880 by Hachette et Cie, Paris.

LA NORMANDIE

(PASSÉ ET PRÉSENT)

25095. — PARIS, TYPOGRAPHIE A. LAHURE
9, Rue de Fleurus, 9

LES POPULATIONS AGRICOLES DE LA FRANCE

LA NORMANDIE

(PASSÉ ET PRÉSENT)

ENQUÊTE

FAITE AU NOM DE L'ACADÉMIE DES SCIENCES MORALES ET POLITIQUES

PAR

M. H. BAUDRILLART

MEMBRE DE L'INSTITUT

PARIS

LIBRAIRIE HACHETTE ET Cie

79, BOULEVARD SAINT-GERMAIN, 79

1880

PRÉFACE

Je dois expliquer en peu de mots l'origine de cette Étude sur les populations agricoles de la Normandie et sur la série de travaux du même genre qui, je l'espère du moins, sont destinés à lui succéder. Elle a été faite à la suite d'une mission dont j'ai été chargé par l'Académie des sciences morales et politiques, qui a coutume, depuis bien des années déjà, de confier à un de ses membres des missions analogues. M. le docteur Villermé, M. Benoiston de Chateauneuf, M. Adolphe Blanqui, ont ouvert avec un grand honneur cette voie parcourue depuis avec éclat par M. Léonce de Lavergne et par M. Louis Reybaud, ces deux membres éminents de la même Académie, dont nous déplorons la perte récente. Les rapports où ils ont consigné les résultats de leurs enquêtes, lus dans les séances hebdomadaires de cette savante Compagnie, sont devenus des livres. On les consulte avec fruit, nous pourrions dire même qu'on les lit avec plaisir, tant ils ont su répandre d'attrait sur les matières qui y sont traitées! Je rends plus loin hommage au bel ouvrage de M. Louis Reybaud sur les Populations manufacturières. Ce n'est pas le livre le plus populaire qu'il ait écrit, sans parler même des œuvres étrangères à la science auxquelles il a attaché sa réputation; mais il n'a rien fait de plus accompli pour le fond comme pour la forme. On le saurait mieux si la célébrité des ouvrages se mesurait toujours à leur valeur, et si tout écrit portant un titre spécial n'avait trop l'air de s'adresser par cela même exclusivement à des gens spéciaux. Cela ne serait pas, si le grand public recherchait davantage ce qui intéresse éminemment le pays tout entier, et ce n'est pas se hasarder beaucoup de mettre parmi ces choses l'organisation de l'industrie, qui tient chez nous une place immense, et les intérêts agricoles qui en occupent une plus grande encore, consacrée pour ainsi dire par la vocation de notre génie et de notre sol comme par toutes nos traditions nationales.

M. L. Reybaud ne s'est occupé que des manufactures, comme la plupart de ses prédécesseurs, ce qui s'explique de reste par l'importance qu'ont prise, depuis un demi-siècle surtout, les choses industrielles. Elles ont fait naître plus que n'importe quelle cause les questions sociales, en suscitant les luttes du travail et du capital, ainsi que les controverses ardentes qui sont venues s'y joindre. M. Léonce de Lavergne, dans sa mission de bien moindre durée pourtant que celle de M. Reybaud, laquelle s'est prolongée une vingtaine d'années, a seul touché à l'agriculture d'une manière un peu suivie. Mais son enquête, comme on le voit par le volume intitulé : *Économie rurale de la France*, portait sur un point particulier, les progrès de l'agriculture depuis 1789, et le livre est lui-même avant tout celui d'un économiste agronome, bien que l'historien et le politique trouvent à y dire leur mot dans les questions générales. Le travail que l'Académie m'a fait l'honneur de me demander est fort différent. Ce qu'elle me charge d'étudier, ce n'est pas l'agriculture, mais l'*état moral et matériel des populations agricoles*. Les différences de ces deux sujets sont visibles. J'y insisterai d'autant moins qu'on les trouvera expliquées plus complètement dès le début de mes Rapports, où je marque le caractère de ces études et ce qu'elles ont aussi de réellement nouveau. Nous manquons en effet de *monographies* qui indiquent avec précision pour chaque province, et qui permettent de déterminer pour l'ensemble de notre pays, la situation morale et l'état économique des populations rurales. Les documents sont incomplets et dispersés, et rien ne dispense ni de l'effort qui peut les réunir et les coordonner, ni de l'étude directe nécessaire pour combler les lacunes de ces documents, quelle qu'en soit la source, officielle ou non.

Sans insister davantage sur la méthode que j'ai suivie, et que je me suis appliqué également à justifier dans la partie préliminaire de ces Études, je dirai seulement que j'ai cru nécessaire d'y compléter l'observation par l'histoire. La cause des jugements excessifs ou faux qu'on porte sur ces matières, dans un sens soit optimiste, soit pessimiste, est presque toujours l'absence ou l'ignorance de données exactes, qui permettent de comparer avec quelque sûreté le présent au passé. Toutes les fois qu'on a la chance favorable de pouvoir mettre la main sur ces données, il faut donc se garder de les négliger. Or, c'est heureusement le cas pour certaines époques de l'histoire économique des classes rurales de la Normandie, encore assez mal connues il n'y a pas bien des années, mais que l'érudition la plus exacte et la plus sagace a su tirer des vieilles chartes. Heureuses nos autres provinces, si toutes rencontraient pour éclaircir leurs origines, des hommes de profond savoir comme M. Léopold Delisle !

A quoi sert une telle enquête? — Je réponds : d'abord à faire connaître les faits.

N 'est-ce donc rien que cela?

C'est beaucoup pour ceux qui aiment la vérité, alors même qu'elle ne servirait à rien.

C'est presque tout pour ceux qui pensent que le vrai mène au bien, ou du moins en est le chemin nécessaire.

Il ne me paraît pas douteux en effet que les questions mal posées tiennent aux faits mal connus. Et, s'il est vrai de dire, comme on le répète communément, qu'une question bien posée est à moitié résolue, il l'est encore plus d'ajouter que bien connaître les faits est la condition absolue et le moyen unique de bien poser les questions.

On était plus aisé, plus heureux autrefois — ou bien : *On était horriblement misérable.* — Formules vagues, vains termes qui frappent l'air ! Appréciations toutes faites qu'on répète sans preuves ! Mots de parti qui ne peuvent avoir de valeur que si l'examen historique et l'étude des réalités actuelles arrivent à leur donner quelque autorité ! Ce qui est plus ou moins vrai pour une période cesse de l'être pour une autre. Sauf certains points communs, différente est la situation au treizième siècle ou au quinzième, ou au dix-septième et au dix-huitième. Comparez, autant que faire se peut, les consommations, les salaires, le régime de vie, le pouvoir de l'argent, la nature des dépenses propres à chaque condition, et n'oubliez pas l'état moral qui fait qu'on use bien ou mal de ses ressources, qu'on les dissipe pour des satisfactions fugitives et grossières, ou qu'on sait par de prévoyants calculs les convertir en achats de terres et en épargnes.

Telle forme de la propriété (la petite propriété par exemple) sera louée ou blâmée comme un fait non seulement d'ordre économique, mais d'ordre politique, par ceux qui y voient une création de la Révolution. On signalera tel fait relatif à la moralité ou à l'immoralité dans les campagnes comme une nouveauté. Encore faut-il s'assurer si ces assertions sont fondées et dans quelle mesure elles le sont. Ainsi, pour un fait comme la division de la propriété, il n'est pas indifférent de savoir si c'est un fait factice et violent, ou naturel, et qui est sorti de la nécessité historique, c'est-à-dire à certaines époques de la force des choses et du libre jeu des transactions.

Il y a des nouveautés assurément, et de bien fécondes. L'histoire ne dément pas le progrès ; elle l'atteste et le démontre. Nous avons raison d'être fiers de ces conquêtes dues à la science, à la civilisation, à la liberté de travail, qui portent à la fois sur l'amélioration du sol et sur la condition de l'habitant. A nos yeux notre société, malgré ses lacunes et ses défauts, est encore et de beaucoup la meilleure et la mieux faite que le monde ait connue. C'est celle qui fait la moindre part aux arrangements artificiels, à la force dans ce qui est et doit rester libre. Mais faudra-t-il que nos progrès nous rendent aveugles? N'y a-t-il pas aussi, par comparaison au passé, des symptômes nouveaux ou jusqu'à un certain point aggravés, dont il y aurait lieu de se préoccuper aujourd'hui ?

Comment ne pas porter son attention sur ce fait, si l'observation l'établit, fait bien étrange au milieu de tant d'incontestables accroissements de richesse et de bien-être : *La France se dépeuple?* Elle se dépeuple, où ? dans les régions les plus prospères, les mieux faites pour ouvrir un débouché abondant au travail humain. Lorsque la dépopulation ne se produit pas, l'augmentation se fait avec une lenteur anormale, exceptionnelle, sans proportion avec nos ressources !

Et que dire de cet autre fait, si une enquête attentive le démontre, de ce fait qui lui aussi formerait un singulier, un humiliant contraste avec toutes les preuves qui attestent dans les campagnes le progrès de l'instruction et de la dignité individuelle? L'intempérance, même si on établit qu'elle est ancienne, a pris une forme *nouvelle*, *désastreuse*, sans comparaison avec tout ce que l'on connaissait, *l'alcoolisme*. Et il ne s'agit plus dans certaines régions d'un excès plus ou moins fréquent, mais d'un vice endémique qui cause de véritables ravages !

Que de questions encore morales et matérielles dont il y a lieu de constater l'état expérimentalement ! De quoi s'agit-il ici ? De connaître la France, de la bien connaître, pour l'aimer saine et forte, pour la maintenir telle et développer encore ses ressources de tout genre, pour la guérir malade, si les remèdes, comme je n'en doute pas, sont en notre puissance. Comment croire que des études consciencieuses ne peuvent y aider d'une manière sérieuse?

Dans ce travail, nous avons mis peu de généralités, nous n'avons pas fait de polémique. Nous avons pensé qu'elles seraient ici déplacées. L'économie politique comme science vise aux *lois*, aux lois générales qui gouvernent la production, la distribution, la consommation. Il en est de tellement claires, de tellement établies, qu'on peut s'y appuyer, mais nous évitons toute recherche de cette sorte, et nous avons soin d'écarter non seulement tout appareil, mais toute pensée systématique. Nous ne prétendons pas aller plus loin que les *classes*, c'est-à-dire que nous décrivons des *genres*, des *types* de cultivateurs, qui se dégagent sous l'influence de telle nature de sol, de climat, de cultures. Tels par exemple l'*herbager*, le *cultivateur de la plaine*, le *propriétaire ou fermier-usinier*, qui fabrique le beurre dans le Bessin, le *petit propriétaire* du Bocage, qui lutte à force de courage et de patience contre un sol ingrat, et aussi ce qu'il y a de propre aux populations agricoles des diverses circonscriptions de la Normandie. Le reste appartient à la statistique morale ou économique procédant, comme toute statistique régulière, d'abord par des cas particuliers qui, lorsqu'ils se présentent en nombre suffisant dans des conditions analogues, deviennent des vérités générales. Ainsi se forme, appuyée sur des chiffres, notre appréciation des tendances de la propriété rurale, de la situation des propriétaires qui font valoir eux-mêmes, ou des fermiers; de l'état des baux, de l'alimentation, du vêtement, de l'habitation; des questions de main-d'œuvre, de salaires et de gages, d'émigration ou d'immigration, chez les ouvriers agricoles.

Quel avantage il y aurait à ce que de tels documents existassent complets et condensés pour toutes les époques et toutes les provinces de l'ancienne France! Ce qui en paraît, à certains moments, est même dans les écrivains les plus médiocres recherché avec avidité. Presque toujours il faut compulser les vieilles archives, au prix de quelles difficultés de toute sorte, et trop souvent sans succès, comme aujourd'hui encore il faut s'adresser au prix de bien des efforts à tous les moyens d'information. Modestes ouvriers de l'heure présente, tâchons de préparer pour l'avenir de tels documents nets, précis, exacts, dépouillés de ce qui les encombre et les obscurcit, c'est-à-dire des éléments étrangers qui s'y mêlent; et, en étant de quelque utilité peut-être à la Patrie, qui retrouve là son image fidèlement reproduite sans dénigrement et sans flatterie, nous aurons chance aussi, pour obscur que nous soyons, de laisser quelques matériaux à l'Histoire.

HENRI BAUDRILLART.

LA NORMANDIE

(PASSÉ ET PRÉSENT)

CHAPITRE PREMIER

NATURE ET OBJET DE CE TRAVAIL — MÉTHODE

Avant de rendre compte à l'Académie de la mission dont elle m'a fait l'honneur de me charger, j'ai un premier devoir à remplir envers elle. Je ne ferai que répondre à sa pensée en rendant hommage au cher et savant confrère qu'elle a vu, avec un vif regret, obligé par la maladie d'interrompre la mission, qu'il a si longtemps remplie avec un rare mérite. L'œuvre que M. Louis Reybaud a élevée sous nos yeux, année par année, à l'étude des populations manufacturières, et qui attendait à peine la dernière main pour être entièrement achevée, a été, dans vos réunions privées et dans vos séances publiques, l'objet d'éloges auxquels l'opinion s'est associée par ses organes les plus accrédités. On a dit avec raison de cette œuvre qu'elle est « un véritable monument ». Elle mérite un tel honneur par le vif amour de la vérité qui en fait l'inspiration, par l'exactitude et la richesse des informations, par l'excellence de la méthode. Ajoutons à ces qualités le jugement le plus ferme, le moins disposé à se laisser aller aux chimères, bien qu'il comprenne toutes les nouveautés utiles. Comment hésiter à affirmer que ce sont là les qualités mêmes qui, dans cet ordre de travaux, font les livres solides et durables?

Les belles études de M. Louis Reybaud nous présentent une image fidèle et presque complète de l'état moral, intellectuel et matériel des populations ouvrières au dix-neuvième siècle. Les mœurs comme les salaires et les conditions de vie des cinq groupes importants du travail manufacturier, la soie, le coton, la laine, la houille et le fer, y sont retracés de la manière la plus exacte avec leur physionomie distincte. On ne saurait trouver des idées plus saines sur les questions économiques et sur les problèmes sociaux. Ajoutez que le talent de l'écrivain n'est pas moindre dans l'œuvre que M. Louis Reybaud léguera à l'Académie, à son pays, à l'avenir qui cherchera dans cet excellent livre le tableau moral et matériel de nos grandes industries.

L'Académie ne saurait exiger une telle réunion de qualités de tous ceux qu'elle charge de missions analogues. Je ne puis me dissimuler pourtant qu'un tel souvenir si récent semble rendre plus difficile encore une tâche qui l'est déjà beaucoup par elle-même. Il est encore plus malaisé de bien observer et de bien juger les populations agricoles que les populations manufacturières. Celles-ci semblent souvent s'offrir comme d'elles-mêmes à l'observateur. Elles vivent groupées dans de grands centres, et présentent, malgré des diversités réelles auxquelles il faut faire une juste part, des traits communs fort accusés. Outre l'étude directe qu'on peut en faire, on rencontre les sources les plus variées d'informations. Les classes manufacturières ont été l'objet de l'attention particulière de notre temps, en raison de l'intérêt extraordinaire qui s'attache à l'industrie elle-même. Elles semblent mêlées à notre histoire même, par la part qu'elles ont prise à nos luttes sociales, comme par le retentissement qu'ont eu les théories sur le travail et le capital. Leurs progrès et leurs misères, leur instruction ou leur ignorance, leurs désirs légitimes ou exagérés ont acquis l'importance d'événements publics.

Rien de pareil pour les populations agricoles.

Elles vivent retirées, dispersées, modestes. Leur travail se poursuit obscurément ; leurs progrès s'accomplissent sans bruit, leurs misères mêmes sont silencieuses.

Point de luttes sanglantes engagées de nos jours en leur nom, point de controverse retentissante. Elles suivent leur destinée laborieuse avec une sorte de mouvement régulier qui rappelle celui de la nature elle-même. Si leurs qualités font peu parler d'elles, leurs vices, car elles n'en sont pas exemptes, semblent aussi plus cachés : ils font moins scandale, troublent moins la société, et ne nuisent guère qu'à ceux qui s'y livrent.

Ces classes enfin semblent, autant qu'elles peuvent, se tenir à l'écart de la société. Elles la servent avec une activité infatigable, et ne lui demandent aucun privilége. Loin de là : elles s'étonnent presque, et quelquefois s'obstinent à résister, lorsque l'autorité publique fait pénétrer dans les campagnes les moyens les plus modestes de l'assistance intellectuelle ou matérielle.

Ajoutez à ces difficultés que les classes agricoles offrent de grandes diversités : diversité dans les conditions physiques du sol, dans le climat; diversité dans la race, dans les systèmes d'amodiation, dans la division des propriétés, dans la nature des cultures, dans les habitudes locales. Les différences, qui tendent à s'effacer dans l'industrie, au point de laisser apparaître seulement dans ses produits quelques qualités distinctives de région ou de race, semblent s'exagérer dans la population agricole. Elle est restée pour ainsi dire provinciale. Bien plus : on y rencontre des caractères locaux et spéciaux, souvent très distincts, dans les circonscriptions auxquelles nous avons donné les noms de départements, d'arrondissements.

La méthode à suivre dans ces recherches doit se conformer à ces conditions particulières. Le tableau cesserait d'être fidèle, s'il ne prenait soin de se plier à cette diversité des modèles. Il doit être varié sous peine d'être inexact, s'adapter à des régions nombreuses, et pourtant éviter de tomber dans la statistique purement locale. Aussi d'un côté, il ne faut pas trop hâter, trop multiplier les conclusions générales ; d'un autre côté, on ne doit pas négliger de tirer toutes celles que fournit l'observation la plus étendue.

J'ai fait de mon mieux pour vaincre ces difficultés, pour m'écarter le moins possible de cette méthode qui concilierait des nécessités si différentes. J'ai vu le plus possible par moi-même; j'ai interrogé des personnes compétentes mises en rapport par leurs occupations habituelles avec la population agricole; j'ai pu réunir enfin un assez grand nombre de documents instructifs. Qu'il me soit permis de remercier ici tous ceux qui ont bien voulu m'aider de leur concours, soit en consacrant des journées entières à me servir de guides, soit en me fournissant par écrit de précieuses indications[1]. Le titre que je tenais de vous a été auprès d'eux ma plus efficace recommandation. Elle m'a permis d'obtenir des renseignements qui autrement ne se seraient livrés qu'avec beaucoup de réserve. Il m'a suffi de produire ce titre pour qu'une bienveillance pleine d'obligeance, je dirais presque un sentiment de déférence qui s'adressait non à ma personne, mais à un corps que la France tout entière a appris à honorer, prît la place de cet esprit un peu défiant qu'on attribue aux habitants des campagnes.

Après avoir indiqué les difficultés de la tâche, il me resterait à en signaler l'importance. Il serait superflu d'y insister. L'importance en effet des classes agricoles peut-elle être exagérée? On a répété, on répète encore avec raison que la France est un pays essentiellement agricole. Vérité qui ne saurait porter atteinte à son rôle industriel attesté par tant de succès, et dont l'agriculture elle-même ne peut se désintéresser; car l'industrie

[1] Je dois remercier particulièrement M. Barral, l'éminent secrétaire perpétuel de la Société nationale d'agriculture de France, qui a mis le plus obligeant empressement à me faire entrer en rapport avec plusieurs propriétaires et cultivateurs des mieux en état de me renseigner.

est le grand débouché de l'agriculture; elle contribue à assurer à ses produits un prix rémunérateur, donne lieu à d'importantes cultures spéciales et rend à la terre autant qu'elle lui emprunte. Mais en regardant l'agriculture et l'industrie comme deux alliées, et non comme des rivales, dont les intérêts seraient opposés, on doit reconnaître la supériorité de l'agriculture dans notre pays, dont la vocation agricole s'est manifestée de tout temps, parce qu'elle tient à la nature des choses, et qu'elle est déterminée par la situation géographique de la France et son climat, comme par la constitution d'un sol qui, presque partout fertile, se prête aux productions les plus variées. Pour mesurer l'importance de quelques-unes de ces productions, il suffirait d'indiquer le blé et la vigne. La France compte plus de 7 millions d'hectares cultivés en blé, et la récolte annuelle y atteint de 80 à 100 millions d'hectolitres. Celle du vin s'est élevée en moyenne à plus de 56 millions d'hectolitres pour les dix dernières années. Combien d'autres richesses il y faudrait ajouter!

Que sera-ce si des produits on passe aux producteurs, à cette population agricole qui doit nous occuper dans ce travail d'enquête?

Le recensement de 1872 évaluait à 18 millions et demi le chiffre de la population exclusivement rurale de notre pays, c'était alors un peu plus de la moitié (52 pour 100 de la population totale).

Lors de la grande enquête agricole de 1867, il n'y avait pas en France moins de 3 790 750 propriétaires agriculteurs, dont 1 751 934 cultivaient de leurs mains leur terre seule; 47 424 la faisaient cultiver par les soins d'un maître-valet, et 10215 par les soins d'un régisseur. Les autres, outre qu'ils cultivaient leur propre terre, cultivaient aussi celle d'autrui, savoir : 648 856 comme fermiers; 203 860 comme métayers et colons, et 1 134 490 comme journaliers. De tels chiffres, peu modifiés depuis lors, ont leur éloquence. Une telle population est vraiment le centre et le cœur du pays.

Ces populations en représentent aussi, à d'autres égards, l'élément le plus énergique et le plus viril. Nous ne déprécions pas les villes; nous reconnaissons leur rôle de premier ordre dans la civilisation générale; mais sans les campagnes on peut demander où en seraient la force et la santé de la race française sa santé et sa force morales aussi bien que physiques.

Les populations agricoles donnent lieu à une foule de questions d'une capitale importance pour la prospérité de notre pays. Mais la discussion de ces questions doit être subordonnée à l'observation. Il faut d'abord les connaître avant de songer aux remèdes que réclament leurs maux, aux améliorations que leur sort comporte. On doit se demander quel est l'état de leurs mœurs, de leurs habitudes, de quelle manière s'y présentent la famille, le respect de la propriété, le respect de soi-même, la culture des sentiments moraux qui constituent l'homme développé, civilisé, dans les différents ordres de devoirs,

Leur degré d'instruction appelle aussi l'attention. Outre l'instruction primaire, il faut rechercher où en est l'enseignement agricole, la capacité spéciale qui fait le bon ouvrier, le fermier ou le propriétaire habile à mettre un domaine en valeur, se tenant à l'écart d'un esprit novateur exagéré sans tomber dans l'excès beaucoup plus habituel de la routine.

La manière de vivre des différentes catégories de la population rurale sollicite également les regards de l'observateur. Leurs travaux, leur hygiène, leur alimentation, leur vêtement, leur logement, en un mot leur degré d'aisance ne forment pas une matière d'étude moins intéressante. J'aurai à rechercher si ces populations augmentent ou diminuent, et pour quelles causes; si l'épargne s'y développe sous des formes fructueuses; si les rapports entre le travail et le capital agricole sont satisfaisants; si les salaires s'élèvent, et quelle est la situation de chacune des catégories de la classe qui possède, exploite, cultive la terre. Voilà bien des questions, et je n'en indique pas même d'autres importantes aussi qui se rattachent à cette condition préalable : l'étude consciencieuse, la connaissance exacte des faits.

L'Académie m'avait assigné comme objet d'étude la région du nord-ouest de la France, et d'abord la Normandie. Je viens lui soumettre le résultat de mes recherches sur les populations rurales de cette dernière province. Je commencerai par jeter un coup d'œil sur son passé. Il n'y a pas d'autre moyen de bien apprécier le présent lui-même. On ne peut s'en former une idée exacte que par voie de comparaison. Comment sans cela ne pas s'exposer à prendre pour des nouveautés des choses fort anciennes? Comment discerner aussi ce qui est vraiment nouveau? On se fait trop souvent du passé lui-même une idée favorable ou défavorable à l'excès, sans avoir pris la peine de la soumettre au contrôle des faits : il arrive de là que tour à tour on calomnie le présent ou qu'on en exalte les mérites sans mesure. L'emploi de l'histoire se recommande tout particulièrement ici. C'est à la condition d'en faire usage qu'on peut réellement savoir s'il y a progrès dans ces classes et sur quels points ce progrès porte véritablement.

L'Académie a paru elle-même pénétrée de cette vérité, lorsqu'elle a confié, il y a quelques années, une mission agricole à un de nos éminents confrères, M. Léonce de Lavergne. Elle le chargeait de rechercher l'influence de la révolution française sur l'agriculture. C'était indiquer le passé comme point de comparaison. C'est d'une telle comparaison en effet qu'est sorti l'excellent livre de M. de Lavergne sur l'*Économie rurale de la France.*

La mission d'étudier non plus l'agriculture, mais les populations agricoles, semble rendre plus impérieuse la nécessité de s'appuyer d'abord sur la recherche historique : car ces populations ont, s'il est permis de le dire, plus encore une histoire que l'agriculture elle-même, en raison de la part qu'elles ont prise à l'activité nationale et de leurs destinées locales si souvent agitées et toujours si pleines d'intérêt.

Telle est l'étude sommaire que je vais essayer pour la Normandie.

Je remonterai jusqu'à ce moment du moyen âge, où les populations rurales révèlent des traits déjà caractéristiques et distincts. Pour cela j'ai dû puiser à plusieurs sources, mais nulle part avec plus d'abondance que dans deux ouvrages remplis de recherches savantes et vraiment originales.

L'un est l'étude considérable et si justement estimée de M. Léopold Delisle sur les populations agricoles de la Normandie, depuis le onzième siècle jusques et y compris le quatorzième[1]. L'autre est le livre, d'une érudition également empruntée à nos vieilles chartes, de M. de Beaurepaire, qui semble s'être donné pour tâche de faire suite au précédent[2].

Nous aurons soin de grouper ces indications autour de quelques idées principales. Nous signalerons déjà bien des rapprochements avec le présent, objet spécial de cette enquête. Ce résumé, si incomplet qu'il puisse être, de l'histoire des populations agricoles de la Normandie, aura donc son utilité pour ainsi dire pratique en vue d'une comparaison entre la société agricole du passé et les classes rurales actuelles; il nous en fournira les éléments sous le triple rapport moral, intellectuel et matériel.

[1] *Études sur la condition de la classe agricole et l'état de l'agriculture en Normandie au moyen âge*, par M. Léopold Delisle.

[2] *Notes et documents concernant l'état des campagnes de la Haute-Normandie dans les derniers temps du moyen âge*, par M. Ch. Robillard de Baurepaire.

CHAPITRE II

LA NORMANDIE AU MOYEN AGE

I

FORMATION DES CLASSES AGRICOLES EN NORMANDIE
LEUR INDÉPENDANCE
ET LEUR SENTIMENT DU DROIT
ELLES SONT AU MOYEN AGE LES PLUS AVANCÉES DE LA FRANCE

On a plus d'une fois eu occasion de remarquer, comme un des traits des populations normandes, un sentiment prononcé d'indépendance individuelle et d'intérêt calculateur; nous le rencontrons chez ces populations dès le moyen âge. Il serait difficile de dire pour combien y entrèrent les conquérants danois ou norwégiens au dixième siècle, et les populations indigènes de la Neustrie sur lesquelles ils étendirent leur domination.

La conquête commença par diviser le pays « au cordeau », disent les anciens chroniqueurs; c'était la manière d'arpenter usitée en Scandinavie. Toutes les terres désertes ou cultivées, à l'exception de celles des églises, furent partagées de nouveau, sans avoir égard aux droits des indigènes. Beaucoup d'artisans et de laboureurs acceptèrent volontairement le gouvernement du chef norwégien, Rolf, que les habitants prononçaient *Rou*. Ce chef passait pour le plus grand ennemi des voleurs et le plus grand justicier de son temps. Parmi les Norwégiens eux-mêmes, il y eut toutefois des dissidents qui, refusant de recevoir le baptême avec leur chef, formèrent une colonie à part, et se fixèrent aux environs de Bayeux. Peut-être furent-ils attirés de ce côté par les mœurs et le langage des habitants de Bayeux qui, Saxons d'origine, parlaient encore, au dixième siècle, un dialecte germanique. Ainsi, de toute façon, on se retrouve, pour une partie notable du moins de la Normandie, en présence d'une race qui rappelle les éléments de la population anglaise, telle qu'elle existe encore aujourd'hui.

M. Augustin Thierry fait remarquer que, lorsqu'après quelques générations, la répugnance des barons normands du Bessin et du Cotentin pour le christianisme eût cédé à l'entraînement de l'exemple, l'empreinte du caractère scandinave se retrouvait encore chez eux d'une manière prononcée. Ils se faisaient remarquer, entre les autres seigneurs et chevaliers de la Normandie, par leur extrême turbulence, et par une hostilité presque permanente contre le gouvernement des ducs.

Une classe indépendante et dominatrice s'établit ainsi dans une contrée, dont on confondit tous les habitants sous le nom de Normands ; ce titre, dans l'intérieur même du pays, les conquérants se le réservèrent comme un titre de noblesse. Ce fut le signe de la liberté et de la puissance du droit de lever des impôts sur les bourgeois et les serfs du pays. Tous les Normands de nom et de race furent égaux en droits civils, bien qu'inégaux en grades militaires et en dignités politiques. Nul d'entre eux ne fut taxé que de son propre consentement, nul ne fut assujetti au péage pour le charroi de ses denrées ou pour la navigation sur les fleuves. Tous enfin jouirent du privilège de chasse et de pêche, à l'exclusion des villains et des paysans, termes qui comprenaient en fait toute la population indigène. Ce qu'une telle organisation devait exercer d'influence sur les caractères et la vigueur morale de la race ne saurait échapper à l'observateur.

Si le sentiment d'indépendance devait prendre plus d'une forme dans la race conquérante, la population indigène manifesta de son côté le même sentiment à l'égard de ses seigneurs avec une grande énergie.

Moins d'un siècle après l'établissement du nouvel État, elle eut la pensée de détruire l'inégalité des races.

Ce fut sous le duc Richard II que ce projet éclata par une grande association de défense mutuelle qui s'étendit sur toutes les campagnes et qui réunit la classe agricole, organisée en différents cercles ou *conventicules*, véritables cadres de l'insurrection.

Le trouvère Robert Wace devait, un siècle et demi plus tard, recueillir les souvenirs de cette insurrection redoutable. Il la raconte dans le célèbre *Roman de Rou*, en des vers qui sont d'une grande simplicité et d'une remarquable vigueur. Le vieux poëte place dans la bouche des paysans révoltés ces vers, cités plus d'une fois, sorte de cri de guerre des opprimés contre les oppresseurs, que semble n'avoir plus tard fait que commenter Étienne de la Boétie dans son éloquent et célèbre *Contr'un :*

Nus sumes homes cum il sunt :
Ne nus faut cuer seulement.

Ce n'était pas une exaltation momentanée qui avait produit ce mouvement sous la forme d'une insurrection farouche bientôt noyée dans le sang des principaux chefs, condamnés à d'affreuses tortures. La persévérance, déployée par les classes rurales de la Normandie pour la défense de leurs droits et de leurs intérêts, éclate à travers toute leur histoire. A propos du peu d'empressement du Normand Richard à secourir son beau-père, le roi d'Angleterre, M. Augustin Thierry fait observer que ce peu de zèle « ne provint d'aucun scrupule ni d'aucune répugnance morale, mais de ce que Richard ne vit dans cette intervention rien de favorable à son intérêt, qu'il était « *habile à démêler et ardent à poursuivre, selon le caractère qui distinguait déjà les habitants de la Normandie* ».

Cette « habileté à démêler leurs intérêts », cette ardeur à en poursuivre la satisfaction, sont, en effet, les traits qui continueront à caractériser les classes rurales de la Normandie. On le verra pour ces mêmes populations agricoles, qui réussirent mieux à s'assurer des garanties vis-à-vis de leurs seigneurs par des luttes pacifiques. qu'elles ne l'avaient fait par la violence et l'insurrection,

Nous en avons la preuve dès le onzième siècle, et dans la première partie du douzième. C'est un fait avéré, que les populations rurales normandes sont alors beaucoup plus avancées sous le rapport des libertés et des avantages divers dont elles jouissent, que ne l'est en général le reste de la France agricole. Elles ont obtenu l'abolition ou la conversion des redevances et des services les plus pénibles, et c'est à peine si le servage y subsiste.

L'avance prise par la Normandie n'est guère, au jugement de M. Léopold Delisle, moindre de deux siècles.

Le simple exposé de l'état des serfs dans la France du treizième siècle, par Philippe de Beaumanoir, le démontre. On voit, en France, à cette époque, deux sortes de serfs, les uns tellement assujettis que le seigneur peut, à leur mort, prendre tout ce qu'ils ont, et, suivant son bon plaisir, les retenir en prison, sans avoir à en rendre compte qu'à Dieu; les autres, traités avec plus de douceur, n'en sont pas moins soumis à des conditions fort pénibles : s'ils viennent à mourir où à épouser une femme franche, leurs biens meubles et immeubles appartiennent au seigneur.

Or, dès le onzième siècle, les paysans en Normandie peuvent se marier en suivant leurs inclinations, transmettre leurs biens à leurs héritiers, en payant, au seigneur, au lieu du prix de l'héritage, un simple droit de relief. Le mot de servage cesse de s'appliquer à cette population. Les actes distinguent les hommes francs et les *paysans*. Les mêmes actes attribuent aux hommes libres et de classe moyenne le nom de *vavasseurs*; c'est une véritable classe intermédiaire dont l'élite paraît se rapprocher à certains égards de la classe noble. On le constate, dans le pays de Bayeux, pour ceux qui devaient le service militaire à cheval, armés de lances, d'écus et d'épées. Il y a aussi des catégories dans la classe qui vient après. Les *hôtes*, *hospites*. ont une cabane, une cour, un jardin; quelques-uns même possèdent une véritable aisance. Le paysans proprement dits composent la population la plus nombreuse : ce sont eux qui portent en latin les noms de : *rustici*, *rusticani*, *ruricolæ* et *villani*. Ils acquittent des rentes et des corvées. Enfin, on trouve les *bordiers*, qui se placent à un degré plus bas, rendent des services plus pénibles, ceux de la domesticité, tandis que les travaux des autres paysans avaient surtout pour objet l'exploitation des champs. Ne voilà-t-il pas une classe rurale avec tous ses degrés?

La plupart de ces droits et de ces avantages furent le plus souvent garantis par des *chartes*, que les paysans signaient à l'aide d'un sceau particulier. Il n'en est pas une pour ainsi dire qui n'ait été le fruit de luttes lentes et successives. De très-bonne heure les Normands s'habituent à discuter leurs intérêts; on les voit maintenir la limite de leurs droits avec persistance, s'appliquer à la reculer tant qu'elles peuvent. L'usage fréquent des pièces écrites est fort ancien chez ces populations un peu défiantes, et qui n'avaient que trop de raisons de prendre leurs précautions devant la force. Ce sont, non seulement des contrats, mais des preuves de conviction, dont on fait grand emploi dans les litiges entre les différentes parties, qui seront multipliés par la petite propriété, dont l'existence se constate de bonne heure, ce qui est encore un fait considérable, un résultat de grande portée!

L'humeur processive, qu'on a si souvent relevée comme

un trait de la race, n'a pas, nous le croyons, une autre origine; on voit par là qu'elle date de loin.

Nul doute qu'il ne faille attribuer la prospérité des campagnes en grande partie à ces droits qui procuraient au travail agricole une liberté et une sécurité relatives. La conquête de l'Angleterre y ajoutait une certaine idée de fierté propre à accroître ce sentiment de valeur personnelle; bien plus, il en résultait pour la Normandie des avantages positifs. Le biographe de Guillaume le Conquérant, qui avait été son chapelain, affirme qu'il apporta en Normandie « plus d'or et d'argent que n'en pourrait lever celui qui serait maître du territoire entier de la Gaule ». Toute exagération mise à part, la classe élevée s'y enrichit : les monastères et le haut clergé reçurent de l'or en monnaie, en vases et en lingots. L'Angleterre excellait alors dans la broderie d'or et d'argent et dans tous les ouvrages de luxe. La navigation de ce pays, déjà fort étendue, porta dans la patrie des conquérants beaucoup d'objets rares et précieux inconnus en Gaule même. La cour tenue par le duc Guillaume étala la vaisselle ciselée, les coupes à boire des Saxons, faites de grandes cornes de buffle, garnies de métal aux deux extrémités. Mais en Normandie même tout cet éclat et toutes ces richesses de la classe élevée n'eussent servi de rien, si les populations agricoles ne s'étaient montrées en état par leur travail et leur intelligence d'acquérir elles-mêmes les éléments les plus essentiels de l'aisance et du bien-être avec les conditions suffisantes de liberté qui les assurent! Assistons à ce laborieux développement.

La réunion de la Normandie à la couronne en 1215 paraissait devoir dans la classe élevée et dans la masse agricole éteindre ce sentiment vivace du droit et de la liberté individuelle, ce souci constant des garanties à donner aux intérêts. Il n'en fut rien. Ce sentiment prit un caractère pour ainsi dire permanent dans des privilèges qui devinrent comme la forteresse des droits acquis. La législation normande fut fixée par le serment des barons, comme en Angleterre. Philippe le Bel accorda une sorte de constitution en appelant à siéger un ecclésiastique, un gentilhomme et un notable du tiers état pour chaque bailliage ou vicomté de la province. Louis le Hutin sanctionna, en 1315, la fameuse *charte normande*. Enfin, à partir de 1335, les États se réunirent régulièrement chaque année. Ce fut un bien très appréciable même pour les classes agricoles. Ces États garantissaient des droits précieux et assuraient des décharges d'impôts. Sans doute on devait leur adresser beaucoup plus tard une critique à laquelle ces populations intéressées devaient être sensibles : on leur reprochait d'entraîner des frais. Le vieux publiciste Jean Bodin répond avec beaucoup de vivacité à ce reproche dans sa *République*.

Il prend à témoin les États du Languedoc et ceux de Normandie, en preuve de cette vérité que ce qui cause aux peuples une certaine dépense peut leur en épargner une beaucoup plus grande. « C'est grâce aux États de Normandie, dit-il, que ce pays a été déchargé de 400 000 livres, qui furent distribuées sur les autres gouvernements qui n'ont point d'États. »

Nous venons de recueillir bien des preuves frappantes

de ce vif sentiment, de cette intelligence pratique de droits soutenus avec une patience énergique. L'histoire nous en fournira d'autres; mais recherchons dans la même période ce qu'on sait de l'instruction, de la moralité et de l'état matériel des classes agricoles en Normandie; il y a là plus d'une révélation curieuse à recueillir.

II

ÉTAT INTELLECTUEL ET MORAL DES CLASSES AGRICOLES DE LA NORMANDIE AU QUATORZIÈME SIÈCLE
L'INTEMPÉRANCE DANS LE PASSÉ — FÊTES DANS LES CAMPAGNES
GOUTS DE PARURE DANS LA CAMPAGNE NORMANDE AU QUATORZIÈME SIÈCLE

C'est d'abord un fait incontestable qu'on rencontre un assez grand nombre d'écoles au treizième et au quatorzième siècle. Il n'est pas douteux que l'élite de la classe rurale en profita. Il est plus difficile de savoir si et jusqu'à quel point la masse des paysans participe à l'instruction élémentaire. Ce serait déjà un fait considérable que les *vavasseurs*, lesquels, nous l'avons dit, n'étaient que des paysans plus aisés, ayant certains avantages de plus que les autres, eussent su en général lire, écrire. La nécessité leur en était enseignée par leur intérêt même. Les rapports compliqués des tenanciers avec leurs seigneurs, les transactions déjà si nombreuses dont les campagnes étaient le théâtre, faisaient de l'instruction une arme véritable. En fait, on voit les vavasseurs de Troarn, en 1234, attester par leurs signatures autographes l'exactitude d'un censier de la baronnie de Troarn, dressé par les soins de l'abbé Saffred. Une classe où était recrutée une bonne partie du clergé aurait-elle pu demeurer sans aucune espèce d'instruction primaire? Ne fallait-il pas éprouver les vocations, choisir les sujets pour ainsi dire aptes à sortir des rangs de la classe agricole?

C'était d'ailleurs alors le clergé qui tenait l'instruction dans ses mains. Or, si on le voit mettre quelques entraves à la création de certaines écoles pour maintenir ses privilèges, les textes aux treizième et quatorzième siècles, et même plus tard, attestent de sa part un bon vouloir actif en faveur de l'instruction populaire.

Les archives de Rouen en témoignent. On y trouve rappelées les dispositions des conciles qui recommandaient aux curés de s'appliquer avec ardeur à l'instruction de leurs villages.

Il est naturel enfin de supposer que cette instruction, au moins rudimentaire, devait être facilitée encore par la présence d'une multitude de clercs au milieu des campagnes. En attendant la collation d'un bénéfice, ils restaient parfois longtemps au milieu des paysans; ils en partageaient la vie et les travaux.

Mais aucune preuve n'est plus décisive que ces actes relatifs aux écoles qu'on rencontre assez fréquemment, actes qui se rapportent tantôt à leur création, tantôt à des mesures qui en modifient la discipline. On voit, par exemple, que le mode d'instituer les maîtres ne fut pas toujours le même. C'est ainsi que les pouvoirs du maître d'école du Neubourg expiraient au bout de trois ans. Bien que tout donne lieu de croire que ces instituteurs s'acquittaient à leur honneur des fonctions qui leur étaient confiées, nulle époque n'a été exempte de certains scandales qu'attestent les registres de l'official de Rouen. Ils nous montrent la condamnation à la prison et à l'amende, à une époque un peu ultérieure, il est vrai, en 1458, d'un certain Mathieu le Helleur, maître d'école du Bourg-Achard, pour des faits d'immoralité qui sont très clairement spécifiés.

Tout témoigne assurément de grandes et délicates vertus dans ces siècles du moyen âge; il serait injuste de vouloir, de parti pris, contester ce qu'il y eut de pureté comme de charité dans une foule d'âmes religieuses; mais, non plus dans les campagnes que dans les villes, on ne doit accepter de confiance des peintures trop flattées.

Nous avons un document qui n'accuse que trop la grossièreté de mœurs du clergé lui-même en Normandie au treizième siècle; c'est le journal des visites pastorales d'Eude Rigaud, archevêque de Rouen; je l'ai parcouru; rien n'est moins édifiant. On a aussi le registre des visites de l'official de Cerisi, près Bayeux, pour les paroisses rurales soumises à sa juridiction au quatorzième siècle.

« En lisant ces procès-verbaux, dont l'authenticité ne saurait être contestée, dit M. L. Delisle, peu suspect de partialité contre le moyen âge, on reste confondu à la vue des désordres qui régnaient dans la plupart des ménages. A chaque instant, notre official doit enregistrer les plus scandaleux débordements. De tous côtés le concubinage et l'adultère appellent une répression qui presque toujours reste impuissante. Le mariage ne conserve plus la moindre dignité : nos malheureux paysans n'y voient guère qu'un marché, peu différent de ceux qu'ils concluent journellement entre eux. Rien n'est plus ordinaire que de trouver les futurs plaidant l'un contre l'autre à la cour de l'official, qui tantôt renvoie les parties libres de contracter ou non le mariage, et tantôt, par une sentence appuyée des anathèmes de l'Église, les force à s'unir, et, suivant son expression, les adjuge l'un à l'autre comme mari et femme! — En parcourant les lettres de rémission dont sont remplis les registres du trésor des chartes, on n'arrive pas à des résultats plus consolants. Seulement, dans les documents de cette espèce, ce sont d'autres vices qui se manifestent au lecteur : le principal est l'ivrognerie, dont au moyen âge les suites étaient probablement encore plus terribles qu'au dix-neuvième siècle. En effet, les excès de boissons étaient fréquemment suivis de rixes dans lesquelles un ou plusieurs des combattants perdaient la vie. Ce dénouement paraissait alors un accident très ordinaire, et, il faut l'avouer, la facilité avec laquelle, dans ces circonstances, les coupables obtenaient des lettres de rémission, dut puissamment contribuer à pervertir la conscience publique. »

Quelle vérité saisissante et triste dans ce tableau!

Ces révélations historiques prouvent à n'en pas douter que le mal qu'on signale aujourd'hui est fort ancien. Pourtant il peut avoir été particulièrement aggravé dans cette seconde moitié du quatorzième siècle, qui ne fut dans aucune classe une époque de moralité. Il varia, eut ses degrés selon les temps, et celui-là n'est pas des meilleurs.

La société du douzième et du treizième siècle, malgré ses vices, vaut incontestablement mieux que celle de la seconde moitié du quatorzième siècle et du quinzième. Il n'en est pas autrement dans les campagnes que dans les villes ; ce sont là d'importantes distinctions à faire.

Continuons à chercher les principaux traits de la population agricole de la Normandie au moyen âge dans des écrits qui remontent à la même période.

Ces traits se mêlent le plus souvent à des descriptions matérielles de la vieille province. Nous y trouvons la preuve, dans le pays, d'une fertilité remarquable, d'une population abondante ; dans la race, de qualités fortes et viriles, d'une culture intellectuelle rare à cette époque. Les auteurs remarquent un goût singulièrement développé pour l'élégance du vêtement dans la partie aisée de la population agricole. Ils sont frappés aussi d'une sociabilité dont la race est loin d'être dépourvue, quoique le sentiment personnel y frappe davantage. Tous ces caractères sont fortement marqués dans un ouvrage, publié sous Charles V, avec ce titre : *Le livre des proprietez des choses*. On y lit, à propos de la Normandie, qu'elle est « moult peuplée, plaine de gens fors et hardis en batailles, courtois en parler, honnestes en habits, piteux de cuer (c'est-à-dire pleins de commisération), paisibles et vivant bien avec les autres nascions ».

Nous lisons de même dans un traité de géographie qui paraît être de la moitié du quinzième siècle : « Le pays de Normandie est bonne duchié, puissant et riche, et est très bon païs de blez et de bestail blanc et rouge, foison de belles forests et petites rivières, grant foison de pommes et de poires, dont l'on fait le citre et le poiré dont le peuple boit, pour ce qu'il n'y croist point de vin, combien qu'il en vient assez par mer et par la rivière de Saine. »

On y voit que la province unit déjà l'industrie manufacturière au travail agricole. « En ce pays se font de moult bons draps en grant foison, et est ce pays de grant revenu au prince. » Il s'y trouve « une brave noblesse, beaucoup de bons marchands par mer et par terre ». Enfin « sont les populaires de grant peine, fort laboureurs hommes et femmes, et sont honnestes gens de vertus et de mesnaige ».

Voilà en quelques mots le portrait moral des classes agricoles de la Normandie au quatorzième et au quinzième siècle. Le même auteur ajoute pourtant, avec non moins de sincérité : « *Ils sont grands beuveurs en leurs festiments, et grand chières se font par boire.* »

Ici une question pourrait se poser déjà. L'intempérance, trop répandue, nous aurons à le constater, dans les classes agricoles normandes, doit-elle être absolument confondue avec le même défaut au moyen âge?

Certes l'intempérance engendre moins de rixes, de querelles sanglantes. En tout les habitudes se sont adoucies ; mais, si on excepte ce progrès, n'est-il pas à craindre relativement à l'ivrognerie que le parallèle ne soit pas de tout point favorable à l'époque moderne? Chez les paysans normands des quatorzième et quinzième siècles, l'intempérance était, comme dans d'autres classes plus élevées, l'accompagnement des repas de cérémonie, la conséquence de fêtes très multipliées. On peut douter par contre que le vice pour ainsi dire quotidien de l'ivrognerie fût très commun. L'intempérance était un excès plus ou moins fréquent, elle n'était pas une maladie invétérée. Les boissons enivrantes présentaient aussi moins de dangers moraux et physiques. Le cidre, et à cette époque la bière, le vin même, plus répandu alors qu'on ne croit, étaient presque les seules boissons usitées. Les liqueurs ne pénètrent que plus tard, et presque exclusivement à l'usage des gens aisés. C'est de notre temps que date l'abus de l'alcool qui procure à la masse, au plus bas prix, la plus dangereuse des ivresses. Faudrait-il donc conclure ici que l'hygiène, la moralité, la vigueur intellectuelle et physique de la race, reçoivent des nouvelles formes de l'intempérance chez ces populations rurales des atteintes plus profondes qu'au moyen âge?... J'avoue sur ce point mes craintes.

Craintes terribles, si elles sont fondées! Conclusion redoutable qui pose à notre temps, justement fier de tant de progrès, un des plus douloureux problèmes qu'il ait à résoudre! L'habitant des campagnes trouve tant de ressources qui manquaient au moyen âge! Il est moins sédentaire. Il vit plus indépendant. Si sa vie est condamnée à des travaux monotones, il voit s'ouvrir devant lui avec moins d'obstacles la perspective du bien-être. Cette terre à laquelle s'applique son travail, elle est à lui le plus souvent. Même réduit à la condition de journalier, il a en général un régime de vie supérieur. Son existence enfin est moins soumise à ces brusques secousses qui mettaient l'homme des campagnes en présence d'épouvantables calamités. Bien que trop souvent encore ignorant, il a pourtant plus de lumières... Il a moins d'excuses aujourd'hui !

Mais un fait subsiste : l'intempérance n'est pas née de nos jours chez ces populations. Il nous est arrivé plus d'une fois, en parcourant la Normandie, d'y entendre répéter cette accusation. Symptôme inquiétant et nouveau, disait-on! Inquiétant, on n'avait que trop raison; nouveau, on se trompait. Nous rencontrons des allusions fréquentes à cette habitude depuis le moyen âge jusqu'aux approches des temps modernes. L'écho s'en retrouve jusque dans ces fameux Vaux-de-Vire qui, quelle qu'en soit l'époque ou l'authenticité, peignent les mœurs de la Normandie dans le passé. Ce vieux penchant de la province y paraît assez souvent, tantôt célébré comme un aimable défaut, tantôt critiqué avec malice. Lisez, par exemple, ces vers épigrammatiques :

On plante des pommiers ès-bords
Des cimetières près des morts;
C'est pour nous remettre en mémoire
Que ceux dont là-gisent les corps
Comme nous ont aimé à boire.

Vraie moralité comme en pouvaient tirer des buveurs qui aimaient à rimer, dussent-ils se borner à puiser leur inspiration un peu terne dans le jus de la pomme.

Combien la vieille France aimait le plaisir et les divertissements! Heureuses, les campagnes témoignaient leur joie par des fêtes; malheureuses, elles y cherchaient une distraction passagère. J'ai été étonné, je l'avoue, de voir à quel point la grave Normandie a eu sa part de ce goût général, combien elle y a porté d'entrain, de sociabilité, qu'on ne retrouve pas toujours dans les races du Nord. Ces joyeuses fêtes, combien il s'y mêle de détails d'un intérêt naïf, parfois touchant! De nos jours, les fêtes et même un peu aussi les réjouissances qui se passaient en famille, ont beaucoup diminué dans ces campagnes. On boit dans les marchés, dans les foires, on boit toutes les fois qu'on fait une vente ou un achat. Sans montrer pour le passé une partialité peu justifiée, combien il y avait dans ces réunions, dans ces repas d'autrefois, quelque chose de plus expansif, de plus cordial, comme de plus hospitalier! Dans les repas de noces des paysans aisés on n'oubliait pas les pauvres, même les passants. Les étrangers avaient leur part préparée. C'étaient surtout des pâtisseries, du vin, diverses friandises. Souvent, quand des paysans se réunissaient pour dîner, chacun apportait son écot. On voit, à un repas de ce genre en 1567, dans la vallée d'Auge, donné par de simples paysans à l'occasion de relevailles, un certain Guillaume Campion, l'un des invités, apporter deux pots de cidre, tandis qu'un autre apporte sa meilleure poule. Ces mœurs n'existent plus guère. Les danses, quoique assez fréquentes dans les villages, le sont beaucoup moins qu'autrefois; elles ont surtout un caractère plus banal. Nulle fête privée ou publique qui ne fût, dans la Normandie du moyen âge, couronnée par des danses animées auxquelles toute la population prenait part. On louait alors des ménestrels, et les jeunes gens allaient en grande pompe et en musique inviter les jeunes filles. On dansait soit dans des endroits couverts, soit sur les places. A Champeaux, près d'Avranches, on dansait dans le cimetière. On donnait parfois un coq au mieux dansant. On mettait pour ces jours-là ses plus beaux vêtements. Nous avons à peine l'idée de la parure recherchée de certaines femmes, qui, possédant une certaine aisance, n'en étaient pas moins des paysannes. On voit par des textes qu'elles mettaient parfois, au quatorzième siècle, des gants blancs, avant d'entrer dans la ronde. « Où il y avait une danse, dit un de ces textes, il print par la main la femme de Pierre Roussel, qui *avoit gans blans sur les mains*[1]. »

Ce goût de parure subsiste dans la population féminine en Normandie. On le rencontre chez les riches fermières. Il descend même quelquefois à l'excès dans des rangs beaucoup plus modestes. Ce goût a paru subir l'influence de notre temps. On vise davantage à se mettre au niveau du supérieur. Mais en lui-même, on a pu s'en convaincre, c'est encore un trait du moyen âge.

III

ÉTAT ÉCONOMIQUE DES CLASSES RURALES EN NORMANDIE A LA MÊME ÉPOQUE — LA POPULATION LES DIVERS CONTRATS DE TRAVAIL — LES CONSOMMATIONS ET LES SALAIRES AUX QUATORZIÈME ET QUINZIÈME SIÈCLES

C'est maintenant de l'état économique des classes agricoles en Normandie pour la même époque que je vais essayer de réunir les traits dispersés. Très souvent

[1] V. l'ouvrage récent si instructif sous ce rapport de M. Siméon Luce : *Histoire de Bertrand Du Guesclin et de son temps.*

les différences avec le présent sont profondes; fréquemment aussi des ressemblances, trop peu aperçues, se manifestent à l'observateur.

Nous examinons les questions qui se rapportent à l'état économique dans l'ordre suivant : population, nourriture, vêtement, mobilier, main-d'œuvre et salaire, état des baux, dans la mesure où l'histoire, aidée par la publication, en grande partie nouvelle, des textes et des documents, pourra nous permettre de les résoudre.

S'il est impossible de fixer le chiffre de la population agricole en Normandie dans des siècles comme le treizième et le quatorzième, tout semble démontrer qu'elle était fort nombreuse. C'est le témoignage que nous avons vu porté dejà par les contemporains. Ils la déclarent « moult peuplée. » Ils rendent hommage en même temps à la fertilité du sol et au bon état des cultures. Comment oublier d'ailleurs que ces siècles ont, malgré les troubles qui ne leur manquèrent pas, renfermé de longues périodes qu'on peut dire prospères, et qui favorisèrent singulièrement le développement de la population? D'éminents érudits soutiennent même que les provinces qui composaient la France au quatorzième siècle étaient plus peuplées qu'aujourd'hui. C'est là sans doute aller beaucoup trop loin. On trouve cette thèse soutenue par M. Dureau de la Malle, dans un mémoire inséré au recueil des comptes rendus de notre Académie. MM. Moreau de Jonnès, Leber, d'autres érudits, sont arrivés à la même conclusion. Que la Normandie fût peuplée plus qu'aujourd'hui, c'est douteux;

qu'elle le fût beaucoup, c'est ce qu'attestent toutes les vraisemblances, et même certains faits qu'on ne saurait négliger.

La plupart ont été mis en lumière par M. Léopold Delisle avec une grande sagacité. On a un certain nombre de censiers et de registres du quatorzième siècle. La multitude des personnes nommées dans chaque paroisse et le grand nombre des enfants dans chaque famille frappent également. Voici un autre indice qui n'est pas sans valeur : les églises bâties au moyen âge en Normandie sont assez généralement en rapport avec la population moderne : on croit pouvoir en conclure qu'elles étaient faites pour contenir à peu près autant de monde. C'est un fait aussi, au treizième siècle, que la quantité de nouveaux villages qui s'établissent en Normandie, que la vaste étendue de terrains qui sont dépouillés de bois et mis en culture.

On peut tirer d'utiles renseignements du registre ou, comme on disait, du *pouillé* du diocèse de Rouen, rédigé, au treizième siècle même, au commencement de l'épiscopat d'Eude Rigaud. Tout y montre un grand développement de la population agricole. Ce document indique un total de 92 845 chefs de maison, et il omet, non seulement un nombre assez grand de paroissiens, mais même plusieurs paroisses. L'évaluation donnée pour chacun des bailliages de la Normandie au quatorzième siècle fournit des résultats encore plus précis et plus détaillés. En effet, nous trouvons, pour le pays de Caux, 605 paroisses, et 41 901 feux, outre les 525 paroisses et les 18 349 feux situés sur la terre du roi de

Navarre et de Mme de Valois. Le Cotentin donne 426 paroisses et 64 307 feux. Le pays de Rouen présente 602 paroisses et 60 637 feux. Je dis à dessein le pays, car la ville elle-même n'est pas comprise dans cette évaluation. La campagne y figure donc pour l'immense majorité. Ajoutons enfin que le bailliage de Caen est représenté par 978 paroisses et par 61 204 feux, non compris le comté d'Alençon. C'est un total de 3814 paroisses pour toute la partie désignée ci-dessus de la province et de 308 379 feux. On a recueilli les nombres de feux pour d'autres localités.

Voyons si l'aisance de ces populations agricoles, qui occupaient avec une certaine densité la campagne normande, était en rapport avec la population.

On nous peint cette race forte, vaillante, aussi vigoureuse dans les travaux du labour qu'à la guerre. Rien là qui rappelle ces populations nombreuses, en même temps qu'énervées, comme le furent si longtemps, par exemple, sous nos yeux, les Irlandais, que la pomme de terre nourrissait tout juste assez pour ne pas les laisser mourir. En fait, la richesse en Normandie, richesse produite surtout par l'agriculture, était considérable. On est surpris de la quantité des subsides donnés par cette province. Elle offre, en 1338, à Philippe de Valois, de lui fournir, pour une expédition en Angleterre, quatre mille hommes d'armes, tous gens de qualité, avec quarante mille hommes de pied, elle offre même de les payer pendant trois mois : d'où serait résulté, dit-on, une dépense de 392 000 livres, somme énorme pour l'époque. Voilà donc, tout le confirme, une province qui possède de grands éléments d'aisance, qui dispose de ressources étendues : faut-il penser que les campagnes n'en ressentissent pas le bienfait, qu'elle créassent l'abondance sans la posséder ?

Une grande partie du revenu allait, il est vrai, au clergé, à la noblesse, au duc, très-puissant, et tenant une cour brillante.

Les classes élevées prélevaient donc une forte part de la richesse produite. Le luxe, on ne doit pas l'oublier non plus, régnait au seizième siècle. Il s'étalait dans les costumes comme dans l'ameublement. Il imposait de lourdes charges aux grands. L'entretien de la maison du seul duc de Normandie était, rien que sur ce chapitre, fort coûteux. Au commencement de chaque année, il fallait cinq mille six cent quarante ventres de menu vair pour fourrer les robes des sept chambellans. J'ai sous les yeux une liste de prix d'objets divers, les uns de luxe, les autres de nécessité, pour la Normandie à cette époque; j'y trouve une paire de bottes fourrées pour un de ces dignitaires, marquée pour une somme qui équivaut à plus de 85 francs au pouvoir actuel de l'argent. D'autres objets sont à l'avenant; mais il y a loin de là à conclure que les campagnes n'eussent pas leur large part d'aisance, garantie par l'exercice de ces droits dont nous les avons vues en possession de si bonne heure, assurée tout au moins à ces *vavasseurs* qui formaient l'élite rurale, répandue dans une certaine mesure sur ces *hotes* qui possédaient cabane et enclos, et aussi à un degré moindre sur la masse des paysans,

Ah! nous ne songeons pas à le nier : ce degré d'aisance, qu'on aurait tort de contester pour d'importantes périodes, avait son triste revers de médaille. Quelles terribles épreuves que celles du moyen âge! Quelles dures redevances et corvées que celles auxquelles les paysans restaient soumis! On a raison de protester contre la confusion historique qui, brouillant toutes les époques, ne voyait dans le moyen âge qu'une longue nuit, une série ininterrompue de misères qui en eussent fait un enfer véritable. Ces exagérations ne tiennent pas devant le sérieux examen des faits : mais combien aussi le tableau reste souvent sombre! Et qu'on note ce fait, surtout : même quand les classes agricoles présentent, pendant des séries entières d'années, le spectacle d'une certaine prospérité, par exemple, aux douzième, treizième siècles, et dans la première partie du quatorzième, il n'y a pas moins le cortège habituel de ces temps, les disettes, les famines même, les pestes, le fléau des guerres; ne l'oublions pas dans ce tableau du passé.

La vie des campagnes se résume au moyen âge en général dans ce terme : l'isolement. Combien de maux en résultaient pour les paysans! Et pourtant cet isolement amenait quelquefois aussi une certaine somme de bien-être dans ces localités favorisées. Souffraient-elles, elles trouvaient peu d'assistance du dehors. Étaient-elles dans des conditions plus normales, possédaient-elles une certaine abondance, elles consommaient sur place ce que le sol avait produit avec libéralité. Aujourd'hui le paysan est moins éprouvé sans comparaison; plus libre vis-à-vis des personnes, il est moins à la merci des calamités naturelles : la condition est donc supérieure; mais sur un certain nombre de points du territoire, qu'on doit se garder pourtant de considérer comme misérables, il se peut que les paysans qui vivent de leur travail jouissent d'une moindre abondance de produits alimentaires qu'au moyen âge dans les meilleures périodes. J'ai pu constater qu'il y a des localités où les paysans salariés et les très petits propriétaires ne mangent presque jamais ni bœuf, ni mouton, ni volailles, ni œufs, ni poissons, parce que ces denrées, devenues trop précieuses, sont exportées dans une telle quantité qu'il n'en reste presque rien pour le consommateur sur place. Ces localités ne sont pas les plus nombreuses, et sans doute, au contraire, la nourriture des paysans normands, en beaucoup de régions, a sensiblement gagné; mais enfin ces localités existent; la masse doit s'y contenter d'ordinaire de produits végétaux. Il est presque certain, et même, on va le voir, il est à peu près démontré qu'il n'en était pas ainsi au moyen âge. Les paysans de ce temps conservaient pour eux, là et ailleurs, beaucoup de produits que leurs descendants voient expédier pour le dehors. Conclura-t-on qu'ils voulussent échanger leur condition pour celle du paysan du quatorzième siècle? Non assurément; mais le fait subsiste et s'explique. On conçoit qu'une abondance locale, partielle, relative, ait pu se produire par les causes mêmes qu'une civilisation plus avancée tend à supprimer, la rareté des débouchés, la difficulté des communications.

En somme, je crois pouvoir affirmer que les conditions générales de nourriture pour les classes agricoles normandes à ces époques furent toujours, sous la réserve, et elle est énorme, des mauvaises récoltes et des accidents de diverse nature, plutôt satisfaisantes que mauvaises.

Outre les indices nombreux d'une production abondante des denrées alimentaires comme bétail et comme végétaux, on est frappé d'un fait : la liste des productions naturelles est la même qu'aujourd'hui : deux plantes alimentaires y manquent seulement, d'une réelle importance, il est vrai : la pomme de terre et le sarrasin. Hors ces deux conquêtes, qnant au nombre des plantes d'où l'homme tire sa nourriture, l'agriculture normande roule dans le même cercle qu'autrefois.

Comment savoir si l'ouvrier agricole, si le paysan de la catégorie la moins aisée en avait sa part? Si on n'a pas toutes les indications qu'on voudrait, nous sommes loin pourtant d'en manquer, et il en est de fort précises.

Il reste, par exemple, des textes d'engagements relatifs à la nourriture des ouvriers agricoles, pris par ceux qui les emploient, notamment par des communautés religieuses qui faisaient travailler des ouvriers à gages. On peut nommer Jumièges, Saint-Omer, Saint-Vigor de Bayeux, Montebourt, Beaumont-le-Roger. Je suis frappé, en parcourant ces sortes d'engagements, de voir figurer pour les ouvriers agricoles le pain, le vin même, la bière, le cidre, le lard, les pois, le fromage, en certains cas la viande trois fois par semaine, viande fraiche ou gelée; quelquefois les poules, toujours les œufs et le poisson s'y rencontrent dans de notables proportions. Parmi les produits alimentaires, il y en a, notons-le aussi, d'un usage rendu commun par le bon marché; telle était la viande de porc. En Normandie et ailleurs, il y avait à cette époque de vastes forêts où l'on nourrissait les pourceaux. Aussi le paysan faisait-il son ordinaire de viande de porc. Il la consommait tantôt sous forme de lard salé, tantôt sous forme de jambon. Dans son savant ouvrage sur Du Guesclin et son temps, M. Siméon Luce dit, à propos de pays voisins de la Normandie — et il n'y a nulle raison pour que celle-ci fasse exception — qu'il n'y avait guère de chaumière qui ne fût pourvue d'une broche en bois pour rôtir les volailles ; on avait aussi, paraît-il, l'habitude de les larder afin de les rendre plus savoureuses.

Le quatorzième siècle passe pour une époque de cherté : cela est vrai en effet. Il est incontestable que les consommations de luxe auxquelles j'ai fait allusion en furent cause en partie, mais il ne me paraît guère douteux que la vive demande des produits par une masse aisée n'explique aussi le même fait. Cela dut être vrai surtout avant la trop fameuse peste de 1348. Il y a de grandes inégalités de prix d'ailleurs entre les choses de luxe et les choses usuelles. Si on prend comme base d'appréciation les prix transcrits en assez grand nombre pour la Normandie par les auteurs déjà cités, ils semblent être du moins en un assez habituel rapport avec l'élévation générale des profits et des salaires agricoles. Les salaires des travailleurs paraissent alors aussi élevés qu'ils l'ont été pendant la première moitié de notre siècle. Ces salaires sont souvent en nature, mais très souvent aussi en argent.

Au reste, on trouve fréquemment au siècle suivant une vive expression de regret pour cette époque. L'idée que le quatorzième siècle avait été, dans la première moitié tout au moins, une période de prospérité pour les habitants de campagne, reparaît sous plusieurs formes dans ce quinzième siècle tourmenté de tant de maux, qui jetait un regard plein de tristesse sur ces temps où la masse rurale avait joui de quelque sécurité et de quelque bien-être.

La boisson a moins d'importance sans doute que les aliments solides pour les travailleurs agricoles. Elle en a pourtant une grande, selon qu'elle est plus ou moins saine, plus ou moins fortifiante. Elle en acquiert une particulière, quand elle est de telle nature que les hommes, pendant les travaux pénibles et durant la saison chaude, en absorbent une quantité considérable, que ne peut qu'accroître le manque de possession de soi-même. Je ne crains pas d'affirmer que la boisson en Normandie a pour les classes rurales une importance spéciale, plus grande qu'elle ne l'est dans les pays du Midi qui produisent le vin. Dans ces derniers pays les boissons alcoolisées sont moins nécessaires et l'abus en est moins fréquent. Peut-être ce qu'il y a d'excitant dans la saveur piquante du cidre, et à la fois d'insuffisant dans cette boisson, n'est-il pas étranger au goût des populations pour les liqueurs fortes. Un besoin stimulé, seulement à demi satisfait, en devient plus exigeant.

On peut se demander aussi ce que la classe rurale a pu gagner relativement à la boisson, et d'abord si elle a gagné. La fabrication est meilleure, et on peut s'applaudir de la substitution d'une autre boisson à la cervoise. Cette dernière, ordinairement faite avec l'avoine, était consommée par la classe pauvre, parce qu'elle était moins chère que la cervoise faite avec l'orge et le blé. Mais la grande masse agricole en Normandie, celle qui jouissait des premiers élements de l'aisance, avait à sa disposition des boissons plus variées. La cervoise dominait encore au dix-septième et au dix-huitième siècle, elle persistait même dans plusieurs régions. La bière et le vin s'y joignaient dans des proportions bien plus considérables qu'on ne se le figure. Le cidre ne prend un développement considérable qu'au quinzième siècle dans la Basse-Normandie, de là il gagne la Haute-Normandie, qui semble y avoir longtemps résisté. Cette boisson était dans la classe rurale plus ancienne qu'usitée ; du moins elle ne jouait pas le rôle principal. On en buvait en Normandie dès le douzième siècle, mais à titre accessoire, et c'était, selon toute apparence, un breuvage fort aigre, car on lit que des saints en burent par esprit de pénitence. Les moines et les chanoines de quelques communautés s'en faisaient attribuer aussi une certaine quantité sous la forme de dîme, et sans doute dans un esprit moins austère de mortification. La cervoise était encore d'un usage populaire dans la Haute-Normandie, surtout dans la généralité de Rouen, au seizième et même au dix-septième siècle. Une circonstance donne l'idée de l'importance relative de ces boissons en Normandie. L'impôt jusqu'à un moment avancé du seizième siècle néglige le cidre. Il frappe au contraire la cervoise et la bière comme produits de grande consommation. La fabrication de la bière est représentée par de nombreux brasseurs, et donne lieu à d'importantes corporations. Le vin, ce qui surprend au premier abord, est consommé aux treizième et quatorzième siècles en une notable quantité. Outre ce qu'en apportent la Seine et la mer, l'étendue des vignobles est faite alors pour nous étonner.

En effet, ce n'étaient pas seulement les gens aisés qui buvaient du vin. L'usage en était, sinon habituel, du moins assez fréquent dans la classe rurale. Malgré les progrès du cidre au quatorzième siècle, chaque village à cette époque possédait au moins un établissement où on offrait de la bière et du vin. On reproche aujourd'hui à certains ouvriers de Normandie de pimenter même leur eau-de-vie. Les paysans au moyen âge n'étaient pas innocents d'un usage analogue, ils mettaient du gingembre dans leur vin pour lui donner une saveur plus forte. Plus d'un de ces textes dont s'éclaire la vie privée à cette époque montre l'usage du vin chez les paysans de la condition la plus vulgaire, dès qu'il s'agissait de recevoir des hôtes. On voit dans l'un de ces textes que la femme d'un valet charretier, ayant à traiter deux hôtes qui lui étaient survenus, « mist la nappe, du pain et noys pour mengier, et bailla deux pos pour *aler querir du vin en la ville* [1]. » Les tavernes où l'on débite le vin et où l'on mange, se répandent au quatorzième siècle. Elle s'établissent dans des localités autrefois bien plus habitées qu'aujourd'hui en général, à Neuilly-le-Malherbe, près de Caen, à Mézidon, non loin de Lisieux, à Putot-en-Auge, près de Pont-l'Évèque, etc. Dans une localité, près de Rouen, à Bois-Guillebert, on comptait deux de ces tavernes.

[1] V. Léopold Delisle, *loc. cit.*

La culture de la vigne devait aller en décroissant, décadence, il est inutile de le dire, peu regrettable ; elle se précipite au quinzième siècle, laissant pourtant place encore à un développement assez notable de vignobles au seizième. La vigne ne disparaît qu'au dix-septième, sous les lourds impôts mis par Louis XIII sur les vins ; c'est alors que disparaissaient jusqu'à ces derniers plants des bords de la Seine, qui représentaient ce que la Normandie produisait en ce genre de plus estimé. Les classes rurales ont pris de notre temps le sage parti, sauf un nombre très restreint d'hectares qui restent cultivés en vignes, de demander presque exclusivement à la navigation et aux régions du Midi un vin plus agréable et plus fortifiant. On ne pourrait que s'en applaudir, s'il faisait une concurrence croissante, dans l'usage modéré des populations, à ces liqueurs fermentées dont je signalerai les ravages.

Passons maintenant au vêtement et au mobilier des classes rurales de la Normandie à ces mêmes époques.

Dans les inventaires qu'on met sous nos yeux [1], nous détachons ce qui regarde les paysans, sans excepter les pauvres, qui appartiennent à la population des campagnes. Ainsi on est frappé de la manière satisfaisante dont les habitants de la campagne normande étaient chaussés. Une communauté achète trente paires de souliers pour les pauvres de Saint-Romain. Il est difficile de penser que la majorité se passât de ce que la charité procurait aux plus misérables. Les vêtements de drap

[1] V. spécialement ici le livre de M. de Baurepaire pour ce genre de renseignements.

figurent en assez grand nombre dans les mêmes documents. Il y en a de tout prix, de toute qualité, ainsi que de ces étoffes usuelles comme le rousset, le blanchet, le brunet, etc. Entre le prix de ces draps communs, comme des étoffes usuelles, et celui des draps de luxe, l'écart est considérable. Il est pourtant visible que le bon marché, tel que nous le connaissons en ce genre, n'existe guère alors. Dans cette liste nous rencontrons même des vêtements d'un prix plus élevé, achetés par de simples cultivateurs. Ils sont évalués en sous du temps, valant en général plus d'un franc en poids d'argent. Une transaction de ce genre donne une idée de l'aisance de certains paysans. Un paysan de Houlbec achète d'un paysan de Vitefleur-en-Caux une houppelande doublée de deux draps et d'un chaperon ; il s'engage à payer, d'année en année, le prix de 115 sous, somme considérable, si on calcule la valeur intrinsèque et la puissance d'achat du sol de ce temps-là. Ce marché porte la date du 29 mars 1408. Il n'est pas douteux, et on en a d'ailleurs bien d'autres signes manifestes, qu'il y avait une élite rurale, jalouse d'imiter les goûts d'élégance qui prévalaient alors dans les classes urbaines.

L'usage répandu des étoffes de drap dans la campagne normande me paraît confirmer d'une manière moins restreinte ces exemples particuliers. La prospérité des fabriques de drap dans cette province date du moyen âge. Ces fabriques étaient loin de travailler seulement pour le luxe ou pour l'exportation. Au treizième siècle et au quatorzième, Elbeuf produit de préférence les draps communs, tandis que déjà Louviers renferme sa fabrication dans les draps fins et moelleux qui sont restés son attribut; Caen a des *saies* et des *écarlates;* Bernay des *bures* ou *bureaux;* Rouen des *bouracans;* Lisieux des *bourats*, tissus communs de laine mélangée ; Montivilliers des *droguets*. Cette variété d'articles, ce partage entre divers foyers de production, cette part prépondérante faite aux draps communs, indiquent un marché étendu qui avait en grande partie pour théâtre les campagnes.

A peine remarque-t-on, lorsqu'on parcourt aujourd'hui la Normandie, tant c'est là de notre temps un usage populaire, universel, que les paysans les plus pauvres portent tous ce vêtement de linge, d'une utilité hygiénique reconnue, et non moins nécessaire à la propreté. La chemise passe pour un de ces progrès du vêtement qui sont un signe du nivellement dans les habitudes de propreté et d'hygiène, un perfectionnement dû aux récentes acquisitions du bien-être. Sans contester ce qu'il y a là de juste et de vrai, on aurait du moins tort de croire que l'usage de la chemise soit une nouveauté dans la classe rurale en Normandie. Ce vêtement de corps y était très répandu au quatorzième siècle. Le fait a été mis en lumière par les preuves les plus irréfutables. Un historien que j'ai déjà cité, M. Siméon Luce, l'établit sur une grande abondance d'exemples qui se rapportent à diverses provinces du Nord; mais il n'en est pas qui fournissent autant de preuves que la Normandie. On s'en étonnerait moins, si le préjugé qu'au moyen âge l'usage de ce vêtement de linge était inconnu ne tenait pas à une circonstance particulière : les miniatures nous montrent, dans un état de nudité complet, les personnes qui sont représentées au lit. Les mêmes textes font voir, en effet, que l'usage était d'ôter la chemise pour se coucher. On lit qu'un paysan, nommé Guillot-Suchet, « povre varlet laboureur et misérable personne, prend et allume une chandelle, pour soy couchier, ainsi qu'il estoit ja despoillé de sa chemise, et prest d'entrer en son lit. » Ces textes, qui montrent que l'usage de la chemise dans la classe agricole était général, portent tous le même caractère naïf et concluant.

Les draps de linge sont aussi mentionnés dans les inventaires et dans divers documents. Tout indique que c'était également un objet très répandu dans la classe rurale. A Caligny, au bailliage de Caen, la femme de Pierre de Verre « fait laissive à draps de linge. » — Une anecdote qui se rapporte au même temps ne paraît pas moins probante : « Un soir que Charles de Blois, au retour d'un voyage à Paris, passe par Saint-Aubin-du Cormiers, village situé sur ces marches de Bretagne et Normandie qui ont tant souffert des guerres, il apprend que deux malheureux qui viennent de mourir n'ont laissé ni draps, ni chemises, ni linge d'aucune sorte pour les ensevelir. Le bon duc est tellement frappé du degré de misère dont cette absence de linge est l'indice, qu'il s'arrête aussitôt, préside lui-même à l'inhumation des deux défunts, leur fait dire une messe, et donne quinze sous pour les draps dont on les a enveloppés, ainsi que pour les autres frais de la cérémonie funèbre[1]. »

On ne demeure pas moins frappé en Normandie du

[1] M. Siméon Luce : *Histoire de Bertrand du Guesclin.*

progrès de bien-être attesté au quatorzième siècle dans la même classe par l'état du mobilier.

L'argenterie entre pour une part notable dans la vaisselle des cultivateurs aisés. Il est question à chaque instant de haneps, de gobelets, de cuillers d'argent.

Mais prenons une moyenne moins élevée. Voyons ce qu'était le mobilier, et d'abord l'habitation du paysan.

Relativement au logement, nous devrons signaler bien des lacunes, des imperfections dans l'état actuel. Pourtant le progrès est manifeste. Les maisons sont en général moins grossièrement construites ; elles sont mieux closes ; elles sont aussi le plus souvent mieux éclairées.

Quant au mobilier qui garnit l'intérieur des chaumières au quatorzième siècle, il ressemble beaucoup à celui qu'on y trouve encore de nos jours. On rencontre des sièges de bois, des ustensiles de ménage, une literie, souvent meilleure qu'on ne pourrait le croire. Le verre et l'étain forment la matière ordinaire des objets de gobeletterie.

Chez les paysans aisés le bétail ne manque pas. L'inventaire d'un de ces paysans de Basse-Normandie, dressé en 1355, comprend, en fait de bestiaux, un cheval rouge, deux poulains, deux truies, cinq veaux, deux vaches, deux génisses, une amouillante (nom qu'on donne à une génisse pleine), dix brebis, deux agneaux, deux oies, six oiseaux.

Le mobilier qui garnit la maison se compose de quatre poêles, de deux pots de métal, de quatre haches, de deux écrins, de deux lits de plume, de trois tables, d'un petit écrin, d'un bois de lit, d'une pelle de fer, d'un gril, d'un trou et d'une lanterne. La garde-robe est formée par un surcot de brunette fourré, par un surcot de drap également fourré à usage de femme ; pour le linge on compte huit draps de lit, deux nappes, une serviette. On trouve dans la cave deux tonneaux, deux cuves, un refroidisseur (ustensile dont on ignore la destination), deux pipes (la pipe de vin équivalant à 650 litres), un plomb et deux poulains pour descendre le vin. Les instruments aratoires sont : une charrette ferrée, trois charrettes légères, une charrue ferrée, deux herses, trois bourreaux (c'est le nom du collier de cheval), avec les traits, un boisseau pour mesurer le grain, un truble, une selle pour charrette, une paire de roues de bois, une faux et deux faucilles.

Nous allons enfin, pour achever la description de la situation matérielle des classes agricoles en Normandie dans la même période, dire quelques mots de la main-d'œuvre.

Les difficultés de la main-d'œuvre sont une des plaintes les plus vives que fasse entendre l'agriculture de nos jours. Ces plaintes, on en rencontre partout l'expression en Normandie. Le moyen âge ne les avait pas connues pendant longtemps. Faut-il croire qu'arrivé à un certain point de son développement, il les ait ignorées ? Ce serait une grande erreur. Tant que le régime féodal garda sa vigueur, un certain arrangement fixe, fondé sur un système de redevances et de corvées, à défaut du servage proprement dit, établit en Normandie les rapports du travail rural et de la propriété agricole. Aussi, parmi les difficultés de plus d'un genre qui s'élèvent parfois entre les seigneurs et la masse rurale, on ne voit guère au douzième siècle figurer celles de la main-d'œuvre. L'établissement féodal dispense les grands propriétaires d'avoir recours à des serviteurs loués à l'année ou à des ouvriers loués au jour. Pourtant, à mesure que la féodalité perd de sa force, l'emploi des domestiques et des journaliers devient plus fréquent. A partir de la fin du douzième siècle lui-même, les textes relatifs à ce genre de contrat s'offrent en plus grand nombre. Au treizième siècle, en 1258, on voit que les gages des serviteurs sont une des dépenses ordinaires de l'abbaye de Saint-Victor. La même année, au nombre des créanciers des religieux de Saint-Martin, les domestiques figurent pour trente livres parisis. Or, qu'arrive-t-il? C'est qu'avec une plus grande liberté de débats les difficultés commencent. Qu'on ne s'étonne donc pas de voir, en 1388, les chanoines de Montdaie se plaindre, comme pourrait le faire tel propriétaire de nos jours, que « l'on ne peut trouver serviteur pour cultiver et labourer les terres, qui ne veuille plus gaignier que les serviteurs ne faisoient » au commencement du même siècle. Comment ne pas sentir à ces signes qu'un nouvel ordre de choses commence à poindre? Voici le salaire avec les contestations qu'il amène! Voici déjà, en germe du moins, le travail libre, si fécond en améliorations de tout genre, mais dont l'effet est de mettre aux prises les intérêts des entrepreneurs et de la classe salariée.

Après la période qui, après l'abolition du servage, soumettait le travail agricole à des conditions fixes et immuables, on observe pour les classes rurales de la

Normandie une époque intermédiaire qui prépare le régime moderne des engagements libres et révocables. Cette période remplit plusieurs siècles. Les engagements prennent alors diverses formes et offrent une durée très inégale. Le travail à la journée se montre de plus en plus à partir du treizième siècle; on constate qu'il tient une place importante au quinzième; mais il ne domine pas encore. Au treizième siècle on trouve beaucoup d'engagements perpétuels, passés surtout avec les communautés; dès le siècle suivant, ils deviennent très rares. Ce qui l'emporte, c'est une sorte de domesticité agricole. On voit les hommes s'engager pour un temps déterminé, ceux-ci comme laboureurs, ceux-là comme faucheurs, scieurs de blé, bergers, etc. Beaucoup de ces serviteurs s'obligent à remplir même presque toutes ces besognes, et à faire « tout travail que leur maître voudra commander à faire ouvrable ». La durée de ces engagements varie au reste d'une manière sensible. Lorsqu'ils sont individuels, le terme ne dépasse guère un an ; mais il y a beaucoup d'engagements à deux ans, à trois ans, à cinq ans et même à neuf, lorsque l'engagement est pris au nom de l'homme, de sa femme et de ses enfants. Le terme de neuf années est presque habituel quand les parents louent les services de leurs enfants. Dans ce dernier cas, l'engagement de neuf années semble faire de la domesticité une sorte d'apprentissage. Les maîtres prennent l'engagement écrit de bien traiter l'enfant qui leur est confié[1].

[1] V. ici pour les sources MM. Léopold Delisle et de Beaurepaire.

Citons quelques textes de ces actes nombreux.

On y verra apparaître clairement la forme des contrats de travail et des engagements à cette époque, et se dégager aussi des traits de mœurs qui ont leur prix.

Nous avons un engagement de ce genre, à la date du 8 janvier 1408. Étienne de Berneval, du Val-de-la-Haye, « alloue, pour la nourrir et *la gouverner*, sa fille, âgée de sept ans, à Henri Boterel et à Robine sa femme, du Bosnormand. » — « Pendant neuf ans, lesdits mariés en auront tel service comme elle pourra et sçaura faire, selon sa puissance. Ils la nourriront et la gouverneront *bien et suffisamment* de tous ses nécessaires, et payeront audit Étienne, ou à la petite fille, pour les quatre premières années de sa minorité, 20 sous et pareille somme pour chacune des cinq dernières années. » Ces expressions impliquent, on le voit, certaines stipulations d'humanité comme d'équité. Elles méritent d'autant plus qu'on s'y arrête qu'elles peuvent être regardées, à quelques variantes près, comme la formule de presque tous ces contrats.

Ce qui varie, c'est le mode de payement, c'est le taux des gages.

Ils varient même extrêmement.

Ainsi nous voyons alors, presque au même moment, des enfants pris au même âge, nourris et logés, des gages qui varient entre 20 et 50 sols pour une même durée annuelle. On ne se rend pas toujours compte de ces différences.

Certains contrats nous frappent à d'autres titres. Plus d'une fois, on voit le fils, arrivé à l'âge de majorité, *s'allouer* lui-même avec sa femme, à son propre père pour neuf ans; il s'oblige à le servir diligemment, à demeurer « en son ostel, » « et à labourer et agricoller tous les héritages à lui appartenant ».

Pour les personnes dans la vigueur de l'âge, les gages varient aussi beaucoup : on en trouve de 20, de 30, de 50 sous, etc.

Les circonstances qui expliquent ces écarts ne sont pas indiquées, mais il est permis souvent de s'en rendre compte. Outre la valeur propre des serviteurs et le degré de richesse de ceux qui les emploient, il faut, sans nul doute, avoir égard aux autres avantages qui leur sont garantis en dehors du salaire en argent. Presque toujours le maître s'engage à fournir les serviteurs, hommes ou femmes, de chaussures et de souliers; d'autres avantages plus grands sont assurés en nature, avantages assez grands même pour qu'on s'explique ici que la paye en argent s'en trouve diminuée.

Ainsi, tel de ces serviteurs s'engage pour un an avec sa femme pour 30 sous seulement; mais on voit bientôt qu'indépendamment de la nourriture et du logement, et de divers accessoires, il a droit de nourrir, sur la propriété, ses vaches, ses brebis, un porc, de labourer ses terres avec les charrues et les chevaux de son maître, de pouvoir semer une demi-acre de jachère du *fiens* (fumier) de la cour.

Nous voyons, en 1406, de petits propriétaires, ayant des terres et du bétail, mais que ne saurait faire vivre suffisamment ce domaine trop exigu, louer leur travail à des propriétaires plus riches. Il est évident que ce fait s'étend à d'autres années. Cette combinaison, que nous rencontrons encore aujourd'hui assez fréquemment, n'est donc pas nouvelle : elle remonte au moyen âge.

Les salaires sont assez élevés : on peut s'en convaincre en consultant la longue liste des gages recueillis pour différents métiers, par M. de Beaurepaire, dans ses *Notes et Documents* sur la Normandie. J'ai déjà fait observer qu'en tenant compte, autant qu'il est possible, du prix du blé et de la valeur des monnaies, on trouve dans la première moitié du quatorzième siècle, et aussi dans d'autres périodes, des salaires équivalents à peu près à ceux qui existaient dans les vingt ou trente premières années de notre siècle. Ajoutons, ici encore, qu'il est rare que ces sommes ne soient pas complétées, quand le travail est à l'année, par l'engagement du maître envers l'ouvrier de lui attribuer tant de mines de blé, tant d'aunes de drap, etc.

Est-il possible de savoir ce que pouvait coûter en général la nourriture d'un homme ou d'une femme dans la classe des travailleurs agricoles? Ce genre de recherches ne fut pas étranger aux hommes du quatorzième et du quinzième siècle. Nous trouvons des évaluations toutes faites qui datent de cette époque. Elles donnent à peu près 10 deniers par jour pour la nourriture, sur lesquels le pain en prélève 3, prix moyen du pain consommé par chaque prisonnier de la cour ecclésiastique de Rouen au quinzième siècle. Le denier, en le divisant par sol parisis de 1 fr. 25, représente 1 décime plus une légère fraction (c'est moins avec le sol tournois de 1 franc.) Au pouvoir actuel de l'argent ce sol valait 1 fr. 50). La dépense de la femme est fixée à 6 deniers dans le compte de Dieppe de 1408-1409, à 5 ou 6 deniers dans le compte de Gaillon de 1457. La saison des travaux d'été, en augmentant le salaire des ouvriers à la journée dans certains cas, amenait aussi des distributions de vin pour ces ouvriers et pour les domestiques. On en servait aux maçons et aux charpentiers à certaines fêtes, comme la Saint-Martin, Pâques, la Pentecôte, au début et à l'achèvement des travaux.

On s'accorde à trouver que le taux des salaires n'a pas beaucoup varié au quinzième siècle, sauf quelques changements plus apparents que réels, lesquels tenaient à la mutation des monnaies. Le maximum paraît atteint vers 1450; plus tard on remarque un peu de diminution, qui a sans doute pour cause l'accroissement de la population. Mais encore une fois ces expressions en monnaie n'ont qu'une valeur qui varie avec le pouvoir d'achat de l'argent aux différentes époques ; il faut, pour se faire une idée plus exacte du salaire vrai, le comparer autant que possible au prix du blé; il faut aussi et surtout s'enquérir de la situation *réelle* des ouvriers, de leurs consommations, etc. Tous ces renseignements, un peu insuffisants si on les isole, se complètent les uns par les autres.

IV

NAISSANCE ET DÉVELOPPEMENT DU BAIL A FERME

Nous devons examiner maintenant quelle fut la condition de la propriété au moyen âge en Normandie par rapport aux baux, et comment le développement de cette forme de contrat marqua pour les paysans aisés un nouveau progrès.

Le bail à ferme en Normandie résulte à la fois des raisons générales qui ont fait partout prévaloir cette forme de contrat, et de causes toutes spéciales que nous indiquerons. Il se développe d'abord sous l'influence de la prospérité, et, plus tard, ce qui semble étrange au premier abord, sous l'action même des difficultés et des dommages que rencontrent les propriétaires. Ce fait s'explique fort naturellement. Les propriétaires obérés ne demandaient pas mieux que de reporter sur d'autres, moyennant une redevance fixe, les risques et périls de l'exploitation.

Au treizième siècle et dans la première moitié du quatorzième, le bail à ferme est évidemment la conséquence d'une situation favorable.

Le bail à ferme alors témoigne d'un nouveau degré d'affranchissement des choses et des personnes. Il atteste chez les entrepreneurs l'acquisition d'un certain capital, très souvent d'une terre qu'ils possèdent et font valoir eux-mêmes. Il témoigne aussi chez eux de ce sentiment développé de responsabilité, de cet esprit de calcul, qui nous ont apparu comme des traits remarquables de bonne heure chez les populations normandes. Enfin, et ce dernier trait n'est pas moins digne d'être noté que les précédents, il coïncide avec une abondance de numéraire suffisante pour que l'argent devînt la base unique ou du moins l'appoint considérable de ce genre de contrat.

Si le bail à ferme apparaît en Normandie plutôt qu'ailleurs, c'est donc une des nombreuses, une des plus frappantes preuves que cette province était au rang des plus avancées, la plus avancée peut-être.

Ce n'est pas que le régime auquel il succédait et qui coexista avec lui, en gardant même la prépondérance jusqu'au seizième siècle, fût sans avantage. Ce régime était celui de la *fieffe*, ou bail héréditaire. Il avait l'incontestable mérite de la durée. Cette circonstance ne saurait avoir été sans effet, aux mains de ces intelligentes et laborieuses populations, sur la production agricole et sur l'amélioration du sort de ceux qui se livraient à ce genre d'exploitation.

Plus flexible et plus libre, le bail à ferme ne devait pas moins être accueilli à ces titres mêmes comme un progrès.

Rien ne pouvait mieux s'accommoder aux conditions d'une propriété devenue plus mobile et aux intérêts des deux parties contractantes, demeurant juges de la convenance de maintenir leur association ou de la dissoudre.

Le système du bail à ferme trouvait déjà, et cette circonstance put peser d'un assez grand poids dans l'établissement de cette coutume, un précédent des plus importants en Normandie dans une grande quantité de terres appartenant au roi. Telles étaient les terres des vicomtés de Rouen, Pont-Audemer, Auge, Pont-de-l'Arche. Il est certain que de tels contrats entre particuliers commencent à se multiplier vers la fin du treizième siècle. Les textes en subsistent dans les cartulaires assez abondamment, et surtout dans les registres de tabellionage. Ce qui frappe, c'est que déjà les baux sont faits à trois ans, à six, à neuf; terme au delà duquel ils se prolongent très rarement.

Ces baux présentent en outre certaines circonstances remarquables. Telle est l'avance fréquemment faite de capitaux par le bailleur au preneur qui en est faiblement pourvu. En ce cas, le propriétaire met à la disposition du fermier, des instruments de travail, du bétail, des semences, une foule d'ustensiles, dont les moindres comme les plus importants sont consignés, ce qui nous permet accessoirement, mais d'une manière bien intéressante, de nous faire par là une idée assez complète du matériel agricole de ces temps.

Voici encore une combinaison bien frappante en de pareils temps. On veut obtenir la plus grande somme de travail, de soins intelligents, d'avances nécessaires faites au sol. Que fait-on? On stipule — le fait n'est nullement rare — certains avantages en faveur du fermier qui rend la terre dans un état amélioré. On l'intéresse parfois au marnage des terres par un rabais sur le fermage. Cette clause est fréquente dans les temps de trouble et de souffrance. Au seizième siècle, dans la longue période qui précède les guerres de religion, le fermier est tenu de marner sans compensation : c'est la preuve sans doute que les preneurs se font concurrence et que les bailleurs sont les maîtres du marché. Quant au payement, il a lieu tantôt en argent, tantôt pour une partie plus ou moins grande, en grain et en telle ou telle autre sorte de produits du sol. C'est le contraire au quinzième. Au seizième siècle, époque où l'argent afflue, on voit tendre à prédominer d'une manière sensible le bail en numéraire.

Voici un autre fait qui nous paraîtra singulier, quoiqu'explicable aussi. Les fermiers sont souvent, dans la première période où s'établit l'usage des baux, j'entends avant la fin du quinzième siècle et le seizième siècle, des bourgeois des villes, des clercs, des prêtres. Comment des prêtres se font-ils fermiers? Le fait n'avait rien alors qui choquât. Cette location à bail des terres par des bourgeois et des clercs ne devient du reste un peu fréquente qu'après les temps malheureux; les paysans ont alors en général peu d'avances; mais dans la dernière partie du quinzième siècle, et au seizième, les bourgeois et les clercs disparaissent de plus en plus du bail à ferme. Les paysans l'envahissent d'une manière croissante. Indice à peine aperçu d'une de ces révolutions obscures et profondes, qui attestent déjà de sérieux changements dans la condition des hommes, et qui en préparent de plus grands encore!

On peut extraire de l'examen de ces baux plus d'un trait qui intéresse les habitudes et les mœurs.

Difficilement le propriétaire se résigne à devenir complètement étranger à son domaine. Il ne lui convient pas de ne devoir qu'au bon vouloir d'un fermier la faculté de venir, de temps en temps, en respirer l'air et en constater l'état. Le propriétaire normand est fier, un peu défiant. Ce qui ne serait qu'une tolérance, il le convertit en un droit. Dût-il ne demander qu'une hospitalité de vingt-quatre heures, il veut que cet engagement soit consigné par écrit.

Tout coucher par écrit, c'est l'habitude de ce pays-là, habitude dès longtemps traditionnelle.

Citons quelques exemples, car les exemples seuls parlent un langage assez clair, assez fort, assez naïf pour nous remettre en présence de ces vieux temps.

En 1375, les religieuses de Longueville louent le manoir de Croisy pour 100 francs d'or. Il est stipulé que « hospitalité est due par le fermier au prieur et à ses gens pendant deux jours, et il leur fournira lit, linge, vesselle, bûche, chandelle, pain, potage, chair ou harens, eus, fromage, foin, avoine et litière. »

Le prieur, dom Jéhan Asselin, en louant à bail le manoir de Saint-Pierre d'Autils, se montre plus exigeant; il aura « sa chambre et une estable, la moitié du colombier, des poissons de la mare et du vivier, les poires de Guievreville, de Caillouel et d'Angoisse, les pommes de Passebon ». Sauf les poires d'Angoisse, dont le nom n'annonce rien de bon, Jéhan Asselin songe à sa table. Un particulier, Jean le Sainties, retient son aller et venir, une salle en haut et une autre en bas, et les jardins de l'enclos; tel autre, un gourmet sans doute, se réserve expressément les chapons.

Ces baux indiquent d'ailleurs toutes sortes de précautions prises par ces propriétaires et fermiers vis-à-vis les uns des autres.

Les risques d'incendie sont prévus et réglés. Le fermier est rendu responsable de l'incendie qui ruine les bâtiments de son exploitation, quand on peut lui reprocher de la négligence, ou même simplement quand le feu n'a pas commencé en dehors de la clôture de la ferme.

En revanche, les risques qui résultent du brigandage ou de la guerre sont mis à la charge des propriétaires. On voit, dans le bail des religieux de Saint-Pierre-de-Conches, qui louent leur ferme de Varengeville, en 1565, que si des grains étaient enlevés de la grange par des cas de force, les bailleurs seraient tenus de rabattre aux preneurs demi-franc d'or pour chaque mine de grain. Dans un bail avec les religieux de Saint-Wandrille, les preneurs stipulent que, s'ils étaient contraints de fuir, ils ne payeraient que pour le temps où ils auraient occupé la ferme.

Au temps des invasions anglaises, les maux qui proviennent des Anglais et d'autres ravageurs seront prévus comme tous les autres risques.

Vous lirez, par exemple, dans un bail fait par un particulier, pour dix acres de terre à Hauville, le 27 mars 1425 : « S'il advient que dedans ledit terme les bœufs baillés au fermier pour le labour ou le harnois fussent perdus par Anglois, gens d'armes, brigans ou autres gens, le preneur n'en rendra rien. »

D'autres désastres, les inondations, la grêle, la mortalité sont prévues comme des causes de dédommagement pour le fermier qui prouvera en avoir éprouvé un réel détriment.

V

CRISE DE LA CAMPAGNE NORMANDE A LA FIN DU QUATORZIÈME SIÈCLE ET PENDANT LES INVASIONS ANGLAISES

Les parties les plus brillantes du tableau que nous avons retracées se rapportent à une bonne partie du treizième siècle et à la première moitié du quatorzième. Elles s'arrêtent vers le moment de la peste de 1348, date tragique qui ouvre toute une ère de calamités et de décadence.

L'immoralité entre dans le monde avec la terreur : il se fait comme un relâchement général des mœurs et de tous les liens, le mal s'étend aux campagnes comme aux villes. « Après ce, vint un *nouvel monde*, dit la chronique de Pierre Cochon, qui délessièrent la greigneur partie de la preudhomie et des verteues anssiennes... et se mua bien *le monde.* »

Le fameux *Songe du Vergier* exprime la même chose sous une autre forme. Le clerc et le chevalier reprochent devant le roi, l'un à la chevalerie d'avoir oublié sa simplicité et ses vertus antiques, l'autre au clergé de vivre dans le faste et la mollesse. La Normandie eut dans ces maux du temps une part que devait aggraver encore la désastreuse guerre de Charles le Mauvais. Elle éclate dix ans après la grande mortalité. La peste et la guerre entraînèrent dans les campagnes les plus funestes conséquences. On vit la dépopulation, l'avilissement de la terre, la diminution dans les prix de louage.

Les preuves de cette lamentable situation des classes rurales dans la province abondent pour cette triste époque. On a par exemple une information de 1374, au sujet de la valeur des fiefs de Caillot et de Hastingues, à Bermonville, achetés quelques années auparavant par Bernard Carity, archidiacre d'Eu, fiefs dont il fit don au chapitre de la cathédrale de Rouen. Il résulte de ce document que la journée de l'homme au mois d'août, de 2 s. habituellement, antérieurement à la grande mortalité, s'était élevée à 3 s.; le chapon était monté de 1 s. à 2 s.; la geline de 8 d. à 12 d. De vingt charrues qu'il y avait autrefois sur le territoire de ces deux fiefs, il n'en restait plus que dix ou douze. La terre, qui auparavant s'était baillée à raison de 25 ou 30 s. l'acre, n'atteignit, pendant les dix années qui suivirent 1348, que 15 s. en moyenne, malgré l'enchérissement des denrées. Le prix de fermage, de 80 l. immédiatement après cette année désastreuse, ne s'éleva à 90 l. que pour retomber dans des baux subséquents, à 70 l. et enfin à 50 l. Il était encore à ce dernier chiffre le 6 avril 1380.

Ici se vérifie ce que nous avons dit du bail à ferme. Les circonstances qui l'avaient amené furent, au début, toutes favorables. Mais au contraire, dès la fin du quatorzième siècle, c'est le malheur même des temps qui contribue à les propager. Les propriétaires semblent souvent vouloir se débarrasser de leurs domaines, où ils se trouvaient trop inquiétés, et dans l'impuissance de faire les frais de réparations nécessaires. Le fait est attesté pour des communautés qui aliènent ou afferment leurs biens en alléguant ces motifs mêmes. C'est aussi le cas de bien des particuliers. L'idée de s'adresser à un entrepreneur, à un fermier, qui exploite la terre à ses risques et périls, avec des capitaux qu'il apporte en tout ou en partie, se présente comme une ressource à ces propriétaires. Il n'est question alors que de châteaux détruits, de moulins en ruine, de terres sans culture, d'abbayes démolies.

Certains villages sont tellement dépouillés que le curé de l'un d'entre eux n'a pu, pendant sept ans, célébrer le service divin, faute des livres indispensables et des communications nécessaires pour que l'on puisse se les procurer !

Est-ce à dire qu'il n'y ait pas çà et là quelque temps d'arrêt dans cette décadence, qu'à certains moments, par exemple, on ne trouve des baux de neuf années à des taux élevés et quelques indices d'une situation qui s'améliore ? Malheureusement ces moments durent peu, et les signes inquiétants reparaissent plus nombreux et plus décisifs. Quantité de terres sont vainement mises aux enchères. Nombre de petits propriétaires obérés aliènent leurs champs, quitte à les reprendre à ferme des acheteurs.

Telle est la fin du quatorzième siècle, qui avait commencé en Normandie sous de plus heureux auspices. Les épreuves intérieures qui marquent la fin de cette époque n'eurent-elles pas en partie pour effet de rejeter au dehors une partie de cette population d'un génie hardi et avisé? Il est naturel de le croire.

C'est le temps où les Normands vont fonder des comptoirs sur la côte d'Afrique (1366), et, sous Jean de Bethencourt, coloniser les Canaries, comme plus tard, vers le milieu du seizième siècle, on les verra, après d'autres agitations, se livrer au commerce et à la navigation avec une grandeur et un éclat, qu'attestent entre-autres les noms d'Angot et de Jean Parmentier. Quel mélange chez ces hommes de résolution énergique et d'intelligence habile! Quelle vive et forte image de cet esprit entreprenant et tenace, qui nous a frappés dans les luttes des paysans, depuis le onzième siècle! Jean Parmentier est le premier Français qui ait conduit des navires au Brésil, et c'est à lui que revient l'honneur d'avoir découvert Sumatra. Angot ressemble à un potentat plus encore qu'à un armateur et à un négociant opulent. Des navires portugais ayant pillé les siens en pleine paix, il envoie une flottille bloquer Lisbonne, et le roi de Portugal se voit obligé d'adresser une ambassade à François Ier et de donner satisfaction à Angot. L'aventureux génie d'un Robert Guiscard semble revivre dans ces fiers navigateurs, qu'un profond esprit de calcul rend également aptes à découvrir des terres et à conquérir des millions, dans des entreprises conçues avec audace, exécutées avec une prudence consommée.

Combien elles furent funestes ces guerres anglaises, qu'elles retardèrent tous les progrès! Combien la Normandie eut à en souffrir! Marquons un triste temps d'arrêt dans ces campagnes où les transactions augmentaient de plus en plus. Une diminution sensible se produit dans le nombre des actes notariés. Dès 1415 le chapitre de Rouen est obligé de diminuer ses *distributions*, attendu que les guerres, déclarées par les *anciens ennemis du roi et du royaume*, ont ruiné le pays de Caux et les autres contrées où le chapitre a des possessions.

Ce fut bien pis quand les Anglais se furent rendus les maîtres. La ruine est alors partout. Les villages incendiés, la peste qui achève l'œuvre destructive de la guerre, le peu qui demeure ayant à peine du pain pour vivre, tous ces traits forment un tableau de désolation qui semble revivre tout entier dans les termes d'une délibération du même chapitre. En 1421, le mal s'aggrave encore à la suite de la révolte du pays de Caux, qui exaspère les Anglais (1435). Alors commence une guerre d'extermination dans les campagnes. On ne saurait s'étonner si les propriétaires sont obligés de faire des remises considérables à leurs fermiers et à leurs tenanciers pour les retenir sur leurs terres, et si, comme je viens de le dire, le bail à louage prend une importance qu'il n'avait point encore eue, et qu'attestent les livres de comptes de l'époque. On y voit qu'une foule d'héritages *délaissés* furent *baillés à grain* ou *à argent*, par suite de l'impossibilité où l'on se trouvait partout d'amener les paysans à les prendre *à héritage* au prix des anciennes fieffes[1].

[1] M. R. de Beaurepaire, *loc. cit.* L'auteur cite ici les faits les plus curieux, les plus décisifs. Ce sont par exemple les instructions données par le chapitre de Rouen au *distributeur*, relativement aux biens de la Neuville-Chant-d'Oisel (28 août 1422). Il recommande de *faire crier* trois dimanches et plus les héritages qui sont dans les mains des chanoines pour les faire bailler à héritage au prix ancien s'il se peut, sinon à louage pour six ans, car *le temps est au plus vil*, c'est à savoir terre et maisons; d'autres actes du même chapitre arrivent à la même conclusion. Le délaissement des tenants par suite du malheur des temps, les procès pour obtenir

Des terres qui, occupées à titre de *fieffe*, rapportaient plus de 10 sols l'acre, sont louées à ferme, à raison de 5 s., rarement de 6 s., parfois de 4. Et combien de fois les actes renferment les expressions les plus tristement significatives à propos de terres : ***terres inutiles, non-valoir***, terres labourables, pour le présent ***terres sauvages !***

La classe agricole de cette province saccagée reprit la lutte avec une nouvelle énergie contre les obstacles qui naissaient soit de la terre délaissée, soit de la part d'hommes puissants, trop disposés à abuser de son dénuement.

Cette classe qui, au treizième siècle même, avait soutenu de nombreux procès contre ses seigneurs, mit la même vigueur à résister à des tailles, que haussaient sans cesse des dilapidations effrénées. Elle ne s'abandonna pas quand il s'agit de faire prévaloir ses doléances et d'obtenir des décharges d'impôts. Masselin émut les États de Tours au récit de ses malheurs. On en rencontre un autre écho dans des chants nés spontanément de ces souffrances, complaintes populaires qui aujourd'hui

d'être payés, la nécessité de composer avec ceux qui sont trop chargés, sont consignés dans un acte notarié des religieuses de Montevilliers (1421). Rien de plus tristement éloquent que les doléances de Pierre Reault qui tenait une partie des terres de cette abbaye à la dame abbesse (1446). Il demande un bail à neuf ans au prix de 50 s. On le lui accorde à 40. D'autres suppliques du même genre décrivent ces destructions sans nombre et aboutissent à des résultats analogues à condition de *réédifier* les lieux et d'*essarter* les terres remplies de ronces, etc. — Nous renvoyons pour les détails de la misère pendant la domination des Anglais au très savant *Mémoire* du même auteur sur les *États de Normandie pendant la domination anglaise.*

même ne sont pas oubliées. Sous la tristesse qui domine perce une vive irritation contre les seigneurs. Le poète normand Alain Chartier a résumé ces complaintes dans le chant encore bien connu du *povre commun et de povres laboureurs*. Ainsi jadis on avait vu le trouvère Robert Wace résumer dans le roman du Rou les griefs des paysans normands du onzième siècle. Ceux de cette époque se sentent « hommes » aussi bien que ceux du onzième ; mais ils ne se bornent plus à le dire. Ils menacent leurs seigneurs de quitter le pays et de l'affamer. Pénétrés du sentiment de leur importance, ils savent que tout repose sur leur travail.

« Sur vous tomberont vos maisons,
« Vos chasteaux et vos tènements,
« *Car nous sommes vos fondements.* »

Leur colère ne se manifeste pas moins contre les bourgeois, les marchands, les gens de métier, les gens d'armes.

Elle ne s'apaisa que dans un salutaire élan de travail qui finit par tout entraîner.

Mouvement admirable qui commence avec Charles VII, se poursuit sous Louis XI, dont la vigilante police étend sa protection sur les campagnes, et qui enfin s'étend, triomphe avec Louis XII.

La Normandie agricole justifie à la lettre les louanges données à ce roi Louis XII par Claude Seyssel. On y voit en effet « l'accroissement des mariages, l'augmentation du prix des héritages, celle du revenu des bénéfices, terres et seigneuries, la multiplication du peuple par la longueur de la paix et le travail, qui fait qu'avec les gens croissent les biens ».

Les villages se multiplient et se peuplent. La petite propriété bien cultivée s'accroît, et il faut défricher ces étenduesde bois considérables pour les mettre en culture. L'ancienne classe féodale se trouve en partie dépossédée par l'avénement d'une noblesse nouvelle, composée des villains, possesseurs de fiefs. On voit s'étendre, à côté de la propriété ancienne, une propriété nouvelle, née tantôt de la richesse mobilière qui achète le sol et le féconde, tantôt des épargnes faites jour à jour par le paysan qui applique au sol son travail persévérant.

La taille, réduite aux deux tiers, permet un nouveau soulagement.

Enfin, ce qui ne fut pas sans importance pour la prospérité du pays mieux représenté et mieux défendu dans ses droits, la Normandie, à la demande pressante de ses députés, obtint le rétablissement de l'échiquier de Rouen; elle eut son Parlement au commencement du seizième siècle (1515). Le droit coutumier normand, avant que le même siècle ne prît fin, acquérait plus d'unité et de clarté, ce qui rendit plus facile le règlement des intérêts en litige.

Pour arriver à un résultat si important, combien la vieille province eut encore à faire preuve de sa ténacité habituelle! quelles lenteurs et quelles difficultés, avant d'arracher la déclaration de Henri III, par lettres patentes que « la coustume de Normandie seroit réduite, accordée et resdigée par escript, en retranchant ce qui estoit antiqué, adjoustant ce qui estoit depuis receu, et remectant en langage clair et intelligible ce qui estoit obscur et confus, sans toutefois changer le sens de la coutume et ce qui estoit observé dans la province ».

« Six années furent nécessaires, dit un historien des États-Généraux, pour mener à fin cette révision du grand coutumier de Normandie, œuvre d'un jurisconsulte inconnu du treizième siècle, qui avait servi de loi pendant trois cents ans [1]. »

[1] M. G. Picot, *Histoire des États-Généraux*, t. II, p. 558-559.

CHAPITRE III

LES POPULATIONS RURALES DE LA NORMANDIE AU SEIZIÈME SIÈCLE JUSQU'EN 1789

I

ÉTAT MORAL ET MATÉRIEL DES POPULATIONS NORMANDES AU SEIZIÈME SIÈCLE
CONSOMMATIONS ET SALAIRES DES TRAVAILLEURS — TABLEAU D'UN MANOIR AU SEIZIÈME SIÈCLE

Nous sortons de la période du moyen âge pour entrer dans la période moderne.

Les campagnes normandes présentent, pendant les deux premiers tiers du seizième siècle, tout le degré de prospérité que ces temps comportaient et qui ne sera pas de longue durée. On les voit empressées à réparer les désastres de la guerre de Cent-Ans.

Il semble qu'elles aient à cœur de justifier les paroles qu'avait prononcées, dans une assemblée solennelle, le juge de Forez, au sortir de cette longue période de calamités : « Tout pauvre qu'est le peuple, il a encore des ressources. Assurez au laboureur le fruit de ses travaux.

bientôt il se relèvera de son abaissement, se remplira d'une nouvelle ardeur, et la terre se couvrira de moissons. Les vraies richesses d'un état ne consistent pas dans une grande quantité de métaux précieux, mais dans une culture abondante. »

Les métaux précieux eux-mêmes devaient contribuer à ce développement de la culture et du commerce, qui fait affluer alors dans la Normandie toutes les monnaies de l'Europe. L'abondance du numéraire favorisa le mouvement des propriétés. Les baux en argent se multiplièrent, tendirent à se substituer de plus en plus au régime ancien de *la fieffe*.

Comment nous faire une idée un peu exacte de la situation de la classe rurale en Normandie dans cette période du seizième siècle?

Nous pourrions encore compulser un certain nombre de pièces qui indiquent les prix des terres, des rentes, des salaires. Mais nous avons sous la main un travail à bien des égards plus complet.

Ces documents difficiles à réunir, à contrôler de manière à en tirer des résultats d'une précision suffisante, on les rencontre en grand nombre dans un manuscrit important, récemment mis en lumière par un chercheur érudit, qui en a publié de nombreux extraits, accompagnés d'un savant et intéressant commentaire [1]. C'est à M. l'abbé Tollemer, connu déjà par de fort savants travaux, qu'est dû ce curieux travail. Le manuscrit qu'il

[1] Ce manuscrit était en la possession d'un propriétaire du pays, M. Raoul de la Gonnivière, qui voulut bien le confier à M. Tollemer.

analyse m'a paru avoir pour l'étendue et la valeur des renseignements sur la vie morale en Normandie, je dirai même en France, une importance de premier ordre.

C'est la vie d'un gentilhomme du Cotentin, retracée par lui-même jour par jour en grande partie, sous la forme d'observations qui accompagnent l'énoncé de ses dépenses. On reconnaît là ces livres de comptes ou de *raison*, comme on en possède quelques-uns de fort précieux pour le Midi, et qu'a publiés M. Charles de Ribbes.

Aucun n'égale, pour la masse des indications précises, le journal du sire de Gouberville. Ce gentilhomme habitait, non loin de Valognes, le manoir de Mesnil-au-Var ou au Val. Les notes dont le journal est rempli continuent de 1552 jusqu'en 1563. Il nous ouvre l'intérieur d'un manoir; la famille, la domesticité, tout passe sous nos yeux; il nous fait connaître le prix des objets de consommation : blé, viande, bétail, objets fabriqués, le taux des salaires, et, d'une manière plus générale, l'état des campagnes. Je ne puis que signaler quelques-unes de ces indications qui, réunies pour chaque point, d'une manière plus complète, excèderaient de beaucoup les limites de ce travail[1].

On est autorisé à affirmer que la situation des campagnes paraît alors assez satisfaisante quant aux moyens de vivre et aux salaires, fort imparfaite en revanche sous le rapport de la sécurité et de la justice.

[1] Nous avons nous-même publié une étude beaucoup plus complète sur le journal du sire de Gouberville dans la *Revue des Deux-Mondes* du 1er mai 1878.

On voit que les domestiques du manoir, au nombre de quatorze, sont bien vêtus; ils portent des chaussures solides, des souliers, dont les prix sont marqués aussi haut que ceux dont le maître se sert pour l'usage quotidien, quoique lui-même soit un homme aux habitudes élégantes, qui paye fort cher tout ce qui est de luxe, et ses vêtements pour les jours de représentation. Ces gens de service ont des chausses qui protègent les jambes contre l'intempérie, de solides et chauds vêtements de laine et de drap. Rien n'indique que ce soit là une situation privilégiée ; loin de là, les journaliers employés au manoir ne sont pas moins bien partagés; ils montrent ce que peut être alors la moyenne de bien-être d'un paysan.

Il y a une grande abondance de gibier et de poisson, de viande de porc, une assez riche variété de cultures; les salaisons, le pain d'orge et de froment, la viande de boucherie même, existent en quantité notable. La part que prélève sur ces moyens d'alimentation le travailleur agricole dénote un régime où ne manque aucun élément essentiel.

On peut aussi se former une idée assez exacte des salaires. Le sou tournois employé dans ces comptes atteint au moins un de nos francs. Nous voyons les maîtres maçons recevoir pour 9 journées, 18 sous, soit 2 sous (ou environ 2 francs) par jour ; de simples ouvriers maçons reçoivent 20 deniers par jour. Il faut presque certainement ajouter à ces derniers chiffres tout ou partie de la nourriture; car il est fait mention à chaque instant de comestibles distribués aux ouvriers.

Sans doute il est impossible à cette époque marquée par des révolutions monétaires, qui modifient profondément en quelques années, le pouvoir d'achat d'une même quantité d'argent, d'attribuer à la réduction de ces monnaies en monnaie actuelle une valeur absolument rigoureuse. Mais on peut, à défaut, prendre le prix du blé comme une base d'appréciation, qu'on doit regarder comme d'autant plus sûre, ainsi que j'en ai fait la remarque déjà, que pour les travailleurs le pain représente l'élément le plus essentiel de la nourriture.

Le prix de journée des ouvriers que le châtelain du Mesnil-au-Val occupe à divers travaux varie à peu près entre 8 deniers minimum, 20 deniers, taux assez fréquent, et 2 francs pour les ouvriers d'élite. Ainsi l'ouvrier qui touchait le maximum recevait par semaine 12 sous, ou à peu près 12 francs, c'est-à-dire justement la moyenne la plus élevée qu'on trouve pour le boisseau de blé, dont le prix nous est donné année par année dans le même journal.

La journée d'un ouvrier nourri étant dans ces campagnes aujourd'hui de 1 franc, nous dit le savant éditeur des fragments du manuscrit de Gouberville, on doit en conclure que l'ouvrier agricole de ce temps était payé double, et que sa condition était du double plus avantageuse.

Nous ne saurions souscrire à cette conclusion.

Pour qu'une telle appréciation fût exacte, il faudrait d'abord examiner le prix actuel du blé, voir s'il n'y a pas une diminution réelle de ce prix, dont les chiffres de vente ne donnent pas l'idée : en effet, la mouture utilise plus du quart en sus du grain, c'est-à-dire qu'on en tire une quantité de farine bien supérieure. Ainsi, à prix égal, un boisseau de blé coûte moins en réalité. Fixer la moyenne du salaire actuel de l'ouvrier agricole nourri à 1 franc, c'est prendre un chiffre un peu faible; de même qu'adopter 2 sols, soit au moins 2 francs pour base de comparaison du salaire, à l'époque dont nous parlons, c'est prendre un chiffre trop fort; on trouve là aussi des salaires au taux minimum de 8 deniers, qui n'équivalent qu'aux deux tiers de la valeur représentée par un sol.

Enfin cette supériorité de condition est bien loin d'être démontrée. De combien de risques de famine, de peste, de guerre, une civilisation plus avancée n'a-t-elle pas garanti le paysan! Elle le met en possession d'une foule de biens devenus communs, routes dont il use gratuitement, police mieux faite, sans parler même ici de l'abolition de ces charges de toute sorte qui pesaient sur lui à cette époque.

Si l'on prend le gentilhomme qui a écrit ce curieux journal comme type du châtelain campagnard, on se formera aussi une idée en somme avantageuse des rapports des propriétaires nobles avec la masse rurale : il faut pourtant tenir un certain compte du caractère de l'homme. Celui-ci, aisé plutôt qu'opulent, donne peu au luxe; il soulage les indigents, visite les malades, leur prodigue des secours et même des soins attentifs. C'est en définitive une figure pleine de relief que celle de ce châtelain normand, qui a plus d'un trait d'un *gentleman farmer;* il est fort entendu en affaires, très actif, économe, libéral pourtant, chrétien comme on l'est alors, mais bon vivant, lettré plus qu'on ne pourrait le croire et, selon l'usage, grand chasseur; il prenait part à tous les divertissements de la campagne, à des jeux violents, alors à la mode dans le pays. Maître excellent, mais chef obéi et d'humeur irascible, il a la main prompte comme beaucoup de gens dont il est question dans le même manuscrit, et, lorsqu'il lui est échappé quelque vivacité de ce genre, il note le soir sur son journal les coups qu'il a donnés le matin, avec la même conscience qu'il inscrit les plus petites dépenses.

Comment ne pas dire aussi quelques mots des mœurs dont témoigne ce précieux document? Elles offrent un mélange de bien et de mal. Nulle preuve d'une ivrognerie habituelle. Le libertinage semble peu fréquent dans la classe rurale.

Pourtant la bâtardise n'a rien qui paraisse très déshonorant pour le père des enfants naturels et pour les enfants eux-mêmes; le châtelain a sous son toit un frère et une sœur illégitimes, qu'il traite avec une grande amitié, et qui tiennent dans le château un rang fort honorable.

Il y a dans ces mœurs, on le voit, un fond de bonhomie mêlé de rudesse. Si la majorité des paysans paraît probe, cela ne va pas pourtant sans de nombreux faits qui accusent l'improbité; la passion pour la propriété, passion déjà répandue en Normandie, souvent se traduit par l'appropriation illégitime. Le châtelain a fort à faire de garantir son bétail contre les vols; on dérobe les chevaux comme les poules; on ne se fait scrupule des délits forestiers. Ce qui est plus grave, le petit propriétaire em piète tant qu'il peut sur le domaine commun, sur les chemins, sur telle terre communale dont il enclôt sournoisement une partie, sur les rivières, où d'autorité il établit un moulin. Les moyens qu'emploie, pour réprimer ces délits, le sire de Gouberville, n'attestent pas non plus un respect fort scrupuleux des formes légales.

Accompagné d'une troupe de fidèles serviteurs, il se rend, presque toujours à l'heure de minuit, sur le lieu du délit, comble les fossés, renverse les clôtures indûment élevées, démolit le moulin, et rentre au manoir. Les gens se plaignent; l'auteur de ces exécutions parle de porter l'affaire devant la justice régulière, mais il n'en a garde; tout finit par un *appointement*, c'est-à-dire par un arrangement entre les deux parties. A ces traits qu'on joigne le peu de sûreté que présentent les voyages à cause des vols à main armée, les batailles perpétuelles où figurent l'épée, la dague et le bâton, et où on s'entre-déchire, sans excepter les femmes qui se battent avec les hommes, on verra, à travers bien des détails satisfaisants et honorables, que ce qui manquait le plus même dans les temps les moins éprouvés, c'était, avec une bonne police, le respect scrupuleux des droits, c'était la sécurité, c'était la justice.

Quelle preuve de ce manque de sécurité dans la manière brusque dont se termine ce journal! Comme on y voit bien les désastres auxquels les campagnes étaient exposées! Le châtelain, suspect de protestantisme, est obligé de fuir; le meurtre et le pillage sont partout; les modestes demeures rurales sont ravagées comme le château; les ventes cessent; les paysans comme les gentilshommes redoutent pour eux et pour leurs champs les bandes du chef huguenot Montgommery et du chef catholique Matignon. C'était en quelque sorte ici le commencement de ces guerres; ce n'est qu'en 1562 et 1563 que le pays normand subit ces ravages qui devaient s'exercer jusqu'au règne de Henri IV. Il y a là comme ailleurs des actes de farouche fanatisme et de vandalisme, mais la grande masse voudrait se tenir le plus possible en dehors des partis.

On voit même les paysans, dans les derniers temps des troubles, prendre une détermination qui peint à la fois leur énergie et leurs instincts paisibles. Fatiguées de ces désordres, plus politiques encore que religieux, qui ne cessaient de les inquiéter dans leurs travaux, et de les atteindre dans leurs intérêts, les populations rurales formèrent des associations dont le but était de chasser les premiers, quels qu'ils fussent, catholiques ou protestants, qui commettraient des dégâts ou préluderaient à quelque agitation.

De telles associations en vue de contraindre au repos des partis agitateurs ne se voient alors que dans cette province et aussi dans le Limousin; on en a noté l'existence sous les noms de *Caristes*, de *Razets*, de *Gauthiers*[1].

[1] V. sur cette époque, et d'une manière générale, les savants ouvrages de M. Dareste et de M. Doniol sur l'*Histoire des classes rurales en France*.

II

LES POPULATIONS NORMANDES AU DIX-SEPTIÈME ET AU DIX-HUITIÈME SIÈCLE JUSQU'EN 1787 — LA DÉCADENCE LES DISETTES — LES IMPOTS — LES RAPPORTS DES INTENDANTS

Au dix-septième et au dix-huitième siècle, la Normandie est entraînée dans le mouvement de la centralisation monarchique. De plus en plus s'effacent les particularités locales. Pourtant la condition des classes agricoles, dans chaque province, offre encore certains traits distincts. Ces classes n'eurent point sans doute en Normandie à traverser des crises aussi redoutables que celles qui marquent la seconde moitié du quatorzième siècle et la plus grande partie du quinzième siècle; on pourra mettre au nombre des années heureuses les périodes que remplissent le règne partout réparateur de Henri IV, le commencement du règne de Louis XIV, une partie enfin des règnes de Louis XV et de Louis XVI. Pourtant il y a alors une incontestable décadence, on est souvent en présence de crises aiguës. Même quand le mal n'atteint pas à ce degré, la Normandie souffre de ces causes générales, politiques, administratives, financières, qui éprouvent si fortement cette période finale de l'ancienne monarchie.

Ces causes, qui pèsent sur toute la France, se font sentir d'une manière plus pénible encore dans les pays d'élection comme l'était devenue cette province, autrefois si riche en liberté.

En bien, en mal, nous trouvons désormais l'action du

pouvoir central, à laquelle la Normandie s'efforça vainement pour son compte de mettre des bornes.

En vain les États essayèrent-ils de reprendre une existence qui avait survécu, bien que fort réduite dès lors, même à Richelieu, et qui disparaissait sous Mazarin. Ils osent bien encore demander à Louis XIV d'être convoqués tous les ans comme autrefois, *suivant la charte normande;* on ne leur répond qu'en ne les convoquant plus du tout. De la charte elle-même il n'est plus question que pour déclarer qu'on n'en tient nul compte « *nonobstant charte normande et clameur de haro* ». Il fallut accepter tout ce qui venait de l'autorité supérieure, le bien avec reconnaissance, le mal avec une sombre résignation, ou avec un murmure qui finit souvent par éclater en sédition.

Rendons justice à ce que fit Colbert pour le relèvement des campagnes. Il était loin de vouloir sacrifier, comme on l'a tant répété, à l'industrie l'agriculture, à laquelle plusieurs de ses mesures furent directement favorables. La classe rurale ressentit en Normandie les heureux effets de l'allégement des tailles et des gabelles. Elle profita de mesures telles que l'interdiction de saisir les bestiaux du fermier, d'ordonnances, comme celle de 1669 qui constituait pour les eaux et forêts un régime meilleur, de ces créations de communications nouvelles par terre et par mer qui aidaient à l'écoulement des produits de l'agriculture favorisée par l'activité générale de l'industrie et du commerce. La Normandie agricole trouvait un avantage particulier dans le développement de la marine marchande et dans des travaux comme ceux qui amélioraient la rade et le port du Havre.

A cette époque se place aussi sous la même influence un fait nouveau, l'introduction, due à des encouragements spéciaux, de fabriques qui devaient attirer à elles une partie de la population agricole. Les mérites de cette innovation restent plus discutables. On peut louer en elle-même la pensée qui inspirait à Colbert la création du point d'Alençon, comme d'autres industries destinées à étendre le champ du travail et des arts. Mais la concentration de cette industrie dans une grande manufacture avait de sérieux inconvénients. Elle eut pour conséquence d'amener une émeute d'un millier d'ouvriers pour la plupart domiciliés à la campagne, et soulevés contre une organisation qui enrôlait les femmes soumises à une discipline commune. Cette organisation semblait briser d'un seul coup la vie libre et la famille, c'était un prix bien cher pour une augmentation de salaires qui était la suite de la nouvelle industrie.

D'un autre côté, il faut le reconnaître, une source nouvelle s'ouvrit de plus en plus au travail. Vingt ans plus tard l'intendant de la Normandie constatait que le nombre des dentelières du Havre et des localités environnantes n'était pas évalué à moins de vingt-deux mille.

Nous n'hésiterons pas à le dire pourtant : la plus grande ressource, la vocation la plus vraie de la vieille province restait dans une industrie plus naturelle. Elle était surtout vouée à cette industrie agricole, moins exposée aux soubresauts de la fortune publique et aux fantaisies de la mode. L'agriculture put coexister avec la fabrique en Normandie, mais à la condition de la primer de beaucoup. Malheureusement l'excès des guerres et les erreurs de la politique devaient aussi peser lourdement sur le travail et le capital appliqués à la culture. Nulle part ne se firent plus sentir les injustices de la fiscalité. Nulle part ne devait résulter plus de mal de tout un ensemble d'abus.

Aucun spectacle n'est plus attristant que celui qu'offre la Normandie agricole dans les années qui terminent le règne de Louis XIV et dans celles qui les suivent.

Assurément le spectacle est triste partout; mais il l'est particulièrement dans cette province. Le contraste est plus sensible qu'ailleurs. Quelle province avait été plus prospère, quel pays plus sensé, que celui qu'on appelait par excellence le « pays de sapience »? Il était dur pour un tel pays d'être condamné à expier les excès d'une politique et les désordres financiers dont l'éloignait le plus son génie régulier, circonspect et calculateur.

Nous avons, sur cette longue période de souffrances, comme principal moyen de renseignement, les mémoires des intendants, dressés par ordre du duc de Bourgogne (1697).

On peut reprocher à ceux qui concernent la Normandie d'atténuer la réalité des faits; quelquefois ils les passent sous silence; et pourtant ce qui en subsiste est accablant.

Dans l'extrait qu'il a publié sous le nom d'*État de la France*, le comte de Boulainvilliers rétablit pour cette province quelques-unes de ces réalités supprimées ou trop adoucies ; là même pourtant le tableau reste incomplet. On manque de détails suffisants sur les fermages, sur les salaires, sur les prix, sur la valeur des propriétés.

Essayons de tirer de ces rapports ce qu'ils présentent de plus instructif.

Le mémoire de l'intendant Labourdonnaye a pour objet la Haute-Normandie. Il est incomplet sur trop de points. En vain demanderait-on ce qui lui manque à un travail, né d'une libre inspiration, je veux dire celui de Boisguillebert. Et pourtant le titre que ce lieutenant général au bailliage de Rouen, devenu illustre par la part qu'il a prise à la fondation de l'économie politique, donne à son ouvrage, est significatif. Il l'appelle : *Détail de la France.*

Ce sont justement les détails qui manquent.

En revanche les idées générales abondent, à l'honneur de celui qui a composé ce mémoire vraiment plein de vues supérieures. La partie qui regarde l'impôt y est seule « détaillée ». La réforme financière préoccupe exclusivement ce contemporain et cet auxiliaire de Vauban ; c'est à elle qu'il rapporte, ainsi qu'à ses vœux pour la plus grande liberté du commerce, tout ce qu'il dit de l'agriculture.

On ne saurait demander ni cette hauteur de pensée ni cette passion réformatrice à l'intendant de la généralité de Rouen, Labourdonnaye. On serait en droit d'exiger de lui du moins un exposé franc et complet de la situation. Est-ce par négligence qu'il ne l'a pas fait, ou avait-il reçu l'ordre secret, comme l'insinue Boulainvilliers, de ménager la « sensibilité » du duc de Bourgogne?

En complétant les indications du rapport avec celles qu'y ajoute Boulainvilliers[1], on arrive à des conclusions affligeantes sur l'état de la Haute-Normandie jusqu'au delà du premier tiers du dix-huitième siècle.

Ainsi la généralité de Rouen, avec cinq régions principales qui la formaient, le Caux, le Bray, le Vexin, le Romois, le pays d'Auge, renfermait 1850 paroisses et environ 700 000 âmes. Mais ce nombre allait diminuant tous les jours. Les années de cherté avaient emporté beaucoup de monde; la guerre, les milices, la misère en faisaient sortir incessamment de la généralité. Les hommes manquaient pour le travail ordinaire, et plusieurs terres demeuraient incultes pour cette raison.

Les chemins étaient impraticables surtout dans le Bray et le pays d'Auge. La taille accablait ces populations rurales par son poids, sa répartition vicieuse; les droits d'aide sur les boissons étaient si considérables qu'un muid de vin payait au moins 24 l. d'entrée, plus le grand droit de 7 l. pour le passage de la rivière d'Andelle; le cidre payait au moins 7 l. d'entrée; de plus, quand le vin et le cidre étaient vendus en détail, ils devaient en outre le huitième et le quatrième du prix de la vente. Si ces droits fiscaux atteignaient surtout les villes, on voit qu'ils n'épargnaient pas les campagnes, et beaucoup de denrées nécessaires à la vie n'échappaient pas à certaines charges.

L'émigration de la campagne vers la ville dans la généralité de Rouen, précipitée par la misère, trouva

[1] *État de la France*, t. V (édit. 1752).

dès lors un encouragement dans quelques industries qui disputaient les bras aux campagnes. Les toiles faisaient travailler 6000 personnes dans la généralité. La manufacture de draps occupait plus de 8000 individus tous les jours à Elbeuf ; la tapisserie de Bergame, avec ses 70 métiers, en occupait 500, et il fallait encore ajouter pour la draperie 8 métiers près d'Elbeuf, à Orival. Rouen, avec ses industries diverses, offrait aussi un refuge à ces déserteurs du travail agricole. La draperie seule y employait 3500 ouvriers, sans compter de nombreux métiers de Bouracan et de Bergame ; Darnétal en employait 3000 ; Louviers en occupait 1900. Cette ressource de l'industrie n'était pas indéfinie, elle ne pouvait convenir à tous ces hommes accoutumés à d'autres travaux, elle était en outre limitée par les barrières des corporations; l'apprentissage obligatoire et forcé repoussait le flot des envahisseurs.

Du moins le travail industriel pourra-t-il aller trouver le campagnard à domicile, lui donner par le tissage ou telle autre opération le supplément de salaire qui le sauvera de la dernière misère?... Pourra-t-il, s'il s'est chargé de quelque tâche de ce genre, la quitter pour revenir au labeur rural au moment où il le jugera nécessaire? Non, assurément, et l'esprit réglementaire viendra le gêner ici encore, lui dicter des conditions contraires à son intérêt. Il est dans la nature des choses que la fabrication des tissus disséminée dans les campagnes se ralentisse dans la saison où la terre réclame tous les bras disponibles. L'ouvrier rural quitte alors son métier pour vaquer aux labeurs agricoles. Mais en ceci il ne saurait y avoir d'autre règle qu'une entière liberté de mouvement. C'est ainsi que les choses se passent de nos jours sans qu'aucun service reste en souffrance. En Normandie, avant 1789, il en était autrement; la succession des travaux était fixée d'une manière impérative. Du 1er juillet au 15 septembre, la main-d'œuvre industrielle était mise en interdit, et défense était faite aux maîtres fabricants de Rouen de distribuer de l'ouvrage dans les campagnes, le tout sous peine d'amende et de saisie. Un arrêt du conseil de 1723 consacre ces dispositions et fournit des instructions détaillées sur la forme des poursuites.

Le résultat de toutes ces mesures qui pesaient sur le travail fut dans les campagnes un effroyable développement de mendicité. Sous l'empire de toutes ces causes, la misère prend à certains moments des proportions dont ni les intendants dans leurs *Mémoires* ni Boulainvilliers dans son *État de la France* ne donnent une suffisante idée. Saint-Simon écrit qu'en 1725, au milieu des profusions de Strasbourg et de Chantilly, on se nourrit en Normandie de l'herbe des champs. En 1739, d'Argenson signale des disettes accompagnées de mouvements séditieux : « La disette vient d'occasionner trois soulèvements dans les provinces, à Ruffec, à Caen et à Chinon. » Il écrit douze ans plus tard : « Un homme instruit dans les finances m'a dit qu'il était sorti cette année plus de deux cents familles de Normandie, craignant la collecte dans leurs villages. » Il y a plus de douze mille ouvriers mendiants à Rouen. Plus tard encore, en avril 1752, on lit dans une adresse du parlement de Normandie que

« à Rouen et en Normandie, les plus aisés ont de la peine à avoir du pain pour leur subsistance, le commun du peuple en manque totalement, et il est réduit, pour ne pas mourir de faim, à se former des nourritures qui font horreur à l'humanité. »

Même quand la situation se sera améliorée, ces difficultés de se procurer le pain reparaîtront par intervalles, et on trouvera des séditions occasionnées par cette cause jusqu'en 1763 et 1768 et dans les années qui précèdent immédiatement. Or, il s'agit ici d'un moment où la prospérité avait repris son cours. Comment ne pas voir par là à quel point elle dépendait de la moindre crise, du moindre déficit dans les récoltes?

Telle était la situation que toutes les réticences des intendants n'avaient pu dissimuler pour la Haute-Normandie dans les premières années du siècle. Les populations rurales souffraient encore de l'émigration des capitaux, qui avait été la conséquence de la révocation de l'édit de Nantes. Ce coup avait amené l'ébranlement, suivi de la ruine plus ou moins lente, de diverses fabrications, établies dans des villes de second ordre en relation quotidienne avec la campagne, qui en recevait et qui leur donnait tour à tour des moyens d'existence. Telles étaient, par exemple, des villes comme Caudebec, comme Neufchâtel, où il s'était établi une fabrication de chapeaux, et qui faisait de grandes exportations pour la Hollande, l'Angleterre et tout le Nord. La ruine de ces petits centres d'activité et d'affaires ajoutait aux souffrances. Boulainvilliers les résume dans une phrase : « La campagne s'est efforcée de satisfaire avec empressement aux charges pressantes qui lui ont été imposées : la capitation, les milices, les eaux et fontaines, les eaux-de-vie; ces diverses charges, créées dans les paroisses et une infinité d'autres, ont réduit le peuple à un état de misère qui fait compassion ; puisque de 700 000 âmes, dont la généralité était composée, s'il en reste ce nombre, *on peut assurer qu'il n'y en a pas* 50 000 *qui mangent du pain à leur aise et qui couchent autrement que sur la paille*[1]. »

La Basse-Normandie, représentée par les généralités de Caen et d'Alençon, ajoute d'autres traits au même tableau.

On ne saurait accuser l'intendant de la généralité de Caen d'un manque de lumières. S'il est sobre de détails fâcheux, c'est sans doute que cette conduite lui paraît plus prudente. C'était l'habile, on peut presque dire le célèbre intendant Foucault, dont les *Mémoires*, publiés par M. Baudry[2], forment une si instructive lecture. Administrateur éminent, caractère auquel il est difficile d'accorder sa sympathie, Foucault avait été distingué dans sa jeunesse et poussé par Colbert. Pau et Poitiers l'avaient eu successivement pour intendant; à Pau il s'était fait le persécuteur des protestants, qu'il destituait de leurs emplois, en même temps qu'il suggérait l'idée des dragonnades dans le Béarn. Et pourtant, quand à ces mesures de rigueur, qu'il n'admettait qu'à titre excep-

[1] V. Taine, *les Origines de la France contemporaine*, t. I, liv. V.

[2] Les mémoires de Foucault et le savant travail de M. Baudry ont été l'objet d'une appréciation exacte et intéressante de la part d'un critique célèbre, M. Sainte-Beuve (*Causeries du lundi*).

tionnel, il s'agit de faire succéder comme mesure plus générale la révocation de l'édit de Nantes, Foucault s'y opposa : preuve de plus que c'était un esprit éclairé, connaissant bien l'état du pays. Pour lui la révocation de l'édit de Nantes ne se présentait pas comme un acte moralement et religieusement odieux ; mais il y dénonçait « la perte en France du commerce et des arts industriels ». Partout il s'était montré administrateur capable, exact, instruit. Caen ne l'avait connu que d'humeur fort apaisée. Un tel homme aurait pu donner un travail achevé. L'imperfection de celui qu'il fit faire me frappe. Il n'aura pas osé ! On peut en tirer pourtant quelques vérités auxquelles Boulainvilliers ajoute d'utiles observations.

Ainsi la généralité de Caen avait gardé un avantage qui manquait en France à beaucoup de pays : la noblesse y résidait encore sur ses terres ; mais Boulainvilliers, peu suspect pourtant d'hostilité envers la noblesse, en fait l'aveu : les campagnes n'en tiraient qu'un profit fort imparfait. Il accuse cette noblesse d'exiger des habitants de la campagne plus qu'il n'était dû, en obtenant pour elle-même certains avantages ; de favoriser les uns, dans l'imposition des tailles, et de surcharger les autres avec un égal arbitraire. Le manque de commerce faisait qu'un grand nombre de gens se jetaient dans les offices de nouvelle création, onéreuse au public. Les campagnes se ressentaient de la rareté des capitaux, causée par la chute du commerce maritime. Le port de Granville, sur quarante bâtiments de 200 tonneaux, n'en possédait plus que huit. La même décadence se faisait sentir dans la manufacture. A Coutances, les fabricants de drap, presque tous protestants, s'étaient transportés à Guernesey. Dans l'élection de Vire il y avait 15 moulins à papier faisant une grande fabrication pour Caen et pour l'Angleterre; tous avaient cessé d'exister. La population s'était pourtant accrue dans cette élection. Les habitants sont représentés comme doux, sauf le point de la chicane; ils sont actifs et laborieux. Dans l'élection de Mortain la cause générale de la pauvreté était dans le défaut d'ouvrage. Les chemins y étaient tous difficiles, et les ponts, bien qu'ils ne fussent plus que de bois, étaient en décadence presque générale.

L'état des classes rurales de la Normandie, pour cette première partie du dix-huitième siècle, s'achève par le rapport sur la généralité d'Alençon de l'intendant Pommereuil.

Dans cette généralité, qui offre bien des ressources, beaucoup de forêts, des mines de fer, des terres à bon blé, une élève de chevaux considérable et des prairies abondantes, on rencontre les mêmes causes de souffrances. Les tailles arbitraires, dans leur assiette, sont rarement payées sans contrainte; les gabelles pèsent beaucoup. Pourtant on trouve dans quelques villes en contact perpétuel avec la campagne des industries spéciales, la draperie, le point d'Alençon, la quincaillerie, surtout les manufactures d'épingles qui occupent 6 à 7000 personnes à Rugles, à Conches, à Laigle. Dans la campagne, c'est le beurre, la volaille.

Quant aux habitants de cette généralité d'Alençon, l'intendant les estime honnêtes, un peu lourds pourtant, attachés de père en fils au même travail, trop dénués d'invention. Ceux des environs de Séez et d'Argentan sont plus mutins, ceux de Verneuil sont plus paresseux, ceux d'Alençon sont plus intelligents et plus propres à l'action. Tel est du moins le jugement qu'on porte l'intendant Pommereuil.

Dans cette généralité aussi, la retraite des protestants, la mortalité, les milices, ont diminué la population et l'ont tellement appauvrie que la moitié des maisons a péri faute d'entretien ; il règne partout une morne tristesse. Pourtant les chemins et les ponts sont généralement en meilleur état, et les foires assez fréquentées.

Arrivons au dix-huitième siècle.

Ici les jugements paraissent se contredire.

Tantôt on parle de ces populations comme étant réduites au dernier degré de la misère, tantôt on peint leur condition sous des couleurs plus favorables.

Nul doute qu'il ne se soit produit une amélioration sous Louis XV pendant certaines périodes. On ne peut méconnaître le progrès qui se manifeste sous le ministère du cardinal de Fleury. Ce ministre favorisa l'agriculture. « Il laissa au temps le soin de cicatriser les plaies du royaume, en traitant, a dit Voltaire, l'État comme un corps puissant et robuste qui se rétablit de lui-même. » En 1739, lady Montagu écrit qu'elle trouve un air d'abandon et de contentement répandu dans les campagnes. Plus tard, en 1765, Horace Walpole, avec un peu plus d'optimisme qu'il ne lui est habituel, écrivait : « Je trouve ce pays-ci prodigieusement enrichi depuis vingt-quatre ans que je ne l'avais vu. Les moindres villages ont un air de prospérité et les sabots ont disparu. » Jugement difficile à concilier avec d'autres documents qui attestent une situation beaucoup moins satisfaisante, et dont il y a lieu de tenir compte.

La situation des classes agricoles en Normandie aussi bien que dans d'autres provinces n'était plus celle en effet qu'accusaient les rapports des intendants au lendemain du règne de Louis XIV. Le bien put se produire de nouveau, mais d'une façon transitoire. Les mêmes causes permanentes font sans cesse reparaître le mal. Des causes plus spéciales s'y joignirent pour l'aggraver. La Normandie eut beaucoup à souffrir du régime désastreux établi sur le commerce des grains, auquel l'opinion publique infligea le nom flétrissant de *pacte de famine*. Dans aucune province au dix-huitième siècle n'éclatent plus fréquemment les émeutes causées par la disette réelle ou factice des céréales. Rouen, d'autres villes, les campagnes même et le littoral de la Seine, furent souvent témoins de mouvements séditieux.

On voit sous quelles réserves il est permis alors de parler de l'amélioration. Je répète qu'on la trouve sur certains points du pays, non sur d'autres; en certains moments, mais jamais durable. Il suffit d'une crise pour replonger les populations dans une profonde misère. Le mal imputable au mauvais régime se fait sentir d'une manière continue. Ces populations qui, dans des temps de civilisation bien moins développée, avaient trouvé tant de ressources, ne peuvent user de celles qu'elles possèdent. Et pourtant les circonstances sont bien plus favorables. On jouit de la paix, de la tranquillité publique. Les lumières se sont accrues. D'importantes Sociétés d'agriculture ont été créées en Normandie. On remarque un mouvement déjà sensible des capitaux vers la terre. Enfin la puissance même de la mode pousse à l'agriculture. Témoin ce vers connu :

« Choiseul est agricole et Voltaire est fermier. »

C'est au milieu de telles circonstances publiques, sans qu'on puisse expliquer le mal par de grandes guerres, ou par de graves troubles, qu'on voit le Parlement de Rouen s'écrier : « Des hameaux entiers, manquant des choses les plus nécessaires à la vie, sont obligés de se réduire aux aliments des bêtes. » Excès de souffrance momentanés, mais qui sont trop fréquents pour ne pas accuser l'état profondément défectueux des classes agricoles. Vers la fin du règne, ils se manifestent jusque dans les villes par des désordres très graves. A Rouen, la populace, maîtresse de la ville pendant trois jours, pille tous les greniers publics, tous les magasins des communautés. La Révolution gronde déjà.

III

ÉTAT ÉCONOMIQUE DES CAMPAGNES NORMANDES A LA VEILLE DE 1789 AMÉLIORATIONS PEU DURABLES — SOUFFRANCES LES ASSEMBLÉES PROVINCIALES ET LEURS VŒUX POUR LES CLASSES AGRICOLES

L'amélioration est sensible dans la première partie du règne de Louis XVI; mais elle ne devait pas durer davantage. Elle suffit pourtant pour développer l'essor de cette partie de la population agricole qui avait accompli des progrès à travers tous les obstacles sous le dernier règne. Parmi les preuves qu'on pourrait en donner pour quelques régions, nous rencontrons un témoignage qui mérite d'être recueilli : c'est celui d'un contemporain qui décrit ce qu'il a lui-même observé. Un savant médecin, docteur-régent à Caen, Lepecq de la Clôture, a consigné dans des travaux auxquels s'est attaché une certaine notoriété et consacrés spécialement aux épidémies en Normandie, des observations qui intéressent l'état moral et la situation économique des populations. On voit par plus d'un trait ce qu'elles étaient à la fin du règne de Louis XV et dans les premières années du règne de Louis XVI. On y trouve particulièrement l'indication de la richesse rapide à laquelle était arrivé le pays de Caux. Les remarques de Lepecq de la Clôture confirment d'autres témoignages plus anciens en ce qui concerne le caractère des populations normandes. Celles du pays de Caux présentent pourtant quelques traits bien distincts qui ne sauraient se confondre avec le reste de la Normandie. On rencontre, chez bon nombre de ces cultivateurs du pays de Caux, une vraie richesse, accompagnée de quelque ostentation ; la masse, plus pauvre, donne le spectacle d'un travail patient, d'une âpre économie.

Il vaut la peine de citer ce curieux passage :

« Les hommes de ce pays sont robustes, bien constitués, grands, communément bien de figure, ingénieux, adroits dans les arts, adonnés spécialement à la culture des terres, qu'ils cultivent avec beaucoup d'intelligence, quoiqu'on leur reproche d'être attachés à la routine ; ils sont courageux et fiers de leur opulence, qu'ils ont grand soin de ne pas cacher, voulant jouir à découvert de leur prospérité. Ils aspirent après la richesse, ce qui les rend intéressés, fins ou au moins adroits sur tout ce qui conduit à leur bien-être ou à la fortune. S'ils devenaient avares par suite du désir de s'enrichir, on n'en jugerait ni par la frugalité de leurs tables ni par la simplicité de leurs vêtements; au contraire, ils étalent à l'envi leur germe de magnificence dans la parure et la bonne chère; ils sont même devenus gourmands. Et maintenant que les deux tiers des habitants sont des laboureurs opulents, en état d'acheter les terres qu'ils cultivent encore, ou de riches fabricants qui doivent leur aisance à l'industrie, maintenant, dis-je, que le pays abonde en espèces, on est étonné de la quantité de vins qui s'y consomment. Il sont adonnés encore aux liqueurs spiritueuses. »...

Tel est le cultivateur riche.

Le même auteur ajoute au sujet du cultivateur pauvre : « Les simples paysans qui n'ont qu'une très modique propriété, et les journaliers qui n'en ont aucune, commencent et finissent leur travail aux mêmes heures que le soleil éclaire ou cesse de luire sur notre horizon; ils partagent les soins de la culture avec leurs femmes et leurs enfants, qui savent encore s'occuper utilement dans leurs foyers domestiques, lorsque des nuits trop longues leur enlèveraient une portion trop considérable du jour. La frugalité préside à leurs repas, et l'exercice qu'ils y font succéder contribue à conserver leur force première. »

On voit par cet exemple tout ce que la Normandie, dans certaines régions particulièrement, conservait d'éléments de richesse et de vigueur, qui se développaient au premier instant favorable.

Les années qui précèdent la Révolution montrent de nouveau les mêmes classes agricoles sous un jour fort sombre; l'agriculture souffre comme elles des causes qui empêchent de profiter de la fertilité du pays. On regrette de ne trouver que des indications beaucoup trop courtes dans le célèbre voyageur anglais qui a laissé sur la France à cette époque tant de notes précieuses. Arthur Young n'a vu la Normandie que d'une manière trop superficielle. Il se récrie sur la beauté naturelle des sites; il laisse échapper quelques mots d'une satisfaction mêlée de réserves, à la vue de terres près d'Alençon passablement cultivées, dit-il, et marnées. Il signale de riches terres labourables près de Vernon, des prairies bien irriguées près de Dieppe, il admire presque partout la beauté des haies et des clôtures, et remarque l'agrément des maisons de campagne près des grandes villes, comme Rouen et le Havre. Mais il résume ce qu'il y a de sévère au fond dans son jugement, en écrivant ces lignes sur ce même pays de Caux qui le frappe à la fois par sa richesse naturelle et par l'état défectueux des cultures : « Le pays vaut mieux, dit-il, que les fermiers. Yvetot, plus riche encore que Barentin, est misérablement cultivé. » Ainsi la fécondité du sol ne fait qu'accuser davantage à ses yeux les efforts insuffisants du cultivateur.

Les fermiers n'étaient pas pourtant les principaux coupables. Eux-mêmes souffraient d'un mal qui n'atteignait pas moins le capital agricole que la population des travailleurs ruraux si cruellement éprouvés en cette année 1787. Les procès-verbaux des assemblées provinciales de la Basse-Normandie constatent qu'en cette année même, dans quatre élections, les habitants ne vivaient presque que de sarrasin; depuis cinq ans, les pommes ayant manqué, ils n'avaient que de l'eau pour boisson.

Pour la même année, les doléances qu'on trouve citées dans la publication de M. Hippeau sur le Gouvernement de la Normandie, rappellent que dans tel village « presque tous les habitants, sans en excepter les fermiers et les propriétaires, mangent du pain d'orge et boivent de l'eau, vivent les plus malheureux des hommes, afin de subvenir au paiement des impôts dont ils sont surchargés. » A Forges, bien des malheureux mangent du pain d'avoine, et d'autres de son mouillé, ce qui cause la mort de plusieurs enfants.

Le logement des paysans était très défectueux. Les fenêtres n'avaient pas souvent de vitres. On lit qu'en 1789, dans telle paroisse de Normandie, les maisons étaient pour la plupart bâties sur quatre fourches; souvent c'étaient des étables ou des granges « où l'on avait élevé une cheminée avec quatre gaules et de la boue. »

L'Assemblée provinciale, réunie à Rouen en 1787, préparait un système complet pour l'extinction de la mendicité, qui atteste l'étendue du mal. On transformait le dépôt de mendicité en maison de correction pour les mandiants valides. En même temps, on concentrait dans une administration unique tous les fonds de secours, sans en excepter ceux des confréries charitables, « restes anciens, disait-on, et inutiles, d'une piété mal entendue. »

Mais de telles mesures n'allaient au fond de rien. On cherchait des remèdes locaux à un mal général. Ajoutez, comme nous l'avons remarqué, que la Normandie, au nombre des provinces les plus éprouvées en ce moment, avait contre elle d'être tombée au rang de pays d'élection. De là le surcroît de charges dont elle était accablée. L'impôt direct y prenait parfois plus de moitié du revenu. La mesure était même sensiblement dépassée en certains cas. On lit dans une notice historique sur la Révolution dans le département de l'Eure par Boivin-Champeaux les renseignements suivants sur la paroisse d'Epreville : « Sur 100 francs de rente, le trésor prend 25 livres pour la taille, 16 pour les accessoires, 15 pour la capitation, 11 pour les vingtièmes, total 67 livres. » Quel travail et quelle économie pouvaient être assurés de faire face toujours à des charges si accablantes!

Les plaintes n'étaient guère moins fondées quant aux routes. La Normandie pouvait offrir à l'administration des étrangers quelques grandes voies, larges et superbes; les routes nécessaires à l'agriculture lui manquaient, particulièrement les chemins vicinaux. Les villes se plaignaient que, dans le tracé des routes, on les sacrifiât à quelque village privilégié où résidait le seigneur, et la masse des villages se plaignait avec non moins de raison d'être sacrifiée aux villes.

Le cahier du tiers-état de Caen le disait en termes fort nets en 1789 : « Que l'on évite l'abus des grandes routes trop multipliées qui, passant par des villages protégés, éloignent le voyageur des villes et ruinent le commerce. »

On a aussi la preuve que les chemins qui existaient

étaient fort mal entretenus. L'eau séjournait dans les chaussées, dans les villages mêmes. On trouve dans les archives de la Seine-Inférieure la preuve qu'elle y croupissait et engendrait des maladies. Pourtant ici encore on essayait de quelques palliatifs insuffisants à défaut de remèdes plus étendus. L'État accordait pour l'ouverture et la réparation des chemins vicinaux des allocations proportionnelles aux fonds versés par les communautés et les seigneurs, allocations variables qui, en Normandie, étaient du double ou des deux tiers.

On ne pouvait accuser, du moins en ce moment, le régime des corvées d'avoir joint ses rigueurs aux autres causes de souffrances.

C'était en Normandie qu'un intendant éclairé, M. de Fontette, avait, avant Turgot, essayé le premier de substituer le rachat en argent à la corvée en nature pour les chemins. La plupart des corvéables avaient préféré le rachat. Habiles à calculer leur intérêt, malgré leur répugnance à débourser une somme d'argent, les paysans de Normandie aimèrent mieux consentir à ce sacrifice, que de continuer à s'imposer des peines et des pertes de temps qu'ils jugeaient leur être plus préjudiciables.

Les idées de liberté individuelle et d'indépendance provinciale, qui s'étaient fait jour au moyen âge, ne s'étaient pas du reste complètement éteintes sous la monarchie absolue. Elles devaient donner plus d'un signe de vie en 1787 et en 1789. Réduite à de vaines doléances, la Normandie se souvenait qu'elle avait eu un Parlement jadis influent, des États avec lesquels il fallait compter, et même une Charte qui garantissait ses libertés. Les Assemblées provinciales devaient donner une certaine satisfaction à cette nombreuse classe d'hommes, non moins modérés qu'indépendants, qui représentaient ce sage esprit normand, qu'on reconnaît dans les jurisconsultes, dans les écrivains, dans les orateurs qui ont eu la Normandie pour origine. Mais dans cette fermentation universelle des idées, quand tout était remis en question, l'esprit d'indépendance locale devait se laisser entraîner fort au delà. Peu satisfait des réformes et des sages vœux des Assemblées provinciales dans les généralités de Rouen, de Caen et d'Alençon, et comme s'il désespérait d'une réforme générale du royaume ou dédaignait de s'y confondre, cet esprit d'indépendance se remit à rêver pour la province de nouvelles destinées à part; plusieurs personnes, même des écrivains connus, dans des manifestes qui furent discutés, se remirent à parler du duché *souverain* de Normandie. On examina l'idée « de reformer une grande province indivisible et indépendante ». Le Parlement lui-même se rendait l'organe d'une partie de ces prétentions. Il envoyait une adresse au Roi, en 1788, pour lui demander le rétablissement des anciens États[1]. C'était regarder en arrière au moment même où la Révolution allait assurer la réforme définitive des abus qui, pesant sur toutes les classes, avaient particulièrement éprouvé les classes rurales, appelées bientôt à prendre un essor qu'elles n'avaient pas encore connu au même degré.

[1] L. de Lavergne, *Histoire des Assemblées provinciales.*

IV

ÉTAT DE L'INSTRUCTION AVANT 1789 — DÉVELOPPEMENT DE LA PETITE PROPRIÉTÉ PRÉEXISTANT EN NORMANDIE A LA RÉVOLUTION

Il me reste, pour avoir terminé le tableau de la population agricole en Normandie avant cette date qui marque une ère nouvelle, à indiquer quel était l'état de l'instruction dans les campagnes normandes, et quelle part avait la classe des paysans dans la propriété du sol, quand la Révolution éclata.

Il n'y a guère lieu de penser qu'on doive excepter la Normandie de la faiblesse générale de l'instruction des campagnes au dix-septième et au dix-huitième siècle. Ce n'est pas que les actes de l'autorité civile pour la propager manquent à cette époque, plus que ceux de l'autorité ecclésiastique n'avaient manqué au moyen âge. Au seizième siècle même, certaines prescriptions concernant l'instruction élémentaire étaient renfermées dans les ordonnances d'Orléans et de Blois. Chaque église cathédrale ou collégiale était tenue d'affecter une prébende à l'entretien d'un instituteur : la même obligation était imposée aux abbayes : l'enseignement est gratuit. Dans le journal manuscrit d'un châtelain de cette époque, où j'ai puisé des renseignements de plus d'un genre, je trouve l'indication de plusieurs écoles : le village, situé près du manoir, en possède une ; le même châtelain distribue des secours aux écoliers, paye les frais d'écolage du fils d'un de ses domestiques, visite les écoles des localités voisines et celles de Valognes.

Mais s'il y avait alors des écoles, quel en était le nombre et quel degré de profit en tiraient les campagnards? Les arrêts du conseil, sous la monarchie de Louis XIV, les édits, les déclarations royales ne manquent pas non plus au sujet de l'instruction des campagnes. On pourrait croire qu'un pas important est fait. Sous Louis XIV, le gouvernement entreprend de rendre à peu près obligatoire l'enseignement élémentaire, « ayant pour objet la religion, la lecture et l'écriture. » Il exige que chaque paroisse entretienne deux écoles, une pour les enfants de chaque sexe. Les paroisses doivent s'imposer à cet effet, et faire appel à la générosité des personnes riches pour suppléer à l'insuffisance de leurs ressources. La négligence des enfants à se rendre à l'école devra même être signalée dans des rapports destinés à parvenir aux procureurs généraux près des Parlements[1].

L'intervention du clergé en Normandie parut, elle aussi, se montrer favorable à ces idées de propagation de l'instruction. Les évêques de la généralité de Rouen provoquent l'établissement d'écoles dans les communautés qui en étaient dépourvues; ils engagent les parents à envoyer leurs enfants dans celles qui existent.

On ne saurait douter, d'après de savants et récents travaux, qu'il n'y ait eu en Normandie plus d'écoles pri-

[1] V. Dareste de la Chavanne, *Histoire des classes agricoles*. — V. Albert Rabeau, le *Village sous l'Ancien régime*, liv. V, chap. I.

maires qu'on n'est porté à l'admettre généralement; mais ce qui reste plus douteux, c'est l'efficacité de leur enseignement.

Il est avéré que presque toutes les paroisses qui forment aujourd'hui le département de l'Eure avaient, avant 1789, de petites écoles; la plupart des 200 communes supprimées en avaient aussi; on a fait la même démonstration pour les paroisses très nombreuses qui dépendaient du diocèse de Rouen. D'un autre côté, la plainte sur l'ignorance des campagnes est générale.

On conclura peut-être de cette contradiction apparente que ces écoles étaient, sinon absolument infructueuses pour les classes rurales, du moins fort loin de répondre à leur objet. M. de Tocqueville, dans son livre sur l'*Ancien régime*, va même plus loin. Il définit un village français au dix-huitième siècle : « Une communauté dont tous les membres étaient pauvres, ignorants et grossiers; avec des magistrats aussi incultes et aussi méprisés qu'elle, un syndic ne sachant pas lire, un collecteur incapable de dresser de sa main les comptes dont dépendait la fortune de ses voisins et la sienne propre[1]. »

Il serait excessif de faire l'application de ce jugement sévère à toutes les régions de la France et à la Normandie dans toutes ses parties. Il est douteux surtout que la Haute-Normandie ait justifié à la lettre cette appréciation. Mais on peut considérer l'ignorance comme le fait général, quel qu'en ait été le degré. Comment

[1] Tocqueville, l'*Ancien Régime et la Révolution*.

cette ignorance serait-elle incompatible avant 1789 avec l'existence d'un nombre même assez grand d'écoles élémentaires? Est-ce qu'aujourd'hui même l'instruction de nos campagnes, bien que supérieure à ce qu'elle était alors, est en rapport avec le nombre des écoles et avec les ressources beaucoup plus variées qu'elles présentent?

L'état de la propriété dans les classes rurales en Normandie, au moment qui précède 1789, nous permettra aussi un certain nombre d'observations qui démentent certaines idées préconçues.

On y trouve par exemple la confirmation d'une vérité trop souvent méconnue : à savoir, que la petite propriété, qu'on fait trop exclusivement remonter à la Révolution, lui est antérieure.

Les classes rurales en Normandie nous ont montré des paysans propriétaires de maisons et d'enclos, même de petits domaines, dès les douzième, treizième et quatorzième siècle, et le nombre s'en est accru à la fin du quinzième siècle et au seizième. Cet accès de la classe rurale à la propriété du sol s'était fort développé en Normandie; le nombre des paysans propriétaires y était très grand avant 1789; cela peut être démontré pour les anciennes régions qui correspondent aujourd'hui aux départements de l'Eure et de la Seine-Inférieure. L'état de division de la propriété dans la généralité de Caen résulte avec une évidence, qui peut se passer de commentaire, de ce passage d'un mémoire lu par le comte de Montsarville, député de la noblesse à l'assemblée de 1787, à propos des travaux des chemins : « La jurisprudence locale, en Normandie, condamne les propriétaires bordiers à l'entretien des chemins qui les touchent. Il naît de cette loi des injustices réelles qui souvent accablent le pauvre, sans soulager le riche. *Dans un pays comme la Basse-Normandie, où toutes les possessions sont divisées par une infinité de clôtures; où le peuple attaché au sol partage la plus petite succession de son père*, la plus grande partie des chemins se trouve avoisinée de ces possessions divisées. »

Voilà un texte décisif. Or, si on remarque aujourd'hui que l'héritier *partage la plus petite succession de son père*, ce qu'un tel fait a d'ancien atténue fort, on doit l'avouer, la responsabilité du code civil. Bien plus, l'existence d'une propriété morcelée au point d'offrir une base extrêmement faible à l'impôt, résulte en Normandie des faits les plus avérés. Ainsi, en 1772, à propos du vingtième, qui se perçoit sur le revenu net des immeubles, l'intendant de Caen, ayant fait le relevé de ces cotes, estime que sur cent cinquante mille, « il y en a peut-être *cinquante mille* dont l'objet *n'excède pas cinq sous* et *peut être encore autant* qui *n'excèdent pas vingt sous*[1]. »

Où trouver une preuve plus évidente que si la Révolution a pu favoriser l'accès à la propriété des classes rurales en Normandie, et cette vérité n'est pas exclusivement propre à cette province, elle ne leur en a pas, il s'en faut de beaucoup, ouvert la première entrée?

Ce que la Révolution seule a opéré ici pour les paysans

[1] *Archives nationales*, H, 1463. (Lettre de M. Fontette, du 16 novembre 1772.)

en Normandie, qu'est-ce donc? c'est la conversion d'une quantité de biens communaux en propriétés individuelles. Il n'existe aujourd'hui que très peu de terrains communaux dans l'ancienne généralité de Rouen. Il en était tout différemment au dernier siècle, à en juger par l'importance que l'Assemblée provinciale attache à ce sujet en 1787. M. Léonce de Lavergne reproduit à cet égard, dans son *Histoire des Assemblées provinciales*, les dispositions fort curieuses auxquelles s'arrêtait le bureau du bien public. Il rappelait les édits rendus depuis un siècle pour le défrichement des terres incultes, et en particulier la déclaration royale d'août 1766. Il citait les calculs faits, dix ans après cette loi, qui établissaient qu'on avait défriché dans vingt-huit provinces du royaume environ quatre cent mille arpents. Fait justifié par les états déposés dans le bureau de l'administration des finances, chargé du département de l'agriculture.

Par les évaluations les moins hasardées, ces quatre cent mille arpents de terrain défrichés avaient produit trois millions de setiers de grain à 20 livres le setier, prix moyen depuis 1764, équivalant à 60 millions de livres. Par quelle fatalité, se demandait le même bureau, les dispositions d'une loi si précieuse n'avaient-elles pas été généralement suivies dans le royaume? Le bureau du bien public proposait donc de faire trois parts des communaux, un tiers attribué au seigneur, un tiers exploité en régie au profit des pauvres, et un tiers partagé par feux entre les habitants. L'assemblée n'admit pas immédiatement ces conclusions; elle aima mieux ouvrir un concours sur la question, en promettant au meilleur mémoire un prix de 400 livres, dont les fonds furent faits par un de ses membres[1]. Toujours est-il que l'idée de partager les biens communaux, au moins en partie, au profit de la propriété individuelle, avait fait du chemin avant 1789. Les classes rurales en Normandie et dans d'autres provinces n'ont donc encore fait qu'entrer dans une voie ouverte par les esprits éclairés, et ce qu'elles y ont déployé de vigueur n'a pas fait regretter leur prise de possession.

Ce qui au dix-huitième siècle, à la veille de la Révolution, excitait en Normandie certaines plaintes, c'était la grande propriété.

Elle y occupait la place qu'elle garde encore, quoiqu'avec moins d'étendue. La grande culture était très développée dans quelques parties de la province ; elle l'était notamment dans le Vexin. On se montrait porté à en voir surtout les inconvénients ; on l'accusait particulièrement de s'opposer d'une manière préjudiciable au développement de l'espèce ovine. L'Assemblée du département de Gisors, dans sa session de 1788, attribuait la diminution des moutons, et, par suite, l'augmentation du prix de la viande, des cuirs et du beurre « à la réunion considérable de biens en un même corps de ferme ». Je ne juge pas la réalité du reproche, je me borne à le constater. Il est encore un grief qui peut avoir de sérieux fondements, mais qui n'est pas nouveau non plus. On se plaint de la brièveté des baux, qui res-

[1] M. L. de Lavergne, *les Assemblées provinciales*. — V. sur la législation des biens communaux avant 1789 le livre de M. Léon Aucoc : *Des Biens de communes et des Biens communaux*, etc., chap. VII, § 11.

serre dans de trop étroites limites les progrès agricoles. Au dix-huitième siècle on s'en plaignait aussi, avec cette circonstance de plus que c'était un effet des lois existantes. Le procès-verbal des séances de l'assemblée du Bureau de Monti-Villiers, en 1688, le constate : « Un des obstacles les plus grands à la prospérité de l'agriculture est la brièveté des baux à ferme. Elle provient des lois qui ne permettent pas aux propriétaires de la fixer à un terme plus long que celui de neuf ans, sans être exposés à des droits d'aliénation. » Les baux plus prolongés peuvent être aujourd'hui les plus rares de beaucoup, on ne peut plus du moins en accuser la législation existante.

Nous avons achevé l'examen de l'état des classes agricoles en Normandie avant 1789. On nous excusera si nous avons donné une certaine étendue à ce préambule historique. L'importance à bien des égards exceptionnelle, sous ce rapport particulièrement, de l'ancienne Normandie, justifie ces développements. Nous nous sommes proposé aussi d'y démontrer par un exemple concluant l'utilité de l'emploi de la méthode historique dans ces matières. Toutes les questions que nous avons à étudier trouvent dans les observations qu'on a vues des précédents nécessaires à connaître. Il s'en faut de beaucoup que le moyen âge même fasse exception ; il nous a montré les traits essentiels du pays. Ces traits ne se sont pas démentis. L'étude de cette époque nous a permis de saisir les origines de beaucoup de faits qu'à tort on croirait être entièrement nouveaux, ou ne se rencontrer qu'à une date relativement récente. Appuyées sur la comparaison de ce que ces populations ont été et de ce qu'elles sont aujourd'hui, nos conclusions auront chance d'éviter les erreurs d'appréciation qui naissent d'une vue trop étroite et trop exclusive du présent.

CHAPITRE IV

CONDITION ACTUELLE DES POPULATIONS AGRICOLES EN NORMANDIE
LEUR ÉTAT MORAL

Nous avons maintenant à étudier l'état actuel des classes rurales en Normandie : commençons par présenter les observations que nous avons pu recueillir sur leur situation morale.

I

TRAITS PERSISTANTS DE LA RACE ET CHANGEMENTS OPÉRÉS
ÉTAT DES MŒURS, DU SENTIMENT RELIGIEUX
NATURE DES AMÉLIORATIONS MORALES
CRIMINALITÉ — L'INTEMPÉRANCE ET SES PROGRÈS — L'ALCOOLISME

Les instincts et les traits essentiels du caractère sont restés les mêmes, tout en subissant des modifications appréciables. Le Normand aventureux d'autrefois a disparu. Mais, si les Normands ne courent plus le monde pour chercher fortune, ils quittent volontiers leur village pour améliorer leur position. On en trouve beaucoup dans les industries et dans le commerce des villes. La librairie en compte un assez grand nombre à Paris. Ce qui peut rester d'humeur aventureuse se dépense dans la pêche côtière ou dans la marine du commerce. A défaut des colonies lointaines, quelques ares de terre fécondés à force de travail; au lieu de l'humeur conquérante d'autrefois, l'ardent désir d'arrondir le petit domaine. L'intérêt calculateur et l'humeur processive demeurent, bien que celle-ci ait diminué. Il n'est pas rare de voir les paysans, à table par exemple, au cabaret même, comme sujet de conversation et par passe-temps, poser des cas litigieux. On s'anime, on s'échauffe sur ces cas imaginaires. Ajoutons qu'en fait, Rouen et Caen restent au nombre des cours où il se plaide le plus d'affaires civiles : ce qui peut s'expliquer d'ailleurs pour la plupart des cas par la variété comme par l'importance des intérêts engagés. La petite propriété se montre aussi d'une susceptibilité que n'égalent pas toujours ses propres scrupules dans les questions de limites. Néanmoins le paysan hésite davantage à s'abandonner à sa vieille passion : il obéit moins aux conseils de l'esprit de chicane; il sait ce qu'il en coûte, et, plus qu'autrefois, il accepte un arbitrage avant de recourir aux tribunaux.

Nul doute aussi que les mœurs ne se soient adoucies dans les campagnes normandes. Les rixes sanglantes, jadis si multipliées, y sont beaucoup moins fréquentes et moins dangereuses. Sans les excitations de l'intempérance, elles auraient presque cessé d'exister. Les habitudes sont moins grossières. La classe rurale enfin, et ce trait mérite d'être noté, ne manque ni de tenue, ni de dignité. Le paysan, animé d'un certain sentiment d'indépendance, sent sa valeur. Il compte plus qu'en beaucoup d'autres provinces avec l'opinion. Sa fierté endurerait mal une offense. Elle se montrerait plutôt susceptible à l'excès.

Le progrès moral est pourtant dans les campagnes normandes loin d'être en rapport avec le progrès matériel.

Non qu'il faille habituellement accuser en lui-même le développement du bien-être, qui suppose et entretient certaines qualités, comme les habitudes laborieuses et l'épargne. Mais l'aisance peut venir aussi trop facilement. C'est plus d'une fois les cas des populations herbagères. Dans ce genre de culture il semble que l'homme n'ait souvent qu'à attendre le produit. Il en résulte des tentations inhérentes aux longs loisirs, et celle qu'amène la richesse acquise sans efforts suffisants. La classe des laboureurs a aussi ses vices; mais elle est mieux préservée par le travail incessant. Au reste il faut distinguer chez les herbagers la partie la plus riche, qui forme une élite, et qui échappe aux défauts dont la classe des laboureurs est fréquemment atteinte.

Nous signalerons encore un cas où le bien-être peut devenir corrupteur et l'est devenu en effet plus d'une fois : c'est, pour les ouvriers agricoles, l'élévation trop soudaine des salaires dans une proportion notable. Ces hausses subites profitent en général plus aux jouissances de mauvais aloi qu'au solide bien-être et à l'épargne, ce qui n'est pas vrai en général des salaires élevés qui naissent d'une amélioration graduelle. Enfin le bien-être accroît les responsabilités. Si on ne fait entrer en ligne le sentiment du devoir et de la famille, n'est-il pas inévitable qu'on se livre aux jouissances matérielles ? Ni le travail, ni la propriété ne sont des préservatifs suffisants. Conciliables avec l'égoïsme, ils ne produisent pas cette idée du devoir, cet esprit de secours et de sacrifice qui demandent d'autres leçons.

Sauf dans certaines régions, le sentiment religieux a baissé, et la moralité s'en est ressentie. Le scepticisme à l'égard du surnaturel a gagné les campagnes, et bien entendu ce n'est pas le spiritualisme philosophique qui remplace la religion. Peut-être l'enseignement religieux n'est-il pas toujours bien approprié aux besoins des populations rurales. Le mélange de la politique a dans ces derniers temps fait tort à la religion. Le paysan normand ressent un éloignement marqué pour tout ce qui lui paraît de nature à menacer les principes et les résultats de la Révolution à laquelle il doit l'égalité civile et la possession du sol. Ce sentiment est ombrageux à l'excès, mais il est imprudent de le heurter de front, dans l'intérêt même des croyances. Le prêtre n'inspire au reste dans ces campagnes aucune de ces antipathies qui tiennent à sa robe, et qu'on rencontre dans le peuple des villes. On lui fait bon accueil. On l'admet au foyer, on l'invite aux fêtes de famille, mais on fréquente peu l'église.

Signalons d'abord les atteintes positives que la moralité reçoit dans les classes agricoles, c'est-à-dire les vices, les crimes et les délits qui tombent sous l'observation et sont du ressort de la statistique. Nous n'oublierons pas d'ailleurs en signalant le mal que les excellentes qualités que nous avons signalées, réparties partout, ne sauraient être évaluées de la même manière.

Lorsqu'on étudie l'état moral d'un pays, le fait le plus saillant qui se présente est le plus ou moins grand nombre de crimes et de délits qui s'y commettent, bien que ce soit là, comme nous venons de le remarquer, une mesure insuffisante de ce qu'il peut valoir ; car la majorité peut être saine, et une minorité d'individus vicieux calomnier pour ainsi dire la masse honnête. La nature des crimes et des délits jette pourtant un grand jour sur l'état moral.

On voudrait regarder comme une règle invariable que la criminalité est en sens inverse de l'aisance et des lumières. Il n'en est pas toujours ainsi malheureusement : le département de l'Eure est, non seulement en Normandie, mais en France un des mieux cultivés et des plus riches, et ce département se place en tête de tous les autres pour la France entière dans l'ordre de la criminalité proportionnellement à sa population. Il donne quarante-trois accusés sur cent mille habitants; chiffre considérable, énorme même, si on le rapproche du département qui en présente le moins, le Lot, lequel n'a que cinq accusés sur cent mille habitants.

Un tel chiffre est, reconnaissons-le, imputable presque exclusivement à la classe rurale. En effet, l'Eure ne compte pas une seule grande ville. On y trouve même peu de centres industriels de quelque importance. Les meurtres et les assassinats ne figurent pas autant que pour quelques autres départements dans la liste des crimes. Les attentats à la pudeur forment presque un tiers des crimes commis, un autre tiers est formé par les vols qualifiés.

Dans la Seine-Inférieure, le chiffre est élevé aussi, mais bien moindre ; on trouve vingt-sept accusés sur cent mille habitants au lieu de quarante-trois, et ce sont les villes qui fournissent en très grande partie ce contingent. On ne doit pas oublier enfin que l'Eure n'a pas la moitié des habitants de la Seine-Inférieure : en chiffres ronds elle en compte trois cent soixante-dix-sept mille, tandis que la Seine-Inférieure en a sept cent quatre-vingt-dix mille. On n'en trouve pas moins, dans l'Eure, trois accusations d'infanticide contre deux dans la Seine-Inférieure. Les coups et blessures portés à un ascendant, ceux qui sont suivis de la mort sans intention de la donner, sont plus fréquents aussi ; il s'y commet un nombre d'incendies volontaires qui est du double proportionnellement à la population, par comparaison avec le département voisin.

On signale, au reste, dans bien des régions en Normandie, quantité de petits larcins qui échappent à la loi. Il n'est pas rare que des paysans, même dans l'aisance, grapillent et dérobent les gerbes au moment de la moisson, les fruits au moment de leur maturité pour le cidre, les bois exploités et restés en cordes. Ces soustractions, sans doute peu considérables à la fois, mais très souvent répétées, sont injustifiables : ce n'est pas le besoin qui les fait commettre ; elles n'ont d'autre cause que l'appât d'un gain sans travail et l'attrait du fruit défendu.

Les mêmes départements présentent souvent des différences sensibles selon les régions pour la criminalité. Dans la Seine-Inférieure il faut distinguer le pays de Bray et le pays de Caux; vieilles dénominations qui n'ont pas perdu dans l'usage leur raison d'être; elles répondent à des distinctions morales, économiques, géographiques, non encore effacées. Voisin de la Picardie, le pays de Bray est surtout représenté par l'arrondissement de Neufchâtel. Le pays de Caux est formé par la réunion de 29 cantons compris entre la Manche, la Seine, la rivière de Cailly et la rivière la Varenne; il renferme la totalité des arrondissements du Havre et d'Yvetot, six cantons de l'arrondissement de Dieppe, cinq cantons de l'arrondissement de Rouen; on y joint encore le canton de Saint-Saëns, qui appartient à l'arrondissement de Neufchâtel, et qui s'en rapproche par plus d'un trait moral et matériel. Les cantons de l'arrondissement de Dieppe enfin appartiennent au *petit Caux*, et participent un peu aux habitudes du pays de Bray. On voit par là que le pays de Caux offre, dans les limites indiquées, une grande importance; il présente une superficie totale de trois cent soixante-huit mille sept cent cinquante-deux hectares et compte près de vingt et un mille fermiers.

On remarque dans ce pays, si on le compare au Bray, des habitudes plus grandes de respect pour les propriétés et les personnes. Le Bray, pays d'herbages et de bois, donne plus de crimes et délits. La population du pays de Caux en présente moins, bien que les mœurs proprement dites n'y soient pas irréprochables. Les hommes continuent à aimer la bonne chère, les femmes la parure ; les chutes n'y sont pas plus rares qu'ailleurs ; mais les actes qui tombent sous l'action répressive des lois le sont extrêmement.

Voici ce que nous disait au Havre un magistrat d'une grande expérience : « Sans la mauvaise population de cette ville composée en grande majorité d'étrangers, la justice criminelle serait dans ce pays une sinécure ; appelé par mes fonctions dans les résidences les plus diverses, les plus distantes les unes des autres, je n'ai pas vu de population rurale qui valût celle-là. » On peut se montrer fier d'un pareil témoignage.

Le Calvados est en France un des départements les plus mal notés; l'Orne et surtout la Manche sont au contraire de ceux où la moyenne de la criminalité est la plus faible. Dans la Manche, l'état moral est meilleur d'une manière générale, le sentiment du respect moins rare, la vie plus régulière et plus rangée.

En signalant le Calvados par ses mauvais côtés, nous n'oublierons pas davantage que nous y avons rencontré des régions entières où le mal a peu de prises, des populations qui valent les meilleures. Combien de familles rurales dignes d'estime du côté de Bayeux. et dans nombre de localités répandues sur toute la surface du même département! Partout le bien se rencontre à côté du mal ou s'y trouve mêlé, et si nous avions à tracer un tableau complet et détaillé pour chaque circonscription, nous aimerions à insister sur ces pays où les crimes sont rares et la moralité recommandable. Combien de dignes populations, ici de pêcheurs, là de laboureurs! Voyez-les à Granville, par exemple, laborieux, s'occupant, plutôt que de mendier, en temps de chômage, à ramasser des coquillages sur le bord de la mer pour le plus petit salaire. On signale il est vrai, à Granville même, certains effets fâcheux produits par les équipes d'ouvriers étrangers, le déchet de la pêche, quelques habitudes de luxe. Toujours est-il que le nombre des crimes y est pour ainsi dire nul, celui des délits très faible; on ne cite pas depuis vingt ans une seule accusation d'infanticide. Les populations de l'Avranchin, celles des alentours de Cherbourg et de Valognes, présentent ce qu'on peut appeler moralement une bonne moyenne. Les crimes y sont très peu fréquents, et les délits, sans être absolument rares, sont encore plus loin d'abonder.

Les stations de bains de mer ont enrichi les populations qui habitent les bords des côtes. Elles n'ont pas eu sous le rapport moral d'aussi heureux effets. La présence d'un grand nombre d'étrangers, le désir et la facilité du lucre, la vue d'exemples qui sont loin d'être toujours édifiants, ont été pour ces populations une épreuve dont leur moralité s'est plus d'une fois fâcheusement ressentie.

Je ne quitterai pas ce triste sujet de la criminalité sans dire un mot du braconnage. La chasse est devenue une passion chez nombre de ces paysans, chez ceux-là même qui jouissent à peine de quelque aisance. Les moindres cultivateurs y consacrent souvent une partie exorbitante de leur temps, et c'est aussi une occasion de dissipations et de dépenses. Le braconnage n'est pas seulement une manière illicite de satisfaire un tel goût, il a pour but d'assurer aux paysans qui s'y livrent un gain sans travail sérieux. Il est rare qu'un argent ainsi gagné ne serve pas à la satisfaction d'inclinations vicieuses. On ne saurait sans un profond regret voir se répandre dans les campagnes en Normandie, un genre de délit qui entraîne plus d'une fois à de vrais crimes, et qui se lie d'ailleurs à tous les mauvais instincts de fraude et de révolte.

Il noûs faut parler maintenant d'un mal plus grave. On sait quels progrès l'intempérance a faits en Normandie, particulièrement sous la forme des boissons alcooliques, consommées à domicile ou dans les cafés. Cette habitude a quelquefois gagné jusqu'aux femmes. Elle se présente chez celles-ci sous des traits particulièrement repoussants, et développe dans ce cas des conséquences encore plus préjudiciables pour la famille. Elle produit l'altération du caractère, qui se témoigne par des alternatives d'excitation et de torpeur. La mère néglige alors ou maltraite les enfants. Trop souvent aussi son inconduite en est la suite. Les germes mêmes qu'elle porte dans son sein se ressentent de la manière la plus fâcheuse des habitudes d'ivrognerie. On aurait tort de croire que ce vice est devenu général chez les femmes; mais il ne faut pas se le dissimuler, il est beaucoup trop fréquent. C'est le plus souvent à domicile que la femme du petit cultivateur ou de l'ouvrier rural satisfait ce goût désordonné des liqueurs fortes.

Le bon marché de l'alcool l'a singulièrement favorisé. On fabrique de l'eau-de-vie, souvent plus chère, mais très forte, connue sous le nom de *calvados*. On boit non seulement de l'eau-de-vie faite avec le cidre, mais fabriquée avec le grain, la betterave, la pomme de terre, etc. Ces dernières eaux-de-vie sont encore plus dangereuses. On abuse de l'alcool connu sous le nom de *trois-six* plus ou moins mêlé à d'autres substances. Le cultivateur aisé a chez lui du cidre très fort dont l'effet sur le cerveau ne tarde pas à se faire sentir. Celui que l'on consomme ordinairement est, en général, trop faible pour causer l'ivresse; pourtant le cidre reste une des boissons enivrantes dont on abuse, mais dans une proportion aujourd'hui beaucoup moindre. *L'alcoolisme* a pris le dessus.

Il y a sans doute des raisons qui expliquent cette augmentation considérable de l'ivrognerie. Le climat en reste une des causes; mais elle a toujours existé; l'absence de vie morale supérieure, de distractions peut-être suffisantes et de relations sociales, de tout ce qui tire l'homme du cercle un peu monotone et borné des occupations matérielles, ne peut être exonérée d'une part notable de responsabilité. On ne peut cependant ne pas attacher une importance extrême au bas prix de l'alcool, et à son action toxique, comme à sa puissance enivrante. Il suffit ici d'un petit volume de liquide pour exercer de cruels ravages. L'ivresse arrive vite, elle vient dans des conditions désastreuses et qui tendent à en faire prendre l'habitude. Qu'on prononce ici les mots de corruption, de dépravation, soit; mais les qualités funestes de l'alcool créent un genre de tentations et de dangers que n'ont pas connu nos pères.

Ne serait-il pas urgent d'avertir les populations par des instructions spéciales?

La science ne permet plus qu'on se fasse illusion sur les lésions de toute sorte qui résultent pour l'organisation de l'abus de l'alcool. L'appareil digestif s'en ressent de la manière la plus grave. Tout est atteint, l'estomac, les intestins, le foie ; le sang est profondément altéré ; les poumons sont souvent lésés. Les lésions du système nerveux sont effrayantes, et, portant, disent les spécialistes, sur l'axe cérébro-spinal, elles y causent de vrais ravages. Les reins sont eux-mêmes parfois atteints. En Normandie, un savant, M. Isidore Pierre, professeur à Caen, a montré que les eaux-de-vie du commerce contiennent en proportions variables un certain nombre d'alcools d'origines diverses et qui équivalent à un empoisonnement[1].

Le grand nombre des cafés et cabarets dépasse toute mesure. On en trouve jusqu'à dix et quinze dans des communes de trois cents âmes. Sans doute des établissements plus considérables et moins nombreux réuniraient souvent une clientèle aujourd'hui dispersée. Mais ils se prêteraient mieux à la surveillance et n'obligeraient pas en quelque sorte de misérables débitants, pressés par la concurrence et chargés chacun de frais spéciaux, à frauder sur la qualité des boissons. Les liquides seraient moins altérés, la police mieux faite ; les établissements dirigés par des chefs plus honorables prendraient moins facilement le caractère de mauvais lieux.

Aujourd'hui les autorisations sont accordées très faci-

[1] Voir aussi la brochure : *Recherches expérimentales sur la puissance toxique des alcools*, par MM. Desjardin-Beaumetz et Audigé, communication faite au congrès international pour l'étude des questions relatives à l'alcoolisme.

lement. C'est un avantage pour le fisc. C'est un dommage pour la morale. La question se pose ici entre la réglementation qui, si elle est maintenue, devrait être plus efficace, et la liberté pleine et entière. Je ne discute pas la question. J'affirme seulement que la presque totalité des propriétaires et des fermiers, avec qui j'ai eu l'occasion d'en parler, sont pour la limitation du nombre, au nom de la morale et de la santé publique qui viennent misérablement échouer à ce triste écueil.

De quelque façon que la question soit résolue, je fais des vœux pour que le nombre de ces lieux de consommation et de réunion soit sensiblement restreint. Le sera-t-il par des mesures directes? Le sera-t-il par la concentration qui s'est produite dans certaines industries ou commerces naturellement? Rien n'annonce un tel mouvement. La multitude des débits a pris les proportions les plus excessives, et ne présente que des inconvénients, parce qu'ici la concurrence même augmente les frais généraux par la quantité des établissements et pousse à sophistiquer les boissons. J'ai trouvé les propriétaires et les fermiers d'humeur très irritable sur ce chapitre. Ils souffrent de ces vices et comme honnêtes gens et comme intéressés, puisqu'ils sont obligés à leur grand préjudice d'employer des ouvriers livrés à l'ivrognerie.

L'intempérance trouve un autre excitant dans l'accroissement du nombre des marchés. Je dis des marchés plutôt que des foires. Celles-ci ont perdu en importance; mais toute localité veut avoir ses marchés. Ce sont des motifs perpétuels de déplacements, des causes de mauvaises habitudes pour les petits propriétaires, les petits cultivateurs, les moyens propriétaires aussi. C'est au café que tous traitent leurs affaires. Bientôt ils s'accoutument à y aller sans motifs. Les ouvriers agricoles s'y rendent eux-mêmes ces jours-là ou vont dans les cabarets. Ils y trouvent une occasion d'excitations funestes et de dépenses. L'eau-de-vie n'était autrefois que l'accessoire du café que l'on consomme à propos de tout marché et que l'on joue; elle est devenue de beaucoup le principal, soit qu'on la mêle au café, soit qu'on la boive pure.

Encore une fois la race souffre : j'en ai recueilli l'assurance sur les lieux mêmes. Un instituteur nous disait, dans l'Eure: « Je distingue très souvent, par les difficultés que j'éprouve dans l'instruction d'un enfant, les familles dont les membres s'adonnent à la boisson. Il est rare que les enfants d'ivrognes n'aient pas une hébétude précoce. » — On nous cite, près de Conches, des ménages brouillés, mis dans la gêne par l'ivrognerie : « Non seulement cet abus est ici une cause d'affaiblissement pour l'intelligence de ceux qui s'y abandonnent et pour leur progéniture, nous dit-on, mais il est la ruine des ménages par la discorde qu'il fait naître entre les époux et par les dépenses qu'il entraîne. Il constitue dans l'intérieur des familles le plus grave obstacle à l'aisance, que devrait assurer, non seulement dans le présent, mais pour l'avenir, l'amélioration des salaires et celle des profits. » — Enfin les rapports mêmes des maîtres et des serviteurs ou employés en sont aigris : « La mésintelligence, nous assurent les mêmes témoins, entre certains cultivateurs et leurs ouvriers s'en est fort accrue; leurs querelles s'échauffent sous l'empire des excitations alcooliques. » — Un fermier moins scrupuleux et, nous le croyons aussi, moins bon calculateur que ceux de ses confrères qui déplorent ce vice chez les travailleurs ruraux, faisait cette autre observation : « Ne criez donc pas contre les cabarets ; si les ouvriers ne s'y ruinaient pas, la main-d'œuvre serait à tel prix qu'il nous faudrait cesser la culture. » Propos peu moral assurément, car on ne doit pas se réjouir du mal, même quand on croit en profiter, mais expression brutalement exacte de l'action profonde que l'ivrognerie exerce sur le sort des ouvriers ruraux.

La partie ouvrière des populations agricoles est la plus atteinte en effet par ce fléau. Son ignorance et sa grossièreté laissent toute latitude aux influences de climat, de tempérament, comme aux conséquences abrutissantes de la lourde ivresse puisée dans ces boissons : ivresse sans gaité, sans expansion, tantôt bruyante, tantôt taciturne, toujours bestiale.

Le café et le cabaret n'en sont pas les seuls théâtres. Le foyer même n'en préserve pas toujours. Les propriétaires ont dans les caves leurs réserves d'eau-de-vie. C'est une tentation pour la femme qui reste à la maison, pour les journaliers, pour les domestiques ; le cultivateur a fort à faire de mettre ses tonneaux à l'abri des larcins.

En somme, le mal est grand, et on en voit l'influence dans les attentats aux mœurs, dans les actes de brutalité et de violence qui se manifestent par les coups et blessures. Dans la Seine-Inférieure ce sont surtout les grandes villes qui en souffrent. Rouen possède en ce genre une triste notoriété. Pour les populations rurales, l'Eure et le Calvados sont surtout infectés de ce mal. Il s'y traduit trop souvent par ces maladies que connaissaient peu autrefois les campagnes. Les affections nerveuses, le *delirium tremens*, la folie qui naît de l'alcoolisme sont des fléaux contemporains et ils vont croissant.

Dans une maison hospitalière près d'Évreux, qui reçoit des aliénés, le nombre de ceux qui le sont devenus par suite d'excès d'intempérance, est la preuve convaincante du développement de ce fléau dans les campagnes de l'Eure.

Il est attesté de la même manière, et sur une plus grande échelle encore, dans le Calvados, par une statistique, due à M. Lunier, inspecteur-général du service des aliénés, qui contient sur ce sujet les renseignements les plus instructifs. Dans le Calvados seul, les cas de folie provoqués par des causes alcooliques atteignent l'énorme proportion de près de 30 pour 100 sur le nombre total des fous renfermés dans les maisons spéciales. Combien un tel chiffre suppose de gens dont la raison est plus ou moins troublée, les facultés altérées, sans que la folie soit positivement déclarée! Les suicides sont aussi la conséquence trop fréquente de ces excès.

Difficile à prévenir et à réprimer dans les villes un tel fléau l'est plus encore dans les campagnes. Jusqu'où peut s'exercer ici utilement l'action de la loi? Quels moyens moraux peuvent l'y combattre avec efficacité? Ces questions occupent aujourd'hui tous les esprits prévoyants. L'Académie des sciences morales n'a pas oublié ce grave et difficile problème de morale pratique; elle en a fait l'objet d'un de ses concours[1]. Une Société s'est fondée à Paris pour combattre les progrès de l'intempérance. Les Congrès agricoles tiennent des récompenses à la disposition des ouvriers tempérants et d'une bonne conduite. Nous dirons un mot tout à l'heure des moyens de moralisation essayés en Normandie, qui se proposent de combattre directement ou indirectement un mal dont rougit la civilisation et qui menace les forces vives du pays.

LA FAMILLE DANS LES CAMPAGNES NORMANDES — LA DÉPOPULATION ET SES CAUSES MORALES

Les unions illicites présentant un caractère plus ou moins permanent sont très rares dans les campagnes normandes. Le concubinage, si fréquent dans les villes, y serait énergiquement flétri par l'opinion. Le paysan craindrait d'y aliéner son indépendance dans une situation qui offre à peu près, en les aggravant à plusieurs égards pour les conjoints, tous les inconvénients que le mariage peut présenter, sans avoir ses avantages moraux, matériels et légaux. Le paysan veut être maître chez lui, avoir une famille, travailler, épargner pour elle. C'est le bon côté de la vie rurale.

En revanche, les naissances illégitimes ne manquent pas, et elles attestent trop souvent la facilité des mœurs.

[1] L'Académie des sciences morales et politiques a récompensé trois mémoires instructifs de MM. E. Bertrand, J. Lefort et Ant. Rouillet; nous avons sous le yeux les deux premiers imprimés, et ils méritent d'être consultés.

Elles ne sont pas pourtant plus fréquentes en Normandie qu'ailleurs. Si le mal est assez commun dans quelques localités exceptionnellement mal notées, il est rare dans d'autres où la loi morale est mieux observée et où l'opinion garde toute sa sévérité pour les chutes. On pourra se faire une idée de cette proportion des naissances illégitimes par les chiffres suivants. Elles ne sont que de 5 pour 100 dans l'Orne, et de moitié seulement de ce dernier chiffre pour les campagnes. Pour les populations rurales de l'Eure, ces naissances ne s'éloignent pas beaucoup d'une moyenne de 10 pour 100. Dans la Seine-Inférieure, malgré les grandes villes de commerce et d'industrie, le chiffre de 33 pour 1000 est au-dessous de la moyenne générale de la France, qui est sur 1000 naissances de 45 illégitimes. Nombreux encore dans le Calvados, les enfants naturels le deviennent beaucoup moins dans la Manche, où le frein religieux garde plus de force ainsi que les traditions de famille. On remarque ici encore que, toutes choses égales, la culture herbagère tend à développer ces désordres de mœurs plus que les autres cultures. Les sexes y sont plus mêlés dans les travaux du dehors et dans ceux de la ferme. La surveillance est en outre rendue à peu près impossible à cause de la fréquence des rapports et de l'éloignement des herbages.

La famille existe donc d'une manière générale, le célibat n'étant que l'exception assez rare. Il reste à en constater l'état. Ici encore, il faut se garder de ne voir que le mal. Il existe dans nos campagnes normandes un nombre incalculable de bonnes familles. Pourtant il y a de fortes ombres au tableau. Il arrive assez fréquemment que des filles égarées, séduites, plutôt que profondément corrompues, deviennent des épouses sages; mais quel mal n'entraîne pas l'infidélité dans le mariage? Et si même ce n'est pas l'immoralité qui règne, mais seulement la désunion, quel état est plus déplorable? Tous les villages ruraux en Normandie ne sont pas exempts de ces désordres; les ménages n'y présentent pas toujours le spectacle de la concorde; il s'y remarque même, dans certaines régions du moins, des désordres plus graves. Le manque de principes religieux et moraux, le rapprochement des centres industriels, ont sur certains points développé les mauvaises mœurs. Il faut le reconnaître : les exemples donnés de plus haut dans certaines localités y contribuent aussi. Quoi qu'il en soit, l'infidélité de la femme mariée dans les campagnes reste l'exception dans la plupart de ces contrées; il n'en est pas partout ainsi de celle de l'homme.

Les relations des parents et des enfants appellent aussi notre attention.

L'affection paternelle et maternelle y subsiste dans toute sa force. Elle paraît même plus tendre. On *gâte* les enfants bien plus fréquemment qu'autrefois. L'instinct malheureusement domine, et s'appuie trop peu sur le sentiment du devoir. Il s'inspire rarement d'une sage prévoyance. Lorsque cette affection pour les enfants prend une forme plus réfléchie, le campagnard n'a qu'une idée fixe : leur laisser du bien, se préoccupant beaucoup moins de leur léguer des vertus.

Ce qui a diminué, c'est le respect des enfants pour les parents. Parfois ceux-ci mêmes donnent un regrettable exemple en traitant les aïeux avec peu d'égards. Les parents ne se rendent pas non plus toujours respectables par leur langage et leur conduite : mais n'est-ce pas ici que le devoir doit venir en aide à l'amour filial ? L'éducation maternelle chez les cultivateurs et les travailleurs salariés est trop souvent un mélange de sévérité et d'indulgence sans discernement et sans mesure. Elle punit avec emportement des fautes qui méritent d'être reprises avec douceur; elle glisse sur celles qui doivent être réprimées sans ménagement. L'affection trop aveugle des parents sème et récolte l'ingratitude.

De cette absence de déférence dans le jeune âge à l'indifférence, à la dureté plus tard, il n'y a qu'un pas, trop souvent franchi quand les parents deviennent vieux et infirmes. Fréquemment les pères et les mères âgés abandonnent leurs biens à leurs enfants moyennant une rente viagère, ou, chez les plus pauvres, à la charge de les nourrir, de les loger, de les soigner. Les conditions imposées dans ces donations sont loin d'être toujours remplies. Les rentes viagères restent plus d'une fois en souffrance, soit par une coupable avarice, soit que la gène y fasse obstacle, et qu'on n'ait pas pris un soin assez exact de distraire des dépenses courantes la somme promise. La situation des parents qu'il faut soigner à domicile laisse donc souvent à désirer. Pourtant l'abandon total et complet, les mauvais traitements sont loin d'être le cas le plus ordinaire; souvent même les vieux parents sont environnés des soins qui leur sont dus. On trouve également des preuves d'une union d'intérêts entre les fils et les pères chez certains fermiers, et même chez certains ouvriers. Nous en avons vu des exemples dans l'Orne, et le même fait se produit plus ou moins partout. Les enfants d'ouvriers restent souvent jusqu'à leur majorité, et même au delà, dans la dépendance du père de famille, et font bourse commune de leurs salaires. Il en est ainsi plus fréquemment encore pour les fils de fermiers, qui ne s'éloignent de leur famille que pour se marier et créer un nouvel établissement.

L'opinion publique se préoccupe à juste titre de la dépopulation qui se fait sentir dans la Normandie. Cette dépopulation tient souvent à des causes particulières qui ne dépendent pas tout à fait des individus. Mais il faut faire ici une grande part à la volonté.

On est résolu à ne pas avoir d'enfants, ou du moins à en limiter le nombre autant que possible,

Tantôt l'égoïsme est le motif déterminant; on craint de diminuer ses revenus et ses jouissances en augmentant ses charges. Tantôt on agit en vue de ses héritiers; on redoute de priver l'unique enfant, ou le petit nombre de ceux qu'on a, d'une partie de la succession. On ne veut mettre au monde en un mot que des hommes aisés, heureux, on le croit du moins, et qui ne soient pas exposés à déchoir de la situation où ils sont nés.

Tel est le calcul qu'on ne craint guère d'avouer, et qui ne saurait ici s'appuyer sur l'indigence. Ce sont les moins pauvres en effet qui se livrent à ce calcul, ce sont ceux-là mêmes dont l'intérêt général ferait désirer qu'ils fissent souche de familles nombreuses, propres à représenter cette bonne moyenne de capacités et de qualités qui fait la valeur d'un peuple. Combien il est désirable qu'ils lèguent un tel héritage à leurs enfants avec un bien-être, modeste sans doute, un peu diminué peut-être, mais avec cette instruction et ces exemples de travail et d'économie qu'il ne dépend que d'eux de leur donner! Les occupations ne manquent pas. Dans la plupart de ces campagnes on réclame des bras et des intelligences au service de la culture. Je suis obligé de reconnaître ici un des signes de l'importance vraiment exagérée, et trop matérialiste, attachée par le cultivateur normand à la possession de la terre. L'homme, avec ses facultés, avec tout ce qu'il porte en lui de forces productives naturelles et acquises, a fini par s'effacer devant l'idée prépondérante de la propriété matérielle. Il semble abdiquer devant cette prévoyance à courtes vues qui veut à tout prix tenir son gage à l'avance non seulement pour le propriétaire actuel, mais pour les générations futures. Une telle manière d'envisager la vie humaine supprime la confiance dans l'avenir; elle finirait par tuer dans son germe toute énergie créatrice. A force de mesurer la quantité des naissances à celle des tâches actuelles et des places que le sol offre sur un territoire restreint, on anéantit l'esprit inventif, on arrête le mouvement hardi et fécond qui pousse à s'ingénier et à se frayer des routes nouvelles, tantôt au loin, comme pour les anciens Normands, par la colonisation qui féconde le globe, tantôt par les accroissements de l'industrie humaine qui tient en réserve les ressources de découvertes et d'acquisitions inespérées, mais infaillibles. C'est ce que le bon sens naïf de l'humanité, confiant dans la sagesse des lois du monde économique et moral, a toujours désigné par cette simple et touchante expression : la foi en la Providence. Il serait funeste que les défiances d'un calcul préoccupé d'empêcher les hommes de naître aient ce résultat étrange et imprévu de faire sortir la stérilité de l'aisance elle-même!

Les faits n'attestent que trop en Normandie la portée effective de ces calculs. Il ne s'agit pas seulement d'un ralentissement dans l'augmentation normale de la population, mais d'une diminution très appréciable par l'amoindrissement du nombre des naissances, auquel se joint dans plusieurs régions l'accroissement sensible du chiffre dans la mortalité.

Il n'y a qu'une exception à faire : la Seine-Inférieure, où quelques villes ont profité du courant de l'émigration. Le département de l'Eure comptait, en 1872, trois cent soixante-dix-sept mille huit cent soixante-quatorze habitants; il n'en comptait plus, en 1876, que trois cent soixante-treize mille six cent vingt-neuf. Cela équivaut, dans l'espace de quatre années, à une diminution de quatre mille deux cent quarante-cinq.

C'est au reste un fait qui continue, et dont l'Académie des sciences morales a été entretenue dès 1862, dans un savant mémoire par M. Louis Passy. Dès lors on pouvait en mesurer la croissance et l'étendue. — « A partir de 1850, vous disait l'auteur de ce mémoire, et même jusqu'en 1846, la population (qui n'avait pas cessé de s'accroître depuis 1800) reste stationnaire. Elle varie à chaque recensement de mille habitants tantôt en plus, tantôt en moins. A cette époque le département de l'Eure était dans la situation la plus prospère, et, s'il était vrai que la population s'élève toujours avec la richesse, le département de l'Eure aurait, dès cette époque, dépassé le chiffre de quatre cent trente mille habitants, qu'il n'a jamais atteint. A partir de 1846, le spectacle change. Tout à coup la population décroît, et, avec une rapidité extraordinaire, retombe au-dessous du chiffre qu'après les guerres, les troubles, les ravages de la Révolution, lui accordait le recensement de 1801. En vingt ans, le département de l'Eure perd vingt-sept mille habitants; en quinze ans, vingt-cinq mille. »

Voilà le fait dans toute sa force. Il n'a pas cessé depuis 1862 d'accuser une gravité croissante et de mettre au jour la cause véritable, sur laquelle on avait paru hésiter d'abord. On attribuait l'affaiblissement numérique de la population à l'émigration dans les villes de Rouen, du Havre, de Paris, où la domesticité, divers métiers, le commerce, surtout l'industrie du bâtiment, faisaient affluer un assez grand nombre d'habitants des campagnes. Mais pour l'Eure un contre-courant d'immigration compensait au moins ces pertes. L'augmentation des décès ne pouvait non plus expliquer cette décroissance numérique. De 1852 à 1856, la moyenne des décès avait été pour la France de un sur quarante-cinq; ce chiffre s'appliquait exactement à l'Eure, où l'on observait en outre que la vie moyenne est au nombre des plus longues que l'on constate en France. On se trouvait donc en présence d'une seule explication possible, l'affaiblissement numérique de la population par la décroissance dans le nombre des naissances.

Elles donnaient en effet une naissance en France par

55,70 habitants, et seulement une naissance par 44,65 pour le département de l'Eure.

La comparaison du chiffre des naissances avec les mariages pour la moyenne de la France et l'Eure, l'abaissement considérable du nombre des jeunes gens sur la liste du recrutement, aboutissaient à la même conclusion. Ce résultat, de clairvoyants observateurs l'avaient annoncé à partir environ de 1830[1], et il avait été précédé au dix-huitième siècle, non par une diminution, mais par un ralentissement d'augmentation, que des esprits éclairés n'hésitaient pas non plus à rapporter à la continence volontaire.

Ce n'est pas le seul département qui justifiait cette prédiction. La dépopulation de plus en plus allait s'étendre au Calvados, à l'Orne, à la Manche. Dans la Seine-Inférieure elle-même, les campagnes voient aujourd'hui les décès dépasser les naissances. Ainsi, pour la population rurale en Normandie, le fait est général.

Nous ajouterons des renseignements plus précis encore pour le Calvados. Ils résultent d'une note intéressante publiée par M. Girault, professeur à la Faculté des sciences de Caen, membre de la commission de météorologie et de statistique, sur le mouvement de la population,

[1] M. Louis Passy cite en preuve de cette assertion une lettre écrite en 1831 par un homme de grand sens, cultivateur dans le Vexin, lettre aujourd'hui déposée aux archives de l'Eure : « L'économie, y était-il dit, est portée à un point que les familles s'observent afin de n'avoir que peu d'enfants. De 1780 à 1810 et antérieurement, il y avait beaucoup plus d'enfants dans les familles ; il n'était pas rare d'en compter depuis quatre jusqu'à dix. Ainsi je crois que la population des pays ruraux tend plutôt à diminuer qu'à s'accroître. » — Cette lettre était adressée par M. Legrand père à M. Antoine Passy, alors préfet de l'Eure.

d'abord de 1853 à 1873. L'inspection des tableaux, dressés d'une façon ingénieuse, met en évidence des résultats qui, on va le voir, justifient de tels détails.

De 1853 à 1863 et de 1863 à 1873, le nombre des décès dépasse celui des naissances dans tous les arrondissements ; il en est de même pour les cantons, en exceptant ceux de Douvres, Isigny, Pont-l'Évêque et Trévières, de 1853 à 1863, et seulement celui de Pont-l'Évêque de 1863 à 1873 ; il en est de même encore pour les villes, en exceptant Condé, Isigny et Trouville, de 1853 à 1863, et seulement Trouville dans la période suivante.

Si on jette les yeux sur les trente-quatre cantons du Calvados, en passant de la première période (1853-1863) à la seconde (1863-1873), on constate que, dans un seul canton, celui de Saint-Sever, le nombre des naissances augmente et celui des décès diminue.

Dans quatre cantons (Bény-Bocage, Caumont, Douvres et Vassy), le nombre des naissances et celui des décès diminuent simultanément ; dans huit autres, ceux de Cambremer, Dozulé, Isigny, Lisieux, Livarot, Mézidon, Pont-l'Évêque et Thury-Harcourt, le nombre des naissances et celui des décès augmentent simultanément ; enfin, dans les vingt et un autres cantons, le nombre des naissances diminue, en même temps que celui des décès augmente.

Quand ce résultat cessera-t-il de se produire ? Il persiste de 1872 à 1876[1]. En 1872, la population du

[1] Les chiffres de 1878 donnent la même diminution.

Calvados, du chiffre de 454 012 est, dans le dernier recensement en 1876, tombée à celui de 450 220; c'est, en quatre ans, une nouvelle perte de 3793 habitants : proportion moindre que celle de l'Eure, mais bien considérable aussi, et dont on a le droit de s'inquiéter.

Est-il aussi facile dans ce résultat général d'expliquer le surcroît des décès que la diminution des naissances? Non assurément. Plus d'une fois ici l'esprit hésite : il s'agit en effet de trouver d'autres raisons que des causes de mortalité communes à toute la France. Ces raisons peuvent être complexes pour la Normandie. Une part de cette mortalité tombe dans quelques parties du pays sur les enfants nouveau-nés.

Dans telle région nous avons entendu accuser l'industrie exercée sans conscience et sans humanité par des nourrices mercenaires, auxquelles les villes ne craignent pas de confier leurs enfants, et qui trahissent par leur manque de soin trop souvent systématique la confiance des familles. Un propriétaire de l'Eure, ému des symptômes de démoralisation qui se manifeste dans la région qu'il habite, nous disait : « Ces femmes, pour qui la maternité elle-même fut queiquefois un calcul, ces femmes qui ne songent qu'à augmenter le nombre de leurs nourrissons, montreraient à elles seules à quel point la moralité ici est atteinte dans la classe rurale. La mortalité causée par le manque de soins de leur part est énorme. Elles touchent dès le début une entrée en nourriture et le premier mois; aussi n'ont-elles d'autre intérêt que celui de reeommencer. Elles ne peuvent obtenir de nourrisson que sur certificat du maire; mais il est bien peu de maires, dans les petites communes, qui refusent ce certificat. » — « Il y a beaucoup à faire à cet égard, ajoutait-il. On devrait aussi tenir la main à ce qu'aucun nourrisson ne soit confié à des femmes qui ne peuvent les nourrir de leur propre lait. On les leur confie pour les nourrir au lait de vache, et il n'en est pas une sur dix qui ait une vache. » Peut-être faudrait-il ajouter à ces sages paroles que la première réforme doit commencer par les parents assez imprudents pour livrer leurs enfants à des femmes qui présentent si peu de garanties.

S'il faut faire une certaine part à cette cause de mortalité, elle est toutefois limitée; il en est de bien plus graves, et en présence des progrès de l'hygiène et d'une meilleure alimentation, on est encore forcé d'y placer l'intempérance.

Vainement en effet nous avons cherché une autre explication plausible ; en vain nous avons défalqué ce qui revient, dans ce chiffre funeste, à l'année calamiteuse 1871, et à des années éprouvées par des épidémies ; ces maladies n'ont fait que prélever un tribut anticipé ; l'équilibre rompu par elles a paru vite tendre à se rétablir. A nos questions réitérées, on n'a pu trouver une réponse satisfaisante sur l'augmentation de mortalité.

Il nous paraît donc difficile d'échapper à cette conclusion que, si c'est volontairement que les naissances diminuent, c'est volontairement aussi, c'est-à-dire en partie par leur propre faute, que les hommes meurent ici en plus grand nombre. Ainsi la même cause ferait naître des enfants hébètés; elle disjoindrait les ménages ; elle aurait le libertinage pour conséquence fréquente; elle multiplierait les cas de folie; elle épuiserait les facultés productives de l'homme valide; et, quand elle aurait exercé tous ces ravages, elle élèverait à ce point le nombre d'une mortalité prématurée que cela deviendrait une source de dépopulation !

Je n'hésite pas à insister sur ce sujet. Il mériterait à lui seul une enquête plus particulière. Nous avons signalé des faits, cité des chiffres. Complétons ces indications. Nommons l'Orne, qui voit sa population décroître dans la proportion de 800 habitants par année; l'émigration, il est vrai, y entre pour une certaine part. Si les naissances restent supérieures aux décès, c'est de peu, et ce résultat ne se produit pas dans tous les cantons. A Flers, avec une moyenne de naissances de 262, on trouve une moyenne de décès de 241 : mais c'est une exception; Flers, et la Ferté-Macé, qui voit aussi un certain accroissement, sont deux centres industriels. Il n'est pas moins vrai que la population de tous les cantons ruraux diminue.

La Manche elle-même présente la même diminution des naissances sous l'empire des deux mêmes causes, stérilité volontaire, émigration, bien que la première cause n'ait pas dans tous les arrondissements la même influence qu'ailleurs, et que la tradition des nombreuses familles s'y soit mieux maintenue chez les cultivateurs. Il est à remarquer que dans la Manche la population rurale présente un moindre abaissement du chiffre des naissances dans les campagnes que dans les villes.

Peut-on espérer de voir la cause volontaire qui amène

la diminution des naissances perdre de son intensité? Assurément ce serait une espérance consolante pour l'avenir. Malheureusement la restriction volontaire du nombre des enfants trouve des défenseurs systématiques. Peu s'en faut que ceux qui la pratiquent ne l'élèvent à la hauteur d'un principe, ne la glorifient comme un devoir. C'est à ce sophisme qu'il faudrait s'attaquer dans ces populations en joignant à la morale la considération d'un intérêt mieux entendu. La Normandie peut encore beaucoup peupler sans s'appauvrir. Ce qu'on nomme sage prudence est ici généralement un mauvais calcul. On a cité des exemples en France même, qui montrent la prospérité et l'accroissement numérique marchant de concert: tel le département du Nord, le plus riche de tous, après la Seine, et celui où la population s'accroît le plus vite. Le département du Pas-de-Calais, celui de la Loire, sont dans le même cas. Que sera-ce si on évoque l'étranger? L'Angleterre, la Belgique, les pays les plus prospères de l'Europe, sont aussi ceux où la population fait le plus de progrès.

Soutiendra-t-on que la Normandie est assez peuplée? Non, encore une fois, car la population y manque de densité sur beaucoup de points, et la culture, sans parler des débouchés offerts par l'industrie pour un excédent de population, a encore bien des perfectionnements à réaliser. Or, l'esprit de progrès se concilie peu avec un état stationnaire ou rétrograde de la population, qui a cette conséquence que chacun risque de vivre dans une routine immobile sur son petit domaine où il trouve à subsister.

Une autre considération trop inaperçue achèverait de condamner la diminution des naissances en tant qu'elles résultent du célibat. Ce n'est pas, il est vrai, le cas le plus fréquent en Normandie. Mais la remarque ne trouve pas moins à se placer. On sait que la criminalité a été reconnue environ triple chez les célibataires. Il est probable que ceux qui, dans le mariage, n'en acceptent pas les charges, tombent en partie sous la même loi. Ils sont plus oisifs, plus adonnés à l'intempérance et au libertinage, des lors plus exposés à ne pas trouver dans le mariage les freins qui retiennent sur le pente des crimes et des délits. On peut remarquer — observation qui aurait une grande portée si elle se généralisait — qu'en fait les départements dont la dépopulation s'accroît sont ceux aussi dont le chiffre de criminalité présente le plus haut développement.

III

INFLUENCE EXERCÉE SUR L'ÉTAT MORAL PAR LE MÉLANGE DU TRAVAIL AGRICOLE ET DU TRAVAIL INDUSTRIEL DANS LES CAMPAGNES EN NORMANDIE

Le travail agricole ne se présente pas toujours en Normandie à l'état de profession exclusive. Parfois au travail des champs s'unit l'exercice de quelque industrie. Ce caractère mixte fournit un type à étudier. Il est rare qu'on n'y trouve pas des avantages économiques marqués. Souvent, à l'aisance qui en résulte se joignent des habitudes dont la morale n'a qu'à se louer. Nous avons pu observer en Normandie de frappants exemples de ce genre.

Tels sont les tisserands campagnards. Il en existe un assez grand nombre aux environs d'Elbeuf, dont on a pu louer l'intelligence et l'habileté. Ils donnent leur temps au travail de la laine, généralement assez sûr et régulier. Ils réservent les heures qui leur restent au soin de leur jardin. Ils s'acquittent avec une grande dextérité d'une tâche souvent délicate. Les plus assidus arrivent à tirer de leur navette une somme de huit à neuf cents francs par an. Des jeunes filles gagnent une moyenne de cinq à six cents francs. Il arrive fréquemment (la proportion varie de 50 ou 60 pour 100 selon les communes) que le tisserand campagnard est propriétaire de la maison qu'il habite, avec la petite cour plantée de pommiers ou le jardin qui lui sert d'annexe. Il y trouve sur place quelques légumes, les œufs de la basse-cour, la chair du porc qu'il élève.

Cette situation plus favorable[1] s'est manifestée bien souvent par la transformation de ces demeures rustiques. Il n'était pas rare autrefois de les voir réduites à une seule pièce ; sur une aire à peine battue s'entassait le mobilier de la famille ; une soupente, un grenier étaient les seules séparations ménagées entre les sexes. On les voit aujourd'hui accrues de plusieurs pièces, bien ménagées, bien séparées. Fréquemment aussi on trouve

[1] Il y aurait même quelquefois, nous assure-t-on, un désir trop vif de devenir ainsi propriétaire ; on s'endetterait en ce cas, et la vente de la maison s'ensuivrait dans des conditions désastreuses.

des maisons nouvelles, ayant un atelier complètement à part du reste du domicile, chauffé par un bon poêle, pourvu d'un bon carrelage.

Toutes ces améliorations ont eu quelques heureux effets moraux. La tenue personnelle est meilleure, la mise moins pauvre; l'esprit a gagné en mouvement, acquis quelques lumières. On est devenu moins grossier. M. Louis Reybaud craint que la probité n'ait souffert de ce genre spécial de travail qui prête aux fraudes. Nous l'avons entendu contester à Elbeuf même. On nous affirme que ces hommes valent au moins les autres gens de la campagne. Ils ont le privilège, quoique appartenant à l'industrie, de vivre aux champs, ce qui vaut mieux que le séjour dans une ville industrielle qui a fait bien des progrès, mais où on signale encore trop souvent la corruption précoce dans le sexe féminin, l'intempérance chez les hommes.

Nous rencontrons le même mélange de travail industriel et de travail agricole dans nombre d'autres localités. Il est fréquent sur les bords de l'Andelle, de l'Eure, de l'Iton, de la Risle. Là aussi fleurit la fabrique rurale, justement louée par des économistes comme Rossi et Léon Faucher. On y tisse les étoffes dont le coton et la laine forment la base, mais le coton y occupe de beaucoup la principale part. Arrivée au Havre, la matière première se dissémine dans les campagnes, où elle se répand entre des mains qui exécutent ces tâches fort habilement. Tels sont les bassins de Monville et de Malaunay; ce travail s'étend jusqu'à Bondeville et à Bolbec. L'état moral n'en souffre pas, et souvent s'en trouve bien.

Avec quel plaisir on voit se déployer cette industrie campagnarde dans la vallée de l'Andelle, qui appartient à l'Eure! C'est un de ces beaux sites, comme la Normandie peut se vanter d'en avoir plus d'un, et dont on soupçonne peu l'existence, quand on la traverse en chemin de fer. Le voyageur n'aperçoit que ses prairies; il suppose aisément à tous ses paysages la même beauté uniforme. Fleury-sur-Andelle n'est pas le seul démenti que la Normandie oppose à cette impression de certains touristes. Dans cette agréable vallée, les accidents de terrain donnent à l'aspect du pays autant de mouvement et de variété que de grandeur. Nous l'éprouvions pour notre compte par une belle journée d'automne, qu'éclairait un soleil encore chaud et vivifiant. Un grand concours régional mettait en fête toute cette population. Le spectacle qu'offre le pays nous expliquait l'aisance des habitants. Un cours d'eau, tranquille et régulier, alimente une suite d'usines. On ne pourrait imaginer un cadre mieux fait pour le déploiement large et facile de l'activité humaine, qui a su tirer parti avec une habileté merveilleuse de toutes ces ressources de la nature. Chaque village, chaque hameau, semble une ruche industrieuse. Ici on aperçoit de vastes usines et de grandes constructions, là de petites habitations, qui, malgré leur aspect agreste, sont de véritables ateliers. Une grande partie en effet de cette population participe aux travaux de l'industrie. Les uns se rendent à la manufacture, ce sont les mieux payés. Rien ici ne rappelle les inconvénients des grandes agglomérations urbaines, on peut douter pourtant qu'ils aient un sort plus enviable que cette autre partie qui travaille à domicile. Il n'est pas un adolescent, une jeune fille qui, donnant sa journée à la manufacture, ne touche au moins 75 c., tandis que le robuste travailleur, qui continue à s'occuper des soins agricoles ou domestiques, ne tire guère plus de 75 c., par jour de son métier de tisserand. Mais ce surcroît, pour lui c'est l'aisance, et, chose inappréciable, il n'a pas quitté le foyer!

Ces populations qui exercent l'industrie aux champs, avec un certain mélange d'agriculture ou d'horticulture, — ces populations des vallées de l'Eure et du pays de Caen, elles nous ont en somme donné l'idée d'une existence où règne une heureuse harmonie entre des besoins modestes et des moyens suffisants. Qui n'en serait frappé, si on les voit un dimanche, un jour de fête? On remarque leurs physionomies ouvertes, leur gaieté qui s'unit à leur calme habituel, avec quelque chose de délibéré dans les allures, trait de race qui s'accuse sur les hauts plateaux. L'impression reste favorable si on va visiter ces mêmes familles, un jour de semaine, chez elles, dans leurs habits ordinaires, occupées à leurs travaux accoutumés. Les logements ont un bon aspect, la mise des hommes est convenable, celle des femmes propre et décente, les métiers sont bien tenus. On se plaît à voir ces petites cours plantées, ou ces modestes jardins, qui ajoutent aux moyens d'existence par les fruits et les légumes et contribuent à la santé par un travail salubre.

Nous avons eu d'autres occasions de remarquer les bons effets de l'union de la tâche industrielle et de la tâche agricole. On la rencontre dans plus d'une région de l'Orne et du Calvados. Ce sont aussi des tisserands que l'on voit répandus dans les campagnes qui environnent l'importante ville manufacturière de Flers. La vie de ces cultivateurs-tisserands offre des particularités intéressantes. Ils ont un petit champ et point d'instruments de labour. Ce champ, ils le font préparer par un fermier du voisinage, envers qui ils s'acquittent, quand arrive le temps de la moisson, en l'aidant à faire sa récolte, particulièrement celle des foins et celle du sarrasin. Les fils et les filles s'occupent de leur côté à dévider ou à tisser le coton, durant la saison où chôme le travail des campagnes. Les hommes du district de Flers viennent chaque année par bandes, dans la plaine de Caen, dans la Beauce ou le pays de Caux, se louer pour la moisson ; ils retournent ensuite s'asseoir devant le métier qui les attend.

C'est une industrie exercée par des femmes qu'on trouve dans la campagne aux environs de Caen, de Bayeux, de Cherbourg. La fabrication des dentelles y occupe bien des mains, quoiqu'en souffrance. L'été on voit ces femmes assises devant la porte de chaque maison. Auprès de leurs grand'mères, de leurs mères, de leurs sœurs aînées, se tiennent des petites filles de quatre et cinq ans, qui déjà manient leur métier avec une dextérité remarquable. On ne les surmène point ; à voir sur leur visage la gaieté de leur âge, malgré leur sérieuse application, nul ne songerait à les plaindre. On estimait naguère à 70 000 le nombre des femmes occupées à la fabrication des dentelles de Caen et de Bayeux. Il est vrai qu'un assez grand nombre travaillaient dans des établissements tenus par des religieuses. Nous ne parlons ici que de celles qui restent chez elles. On craint moins dans ces familles le nombre des enfants, parce qu'ils trouvent à s'occuper de bonne heure. Ces *dentelières* des campagnes se recommandent par leur bonne tenue et leur excellent fond moral, entretenu par les habitudes religieuses. L'assiduité à leur tâche ne nuit pas aux soins du ménage. Tandis qu'elles alternent entre ces deux occupations, l'homme cultive les champs, ou pêche sur les côtes. Ces familles des environs de Caen, de Bayeux, de Cherbourg, ont le bonheur d'échapper le plus souvent à la contagion des habitudes d'intempérance. Elles offrent, surtout le soir, dans leurs laborieuses veillées, quelque chose de patriarcal. Souvent elles se réunissent autour d'une petite lampe, dont la lumière est accrue à l'aide de globes de verre remplis d'eau. Quelquefois plusieurs familles se rassemblent pour diminuer les frais d'éclairage et de chauffage. S'agit-il de faire quelqu'une de ces dentelles légères que la fumée ternirait, on se rend dans l'étable, où règne une douce température ; l'atelier s'improvise, dans une demi-obscurité, au milieu des animaux qui ruminent ou qui dorment, et quelque causerie ou quelque chant à mi-voix se mêle au travail habituel.

Nous pourrions citer enfin d'autres types de cette combinaison de travaux agricoles et industriels. Il en est un qui nous a frappé près de Conches, dans l'Eure. Ce sont de rudes forgerons qui le fournissent. Ce pays en général n'est pas de ceux dont les mœurs offrent à l'observateur un sujet de consolation. Ce qu'elles ont souvent de défectueux ne fait que donner plus de relief aux exemples d'une moralité plus satisfaisante. La forge dite du Vieux-Conches est intéressante à ce point de vue. Les ouvriers qu'elle emploie sont de vrais gens de métier, et s'ils sont cultivateurs, c'est en quelque sorte accessoirement, mais ils le sont par intervalles, qui se comptent tantôt par journées, tantôt par semaines ou par mois. Ils passent la plus grande partie de l'année à fondre des instruments de labour et, ce qui ne ressemble guère à ces machines pacifiques, des engins de guerre, des obus de toute dimension et de toute forme. Presque tous ces hommes possèdent un petit faire-valoir, qu'ils ne perdent pas de vue, et auquel ils donnent tout ce qui leur reste de temps; ils s'absentent de l'atelier pour toute la durée de la récolte; ils sont tempérants, ne font pas le lundi, et leur petite propriété profite des six ou huit francs de paye qu'ils reçoivent par jour. Leurs femmes leur servent souvent d'auxiliaires dans les travaux de la forge; elles accomplissent une tâche qui n'exige pas trop de force, et qui consiste à perfectionner, à polir, à émonder de ses scories l'ouvrage déjà fait.

IV

MOYEN DE MORALISATION DANS LES CAMPAGNES NORMANDES

Quelle qu'en soit l'importance, ce caractère mixte de certaines populations si curieuses à étudier n'offre qu'un accessoire plus ou moins étendu dans le travail agricole, qui est en général exercé d'une manière exclusive. C'est à moraliser les populations agricoles qu'il faut tendre en attaquant les vices qui se mêlent à leurs fortes et saines qualités. On a raison d'invoquer les remèdes généraux, le sentiment religieux par exemple. Mais suffit-il de s'en tenir à des généralités, à des vœux? Ne fera-t-on aucun effort pour susciter, entretenir le sentiment de la sociabilité, du devoir, sous toutes les formes, par un appel à toutes les idées élevées et généreuses trop peu développées dans les campagnes? Une société comme la nôtre, en possession des droits de la démocratie, n'est elle pas astreinte à toutes les obligations qu'implique cet état social fondé sur la responsabilité individuelle et sur le devouement? L'instruction primaire suffira-t-elle?

Sans doute, lorsqu'on veut exercer une action sur les populations agricoles, leur caractère de dissémination ne rend pas toujours cette action facile. Pourtant on pourrait en certains cas tenter plus qu'on ne fait. Il existe trop peu de rapports établis entre les grands propriétaires et la masse rurale. Pour le campagnard normand, l'habitant du château c'est encore trop souvent le noble d'autrefois, quand bien même ce propriétaire châtelain est un financier, un négociant, un industriel. A la défiance un peu fière et susceptible du paysan le château répond le plus souvent par une grande réserve. Peut-être même est-il le premier à maintenir la distance. Écoutons parler ces paysans et sachons comprendre même leurs réticences. Un certain instinct, une sorte de dignité un peu ombrageuse peut-être, mais bien concevable, leur dit que c'est aux supérieurs à aller vers les plus petits au lieu de les attendre. L'inattention leur paraît facilement hauteur, indifférence dédaigneuse. Il faut excepter sans doute bien des propriétaires faisant valoir, plus accueillants et plus disposés à mettre de la cordialité dans leurs rapports avec les gens du pays. On rencontre aussi de grands usiniers occupés des populations agricoles qui encouragent les écoles, font travailler, s'appliquent à connaître les gens de campagne. Le château est loin enfin de manquer habituellement aux devoirs de la charité. Ici encore on retrouve l'action secourable des femmes, empressées à venir en aide aux pauvres, aux malades. C'est beaucoup, est-assez?

Non, ce n'est pas assez pour créer une influence morale, cette influence à laquelle le paysan a l'air souvent de se dérober, mais qu'en fait il subit toutes les fois que ceux qui veulent l'exercer se soucient sérieusement de la prendre. Au fond beaucoup de propriétaires n'y tiennent guère. C'est là un fait qui n'est pas sans doute exclusivement propre à la Normandie, et il ne date pas d'hier. Arthur Young l'a observé, et le remarque avec insistance. Nos châtelains, en 1787, ignoraient l'agriculture et les agriculteurs. Ils faisaient renseigner l'agronome anglais par leurs régisseurs. Ils se gardaient bien d'inviter les fermiers à leur table; cela leur eût paru déroger, et aurait déplu aux nobles châtelaines. La même démarcation subsiste aujourd'hui bien souvent. Cela ne change un peu qu'en temps d'élection. La froideur tombe alors d'une manière subite. Mais tous les propriétaires n'ont pas à solliciter les suffrages des campagnes. Le campagnard se défie de ces avances de circonstance; il s'attend à voir se relever le lendemain cette barrière qui s'est abaissée un instant, et il est vrai de le dire, ce soupçon le trompe rarement.

Isolement moral du paysan à tous les points de vue, voilà le mal.

L'action moralisatrice ne s'exerce-t-elle donc jamais dans les campagnes normandes? Il serait injuste de le prétendre. Une des formes les plus touchantes et les plus efficaces qu'elle revête, est celle qui recueille pour les élever les enfants déshérités des soins de la famille. On sait à quelle destination répondent les établissements qu'on désigne sous le nom d'orphelinats agricoles. Il s'agit de préserver de la misère, de retirer de l'abîme, d'instruire, d'*élever* dans toute la force du mot, des enfants qui, sans un tel appui, sembleraient voués à la paresse et au vice. On constate l'existence de plusieurs établissements de ce genre en Normandie. On visite, près de Domfront, l'orphelinat de Peyrou. Apprentissage agricole et sorte d'école, comme tous les orphelinats de ce genre, il rend des services fort appréciables, mais il est regrettable que les enfants n'y puissent rester passé l'âge de douze ans. Il venait d'en être fondé un à Giel, dans l'arrondissement d'Argentan, et l'on pourrait en nommer d'autres, même plus importants. Nous en avons visité un qui se recommandait à notre attention, parce qu'il est dû à l'initiative privée, et qui se place sous les auspices d'un nom voué héréditairement aux bonnes œuvres; il date de 1865. Propriétaire à Nagel, près de Conches, M. Parent du Châtelet a voulu avant tout donner un bon exemple autour de lui. La petite colonie mérite d'en servir. Elle a eu des difficultés à vaincre; elle en a triomphé par la volonté d'un homme de bien, éclairé, persévérant. Elle compte 50 orphelins, occupés à des travaux de grande culture et de jardinage sur une surface de 50 hectares environ; le tiers de ce nombre est composé de jeunes Alsaciens et Lorrains. Les enfants sont admis à l'âge de 10 à 11 ans, et doivent rester jusqu'à 20 ans accomplis. Tous les travaux de l'exploitation sont exécutés par leurs soins. Leur vie, leur nourriture, leur habillement sont ceux des ouvriers de la campagne. Les longues soirées d'hiver, ils les passent en classe, où tous peuvent compléter leur instruction primaire. Les résultats moraux sont satisfaisants; bon nombre de jeunes gens sont déjà sortis de la colonie; beaucoup sont encore sous les drapeaux; d'autres sont placés; tous ils aiment à revenir à Nagel, quand ils le peuvent, et toujours ils y trouvent aide, appui et bon conseil [1].

La colonie agricole de la Trappe, dans l'Orne, a nécessairement un caractère plus étendu. Le pays qui portait ce nom de la Trappe, qu'elle a donné aux religieux, a été exploité par les premiers fondateurs de l'Ordre. Dans cette Trappe primitive, où vit encore le souvenir de l'abbé de Rancé, et où l'on conserve son tombeau, tout respire le travail agricole. Un des effets imprévus de cette grande pénitence a été de changer un

[1] Nous citerons aussi une école professionnelle à Orgeville, près Évreux, fondée dans une de ses propriétés par M. George Bonjean, fils de l'illustre président, otage et victime de la Commune. Cette école réunit cinquante-quatre enfants, dont les plus âgés ont dix-sept à dix-huit ans, et les plus eunes de huit à neuf ans.

désert sauvage en un lieu fertile. Les Trappistes ne firent que suivre par là l'exemple qu'avaient donné souvent d'autres monastères. Abattre des arbres, faire subir au sol toutes les préparations nécessaires, guider la charrue, semer les grains, couronner de moissons une terre aride, telle fut au dix-septième siècle l'œuvre de ces moines agriculteurs dans ce coin sévère du Perche. Ils agrandirent le domaine, firent l'acquisition de la forêt qui l'environne, et se tinrent au courant des progrès de l'agriculture. A l'œuvre qui continue s'est mêlée, depuis un certain nombre d'années, une tâche d'une autre nature plus difficile encore, car il s'agit de soumettre à une culture morale des enfants nés dans de fâcheuses conditions. Ils sont au nombre de 240; on s'efforce de faire de ces petits vagabonds d'honnêtes gens et de bons ouvriers. En général leur physionomie n'a rien qui annonce de mauvais instincts; elle est même souvent avenante. Les exceptions sont trop faciles à expliquer, quand on se reporte à l'origine de ces enfants. Au reste les délits qui leur sont reprochés sont presque toujours bien légers; ce sont de petits vols commandés le plus souvent par leur famille, et plus fréquemment le vagabondage, qui accuse leurs parents bien plus qu'eux-mêmes. Ces enfants, soumis à une discipline exacte et régulière, mais traités avec douceur, reçoivent les éléments de l'instruction primaire dans des salles d'école propres, bien éclairées, bien aérées. Admis près du Père abbé, nous avons reçu de lui sur cet établissement des renseignements dignes d'intérêt. La colonie existe depuis environ 25 ans. L'abbé, son prédécesseur, en avait tout d'abord accueilli l'idée. L'abbé actuel avoue qu'à la même époque il y répugnait un peu. Il prévoyait des difficultés financières, des contacts peut-être pénibles avec l'administration qui désirait en charger cet établissement religieux. Mais aujourd'hui que le bien qui peut en résulter n'est plus un problème à résoudre, tous s'y dévouent de grand cœur. Outre les travaux des champs, qui ont pour théâtre une exploitation considérable, les enfants apprennent à la Trappe les métiers de charrons, de menuisiers, etc. Beaucoup entrent vers 10 ou 12 ans; ils ne sortent qu'à 18; il est très rare qu'ils tournent mal. La surveillance se fait par les frères convers, sauf pour les travaux agricoles, et c'est dans ce dernier cas qu'il n'est pas toujours facile de trouver de bons surveillants. Les paroles du Père abbé, son aspect même semblent annoncer que les enfants ne peuvent que rencontrer là des soins affectueux. Nous avons pu nous convaincre d'ailleurs que le jeune âge n'a pas sous les yeux le spectacle attristant de ces lugubres Trappistes lesquels ont donné lieu à une légende un peu fantastique, qui prétend que ces religieux creusent leurs tombes et qu'ils se saluent en évoquant l'idée de la mort. Leur gravité n'exclut pas l'enjouement. Quelle que soit l'opinion qu'on ait sur ces ordres religieux, nous constatons seulement que les enfants apprennent à cette école qu'on peut vivre de peu en ce monde, et vivre satisfait. La tempérance et le travail sont des leçons en action, fussent-elles données par des Trappistes, qui peuvent combattre bien des vices.

Nous avons rencontré un établissement de Trappistes consacré à l'agriculture, près de Cherbourg et de Valognes, à Bricquebec, qui est une vraie ferme modèle, et qui a aussi une certaine action morale sur le pays, où cette maison s'occupe des pauvres. Elle se fait remarquer par une grande habileté agricole. Les terrains qu'elle cultive étaient encore en 1824 couverts de ronces, de broussailles, de rochers, et d'une humidité marécageuse. Aujourd'hui le sol défriché offre des herbages et des terres de labour qui sont au nombre des meilleures de la contrée. Les eaux ont été dirigées et emmagasinées dans des réservoirs qui font marcher deux moulins. Nous trouvons ces faits confirmés dans les rapports de plusieurs administrateurs, dont quelques-uns n'avaient, à vrai dire, aucune sympathie particulière pour ce genre d'établissements. Ils s'accordent à louer les services très réels rendus par ces religieux, qui ont transformé aussi en bonnes routes des chemins jusqu'alors inondés. L'esprit d'initiative et de progrès représenté par un couvent de Trappistes peut paraître une singularité piquante. Il n'est pas moins vrai que leurs exemples ont excité l'émulation, et qu'ils ont fait quelque bien par leur charité.

La Normandie compte plus d'un lieu de refuge pour les enfants déchus qu'on cherche à relever par l'éducation et à préserver contre les chutes ultérieures par l'apprentissage d'un métier. Tel est l'atelier refuge de Darnétal, près Rouen. Il reçoit près de 300 jeunes filles atteintes par les articles 66 et 67 du Code pénal, qui concernent les accusés ayant moins de seize ans. S'ils ont agi sans discernement, ils sont acquittés à ce titre, et doivent être renfermés dans une maison de correction. S'ils ont agi avec discernement, ils sont condamnés à y être renfermés pendant une durée qui peut aller pour les cas les plus graves jusqu'à dix et même vingt années d'emprisonnement. Dans l'établissement de Darnétal on ne se borne pas à enseigner les principaux métiers habituels aux jeunes filles libérées et détenues. Elles y reçoivent — et ceci ne s'applique pas moins à celles de la campagne qu'à celles de la ville — une instruction professionnelle en rapport avec leur naissance et leur destination future. Nous avons là en un mot la reproduction des types de colonies agricoles qu'on rencontre à Cîteaux, aux Douaires, à Mettray, au Val-d'Yèvre et dans d'autres endroits bien connus. Depuis trente ans que ce lieu de refuge est établi, on a pu se convaincre des heureux fruits qu'il a portés pour les campagnes sous le double rapport de l'agriculture et de la morale. On est étonné d'apprendre que tous les travaux de la ferme et du potager sont entièrement faits par les jeunes détenues sous la direction de quelques sœurs. Bien plus : ce sont elles encore qui labourent, hersent, ensemencent, fauchent, moissonnent, chargent et conduisent les charriots. Il y a même telle route, celle par exemple qu'on suit pour aller de la maison de Rouen à la ferme de la Grande-Mare, qui a été construite par ces jeunes filles. On tient compte d'ailleurs des inégalités de force et de santé, pour les faire passer alternativement de la ferme à l'atelier. Le corps gagne en vigueur à ce régime. Elles apprennent aussi à faire le pain, la cuisine, à brasser le cidre, à blanchir le linge, et d'abord à faire et à raccommoder leurs vêtements. L'éducation religieuse et l'instruction élémentaire ont leur part dans cette maison. L'abbé Podevin, le principal fondateur de l'établissement, s'est fait, assure-t-on, de la première une idée juste et large, en cherchant dans la religion un moyen de toucher les cœurs et de les changer, sans abuser des exercices religieux qui, trop multipliés et prolongés, ne produiraient que l'ennui chez ces jeunes âmes, où il s'efforce de faire naître l'idée et l'amour de Dieu, la pensée de la règle et du devoir, car elles ont besoin avant tout d'être initiées aux sentiments affectueux et à l'habitude du bien. L'instruction laisse peut-être à désirer. Il faut engager une lutte difficile pour fixer l'attention de ces enfants, dont les jeunes années se sont pour la plupart du temps passées à courir les rues et les grandes routes. On cherche du moins à leur apprendre à lire, à écrire, à compter. On permet aux plus sages, avant libération complète, et comme apprentissage de la liberté, de faire à la ville quelques commissions, d'y vendre les produits de la ferme. On croit que la réclusion trop rigoureuse aurait plus d'inconvénients. Les punitions sont plus rares au reste à la ferme qu'à l'atelier. Il y a très peu de cas où il faille envoyer les jeunes détenues dans une maison plus sévère, très peu d'évasions. Sur 1278 jeunes filles, admises depuis 1850, 22 seulement ont dû être transférées à Nevers, pour évasion ou autres causes. Il n'y a eu que 20 évasions dans ces 27 années [1]. Nous avons parlé surtout des détenues. La maison de Darnétal a admis en outre, à ti-

[1] Rapport de M. le docteur Marjolin. On trouve des relations non moins favorables à cet établissement dans un discours de M. Ch. Robert à la distribution des prix aux enfants de l'Assistance paternelle des fleurs et plantes, dans le témoignage qu'en a rendu M. le pasteur Vernes, etc.

tre de réfugiées, 150 libérées sortant de la prison départementale. Sur ces 1428 jeunes filles, 700 ont été placées par la Société de patronage; 250 ont été rendues directement à leurs familles. Il y avait encore 22 libérées à l'atelier-refuge : sur ce nombre 10 remplissaient les fonctions de surveillantes. On doit ajouter quant aux 12 autres, que leur conduite et leur caractère n'inspirant pas assez de confiance pour les placer, elle sont réparties dans les divers services.

Les Comices agricoles cherchent à exercer une action morale sur ces campagnes, et ils y réussissent en partie. Ils donnent des récompenses aux ouvriers ruraux, laborieux, économes, tempérants, ainsi qu'aux vieux serviteurs, hommes ou femmes. C'est un spectacle touchant que celui de ces hommes rustiques et de ces femmes de campagne venant recevoir, au milieu d'applaudissements, qui les déconcertent un peu, les prix modestes auxquels ils attachent un naturel sentiment d'orgueil. Nous avons vu récompenser tels de ces serviteurs dévoués, qui étaient restés quarante, cinquante et même soixante années dans les maisons, où ils finiront leurs jours. Nul doute que ces récompenses ne produisent des résultats favorables; elles mettent en relief des vertus obscures; elles sont, quand elles s'adressent aux anciens serviteurs, un hommage à la stabilité de l'existence, qui forme un heureux contraste avec la mobilité excessive qui domine aujourd'hui. C'est un encouragement pour les plus jeunes à suivre de tels exemples, et pour les maîtres à s'attacher par de bons traitements ceux qui se vouent à les servir. Les comices agricoles sont un des moyens qui se recommandent pour réveiller chez les cultivateurs normands ces sentiments de sociabilité aujourd'hui un peu endormis. Les fêtes de l'agriculture dans les campagnes, comme les fêtes de l'industrie dans les villes, tendent manifestement à se substituer en très grande partie à celles qu'avait instituées et que prodiguait un peu trop l'ancien régime.

Nous avons entendu pourtant en Normandie de bons esprits se plaindre que les divertissements et les exercices, qui fortifient le corps, comme ils sont une source de distraction pour l'esprit, manquassent trop dans ces campagnes, animées et même souvent égayées autrefois par leur présence, et où l'on ne connaît plus guère d'autre amusement que le jeu et le cabaret. C'est un vœu des plus légitimes. La gymnastique, le tir, les jeux de force et d'adresse donnaient lieu à des concours dans les derniers siècles. Pourquoi ne verrions-nous pas renaître, sous les formes que notre temps comporte, ces diversions bien nécessaires en ce pays plus qu'ailleurs? L'hygiène et la morale commandent de rompre cette uniformité trop pesante de la vie qui cherche à secouer l'ennui et la torpeur par l'abus quotidien des excitants. La Normandie a vu tenter à plusieurs époques des essais de fêtes morales, un peu trop factices pour réussir longtemps, mais qui attestent un besoin réel. Avant la Révolution le grand-père d'un savant illustre, récemment enlevé par la mort, M. Elie de Beaumont, avait institué dans son château seigneurial, près de Caen, une fête désignée sous le nom de *Fête des bonnes gens*, dont la trace subsiste dans le nom actuel de cette localité — *Canon-les-bonnes-*

gens rappelle cette inspiration philanthropique. Les prix, consistant en sommes d'argent, étaient au nombre de quatre. C'étaient, selon le langage sentimental à la mode, le *Prix du bon vieillard*, — ceux *de la bonne fille*, — *du bon chef de famille*, — *de la bonne mère*. Les trois communes admises à concourir étaient Canon, Vieux-Fumé et Mézidon. Elles nommaient des délégués, qui, par bulletins, désignaient pour chaque prix trois candidats, entre lesquels M. de Beaumont se réservait de faire un choix. La Révolution a beaucoup institué en Normandie de ces fêtes morales, mais on a pu voir combien ce genre d'institutions était difficile à établir par décrets. On se préoccupe dans cette contrée de chercher des distractions ayant un caractère d'utilité. Ainsi, on établit des expositions agricoles; on forme des réunions musicales sous le nom de *fanfares*. Malheureusement les paysans en Normandie sont en général peu artistes, ils ne sont pas poètes comme dans le Midi. La question se pose ainsi : créer des divertissements utiles, moraliser le plaisir lui-même comme diversion aux grossières habitudes de jeu et d'ivrognerie; elle a, nous y insistons, ses raisons d'être particulières dans ces campagnes. Peu favorisées souvent par la température, peu égayées par la vue d'un beau ciel, mornes parfois, elles feront bien de ne pas négliger ces moyens de distraction plus intelligents qui ont aussi leur importance morale.

Nous avons indiqué les principaux moyens de moralisation qui existent ou qu'on voudrait voir s'établir dans ces régions. L'instruction y a sa place marquée. Nous devons en constater maintenant l'état en Normandie.

CHAPITRE V

L'ÉTAT INTELLECTUEL — L'INSTRUCTION PRIMAIRE ET AGRICOLE DANS LES CAMPAGNES NORMANDES

I

ÉTAT INTELLECTUEL — COTÉS ARRIÉRÉS — ESPRIT LA AUSSI D'INDIVIDUALISME ET D'ISOLEMENT

Nous avons montré à quelle école s'étaient formées dans le passé ces vieilles populations rurales, qui jouirent longtemps d'une autonomie exceptionnelle et d'un état relativement avancé sous l'ancien duché de Normandie; qui, même sous la monarchie française, profitèrent jusqu'au dix-septième siècle d'un régime qui permettait certaines libertés et donnait quelques garanties également favorables aux choses et aux personnes; et qui enfin, déjà façonnées mieux que d'autres provinces à l'apprentissage des intérêts librement débattus ont, depuis la Révolution française, achevé à l'école de la petite propriété d'acquérir les qualités qui rendent les hommes persévérants, réfléchis, bons calculateurs. L'état intellectuel de ces populations atteste encore ces qualités naturelles ou acquises; elles montrent souvent la vigueur unie à la finesse. Pourtant l'esprit a quelque chose d'indécis. On met souvent sur le compte de la dissimulation cette difficulté proverbiale des Normands à se prononcer par oui ou par non; elle tient peut-être encore davantage à l'irrésolution, qui vient d'un fond de prudence et qu'entretient le manque d'idées nettes et arrêtées chez des gens qui n'aiment à se déclarer qu'à bon escient.

Ils n'en ont pas moins leurs crédulités, leur foi superstitieuse dans les faux miracles et dans des charlatans empiriques, comme dans des pays beaucoup moins avancés. Outre le nombre des saints qui passent pour avoir la spécialité miraculeuse de la guérison de telle maladie, on croit encore dans quelques localités aux sortilèges, aux apparitions merveilleuses. Ce qui présente un danger plus immédiat et plus grave, la médecine est exercée en plus d'un village par de grossiers empiriques qui s'entourent d'un mystérieux appareil et s'emparent par là de la crédulité des populations. Ces mêmes campagnards, qui n'appellent les médecins qu'à la dernière extrémité, se mettent à la merci de ces charlatans, leur livrent à la fois leur bourse et leur santé. Les mœurs elles-mêmes — on en a eu la preuve par les tribunaux — ne sont pas toujours à l'abri des cyniques entreprises des mêmes hommes qui savent profiter de tous les genres d'inexpérience. On se demande s'il n'est pas temps de remédier à nn tel fléau qui a diminué, mais qui persiste, et dont la répression des tribunaux ne donne qu'une idée fort insuffisante. Compter sur les progrès de l'instruction générale serait long et peu sûr. On peut savoir lire et se jeter dans ces pièges tendus à la crédulité humaine. Il faut attaquer un tel mal en le dénonçant, en le combattant par des avertissements spéciaux donnés à l'école, par des publications populaires, comme les almanachs, et par tout autre moyen de prémunir les intelligences faibles contre un si réel danger.

J'ai signalé l'isolement intellectuel et moral du paysan, particulièrement sensible en Normandie, et favorisé par l'absence trop fréquente d'idées communes. L'unité de croyances constituée par une foi commune s'étant souvent rompue, non pas pour ouvrir le champ libre, comme en Amérique et en Angleterre, à des sectes diverses, qui sont autant de foyers religieux ralliant autour d'eux un certain nombre d'individus, mais pour faire place à la négation ou à l'indifférence absolue, la religion n'est plus un centre général de croyances. D'un autre côté, les idées d'humanité et celles de patrie, de nation, lorsqu'elles ne sont pas avivées par une culture spéciale, philosophique et historique, étrangère aux campagnes, risquent fort de rester à l'état de simples abstractions. Dans une telle situation le lien intellectuel n'est plus maintenu que par ce fond général de morale naturelle ou naissant d'une commune civilisation, qui fait qu'on applique les mêmes notions sur le juste et l'injuste aux actions humaines. Mais cela est un peu froid et insuffisant. S'entendre en vue d'intérêts matériels, qui rapprochent quand ils ne divisent pas, mais qui ne rapprochent que dans une vue égoïste, c'est évidemment trop peu pour la vie intellectuelle comme pour la vie morale.

Je ne signale pas ce mal comme propre exclusivement à la Normandie; il est celui d'une grande partie de nos campagnes, et peut-être peut-on dire qu'il est même celui à beaucoup d'égards de notre génération. Mais j'insiste sur cette observation que ce mal de l'*individualisme* intellectuel, comme de l'*individualisme* moral, est un caractère plus marqué de ces campagnes, sans doute parce qu'il semble en partie la conséquence de l'esprit normand plus personnel qu'expansif.

L'instruction peut quelque chose mais non pas tout pour remédier à ce mal en créant des moyens de lecture, des sujets d'entretien, des idées générales à tous; elle a d'ailleurs d'autres objets tout pratiques. Qu'elle contribue à former des hommes, des citoyens, des agriculteurs aimant leur profession et s'en acquittant bien, c'est à ce but qu'il faut tendre. Nous avons à voir comme on s'en est rapproché et ce qu'il y a encore à faire pour achever de l'atteindre.

II

L'INSTRUCTION PRIMAIRE EN NORMANDIE
SES PROGRÈS ET SES LACUNES
LES POPULATIONS AGRICOLES ENVOIENT PLUS LEURS ENFANTS A L'ÉCOLE QUE LES RÉGIONS INDUSTRIELLES
ÉCOLES MIXTES — RÉSULTATS DE L'INSTRUCTION PRIMAIRE QUANT AUX CARRIÈRES

L'instruction primaire a suivi le même cours en Normandie que dans le reste de la France. On sait que les premiers efforts un peu sérieux pour la propager dans les campagnes datent à peine de la Restauration. Un ministre éclairé de cette époque, M. Lainé, écrivait aux préfets, le 20 mai 1816 : « Je ne vous répèterai pas combien il est urgent de régulariser enfin l'instruction primaire. Vous êtes comme moi convaincu de la nécessité d'arracher la classe indigente *à l'ignorance profonde dans laquelle elle est plongée*, et qui n'est que trop souvent la cause des délits et des crimes que les tribunaux ont à punir. »

M. Siméon, ministre de l'intérieur, parlait de *l'état déplorable* de l'instruction élémentaire dans les campagnes (circulaire du 19 juin 1820); de son côté M. de Vatimesnil, traçait, dans une circulaire aux recteurs, le 20 janvier 1858, le tableau le plus affligeant de la détresse de nos écoles.

La Normandie agricole, malgré ses progrès en richesse dus depuis 1789 à la liberté civile et à la division des propriétés, ne faisait pas exception pour le peu d'avancement de l'instruction populaire. On peut voir les progrès successifs de cette question, suivis pas à pas, dans un livre consacré à l'enseignement populaire, et qui est lui-même le plus éloquent plaidoyer en faveur de cette grande cause[1]. Il y est établi par preuves abondantes et précises, que les écoles se sont peu développées, tant que leur établissement a été laissé à l'arbitraire des conseils municipaux et mis trop exclusivement aux frais des communes.

[1] V. l'*École*, par M. Jules Simon, chap. v et vi.

Comment en aurait-il été différemment à cette époque? Les conseillers municipaux étaient souvent eux-mêmes fort ignorants. Bon nombre ne savaient seulement pas lire. Il y avait même, dans quelques communes, des maires qui ne parlaient que patois. Le subside accordé par l'État était insignifiant. La gratuité, posée en principe par l'ordonnance de 1816, imposait une charge qui, en réalité, eût été souvent au-dessus des ressources communales. En restreignant la gratuité, l'ordonnance de 1824 laissait encore peser un trop lourd fardeau sur les communes. Rien qui assurât l'existence des écoles, rien qui fixât le sort des instituteurs. Ce que pouvait être un tel corps dans de pareilles conditions de préparation, de recrutement, de rétribution, on ne le devine que trop. La place de beaucoup de ces pauvres instituteurs eût été sur les bancs de l'école, car ils avaient à apprendre les choses les plus élémentaires qu'ils étaient chargés d'enseigner.

On ne peut se lasser de répéter que l'ère vraiment nouvelle pour l'instruction primaire date de la loi de 1833, à laquelle M. Guizot a glorieusement attaché son nom. Cette loi salutaire rendait obligatoire l'existence des écoles pour les communes. Elle fixait le minimun du traitement pour l'instituteur. Elle imposait à chaque département l'entretien d'une école normale. Elle prélevait les dépenses de l'école communale sur les revenus ordinaires de la commune, ou, à défaut sur les centimes additionnels ou sur des fonds départementaux, ou encore sur les impositions spéciales établies par ordonnance, enfin sur une allocation de l'État. La gratuité était étendue par la même loi à tous les enfants pauvres. La liberté de l'enseignement primaire était reconnue. En outre, l'idée féconde d'un enseignement primaire supérieur était posée. D'autres mesures, d'un caractère pratique, complétaient l'économie et assuraient l'action efficace de cette loi fameuse, laquelle ne saurait être placée trop haut dans la reconnaissance des générations qui datent de cette époque.

La Normandie ne fut pas la dernière de nos provinces à entrer dans cette voie nouvelle et féconde. On pourrait citer nombre de témoignages officiels qui confirment les heureux effets produits à cette époque par l'application de la loi de 1833 dans les cinq départements dont elle est formée. On nous permettra d'y ajouter nos souvenirs personnels. Aux années de la jeunesse, nous avons assisté, dans ce pays, où nous passions deux ou trois mois chaque année, à l'accroissement successif des écoles. Leur développement frappait tous les yeux et faisait l'objet de tous les entretiens. Il fut, de 1836 à 1840, très sensible, il nous en souvient, dans l'arrondissement de Bernay : témoin ces cantons et ces communes de Brionne, de Montfort, d'Authou, du Bec-Hellouin, vieille abbaye qui rappelait les souvenirs savants, mais lointains et fort effacés, des Lanfranc et des saint Anselme. Nous avons vu se multiplier ces écoles, leur local devenir plus convenable, quelquefois presque d'une élégante propreté, et les enfants destinés au travail rural, ceux qui fréquentent les fabriques des bords de la Rille, s'y rendre en nombre croissant.

Le même mouvement n'a pas cessé de se développer

depuis lors, sous les gouvernements qui se sont succédé; il s'est accru avec l'amélioration, même insuffisante, du traitement des instituteurs, et avec l'augmentation du budget de l'instruction primaire. Il a profité enfin des causes diverses qui ont poussé notre pays à étendre l'instruction élémentaire comme une des premières nécessités de l'état civilisé.

C'est le moment d'interroger sur l'état de cette instruction primaire en Normandie, et la statistique officielle, et les renseignements que nous devons soit à l'observation personnelle, soit à des communications orales ou écrites recueillies sur place.

Parlons d'abord du nombre. Le ressort académique de Caen comprend la Normandie, plus la Sarthe. Il renferme 5765 communes lesquelles, à la date de 1877, année de ce voyage de mission, possédaient le chiffre, à peine modifié en ce moment (1880) de 6014 écoles. Sur ce nombre il faut déduire 736 écoles qui appartiennent à la Sarthe. Le nombre des enfants de la même circonscription qui fréquentent les écoles est de 394 071, dont 195 501 garçons et 200 501 filles. Sur ce total on doit déduire également 55 464 enfants pour la Sarthe. L'augmentation a lieu presque chaque année d'une manière sensible. Elle est pour tout le ressort académique de 5000 et quelques élèves relativement à l'année 1876, et se fait remarquer pour tous les départements, mais peu pour l'Eure, qui compte en 1877 un total de 45 138 élèves au lieu de 45 135. C'est une observation assez curieuse, et qui n'est pas sans quelque portée, que certains départements envoient aux écoles moins de garçons que de filles. Celles-ci forment en somme la majorité de la population scolaire. Si dans l'Orne et dans la Manche, les proportions sont à peu près égales, le Calvados et la Seine-Inférieure envoient plus de filles que de garçons. Cela tient sans doute à ce que les villes manufacturières emploient surtout les garçons en bas-âge, et à ce que les occupations rurales trouvent aussi à utiliser leurs bras. Mais la cause industrielle doit être la principale. Ce qui confirme cette pensée, c'est que, dans l'Eure, département plus agricole, les garçons l'emportent. Au reste je reviendrai sur ces différences des départements industriels et de ceux où l'agriculture domine presque seule, quant à la fréquentation des écoles. Il ne me paraît pas qu'on en ait tiré toutes les conséquences qui en résultent, et le fait même semble avoir passé un peu inaperçu.

Assurément on peut se réjouir — sauf les graves réserves qui restent à faire — de voir le nombre des écoles augmenter en Normandie d'une année à l'autre. Mais je n'hésite pas à dire que le nombre en est encore insuffisant, et j'en tire la preuve de la surcharge des classes, et de la quantité, à mon sens excessive, des écoles mixtes. Avant tout, il faut en faire l'observation ; il y a encore des communes sans école en 1877. L'Eure surtout présente des lacunes regrettables : 56 communes y sont sans écoles (1879) ! J'ai pu constater la surcharge du nombre des élèves dans un même établissement scolaire. On en trouve assez souvent cinquante, soixante même, quelquefois jusqu'à soixante-dix ou quatre-vingts, réunis sous un même maître. Or, les juges les plus compétents estiment que soixante, c'est déjà trop, peut-être de la moitié. Si le trop petit nombre d'élèves rend le maître indolent et nuit à l'émulation, le nombre excessif empêche l'instituteur de donner à chacun d'eux une part d'attention suffisante, et les plus faibles, négligés et trop distancés, sont portés à tomber dans un funeste découragement.

Dirai-je aussi que j'ai été frappé du nombre excessif des écoles mixtes? Je sais qu'à l'égard de ces écoles qui réunissent les deux sexes, on n'est pas complètement d'accord. Le mélange des sexes ne paraît pas chez les enfants présenter à tous les esprits les dangers que l'on croit, et quelques-uns jugent même ce mélange favorable à certains égards. On cite des documents, empruntés à l'étranger, qui semblent établir qu'il rend ou peut rendre les enfants du sexe masculin plus doux, plus persévérants, moins grossiers, les filles plus actives, plus énergiques. On ne voit pas qu'en France on ait jamais beaucoup observé ces avantages. Mais la question est moins simple qu'elle n'en a l'air. Est-il certain que le mélange des sexes même jusqu'à l'âge de douze ans soit sans de réels inconvénients intellectuels? Les mêmes méthodes s'adaptent-elles exactement aux garçons et aux filles? Celles-ci ne sont-elles pas plus précoces? Ceux-là n'ont-ils pas en général une faculté d'attention un peu plus forte et plus soutenue? Ces diversités fussent-elles peu accusées jusqu'à onze ou douze ans, elles le deviennent plus tard, et, si l'on parvient à retenir à l'école les jeunes générations jusqu'à l'âge de quatorze ans, comme c'est désirable, ces différences ne peuvent que s'accuser davantage, ainsi que les inconvénients moraux qui s'aggravent à l'époque de la puberté. Aujourd'hui les écoles mixtes se justifient par des considérations tirées de l'économie, et non par des vues systématiques empruntées à la pédagogie. Lorsque les ressources dont disposera bientôt l'instruction primaire, permettront d'ouvrir des écoles de plus en plus nombreuses, la séparation des sexes paraît devoir de plus en plus s'imposer. C'est là, du moins croyons-nous, une opinion qui, s'il ne s'opère un changement bien complet des idées sur le mélange des sexes dans l'instruction, rencontrera peu de contradicteurs dans notre pays.

Nous sommes loin d'avoir atteint un tel résultat, puisque pour nous renfermer dans le ressort académique dont nous parlons, on signale encore 1474 écoles mixtes sur 6014 écoles. Ces écoles existent généralement dans des communes qui ont moins de 500 habitants, et pourtant des communes de plus de 500 habitants en comptent elles-mêmes ; il y en a 10 dans le Calvados, 14 dans la Manche, 19 dans la Sarthe, 55 dans l'Eure. On fait valoir, pour justifier le nombre de telles écoles, que quelques-unes de ces communes présentent une population scolaire assez restreinte, que d'autres touchent à des centres importants où elles envoient les enfants à l'école[1]. Mais l'excès n'est pas moins réel et il devra disparaître.

Lorsque les écoles sont mixtes, les habitants montrent

[1] V. sur tous ces points auxquels nous touchons ici les excellents rapports de M. Hébert-Duperron, inspecteur de l'Académie de Caen.

en général un penchant assez marqué pour qu'elles soient de préférence tenues par des institutrices. Ils considèrent qu'une femme est plus apte à entourer l'enfance de soins affectueux et intelligents, à se faire comprendre d'elle à force de patience, à ne pas blesser par son langage le sexe le plus délicat. Tout porte à le croire : la proportion des écoles mixtes tenues par des femmes l'emporterait de beaucoup, si rien n'y faisait obstacle, et si les femmes elles-mêmes ne préféraient souvent, à moins d'avantages particuliers, ne pas tenir d'écoles où se trouve le sexe le moins docile. En somme, les écoles mixtes, dirigées par des institutrices, sont très nombreuses en Normandie, bien qu'elles y soient réparties entre les départements avec une inégalité singulière.

Ainsi, il existe au moment où nous visitons cette province, 235 écoles mixtes tenues par des institutrices dans la Manche, ce qui établit une infériorité notable pour les écoles tenues par des hommes. Dans le Calvados, 135 écoles mixtes sont tenues par des hommes, 170 par des femmes. Dans l'Orne, 127 sont dirigées par des hommes, 115 par des femmes; c'est, du moins peu s'en faut, l'égalité. L'Eure et la Seine-Inférieure, changent totalement les proportions. Dans l'Eure, il n'y a que 41 écoles dirigées par des institutrices mixtes sur 327. Dans la Seine-Inférieure, le rôle des femmes dans les écoles mixtes s'efface presqu'entièrement, puisque sur 301, il n'y en a que 2 qui soient aux mains d'une institutrice. Enfin, si l'on prend la Normandie tout entière, on trouve 854 écoles mixtes confiées à des hommes et 648 à des femmes.

Quant aux 5928 écoles primaires qui forment le total

pour les cinq départements, j'ajoute qu'on en trouve 3988 dirigées par des laïques, et 1940 par des congréganistes, un peu moins de la moitié.

Nous avons en partie constaté, dès à présent, et nous allons achever d'indiquer d'une manière plus complète, le développement donné aux écoles. Il faut y insister d'autant plus que les observations critiques ne manquent pas. Mais comment ne pas reconnaître aussi les excellents soins donnés à l'enfance par les salles d'asile, quoique les campagnes soient ici moins favorisées que les villes. Le même ressort académique, qui comprend les cinq départements, avec la Sarthe, possède 173 salles d'asile. La Sarthe est à déduire pour 12 salles payantes et 17 gratuites fréquentées par 3518 enfants[1]. Les salles d'asile doivent être développées aussi à l'avenir même dans l'intérêt de l'école qu'elles soulagent d'un grand nombre d'enfants trop jeunes.

Le nombre des écoles augmente, mais on nous signalait quelques interruptions dans ce progrès qui mériteraient moins d'être signalées, si elles ne dépendaient de causes d'une certaine gravité. On remarque, par exemple, qu'il y avait quatre écoles de moins dans le

[1] Voici le nombre et la fréquentation des salles d'asile pour les départements de la Normandie : Le Calvados a vingt salles publiques et cinq libres, recevant 2537 garçons et 2468 filles. Total, 5005 enfants. — La Manche, onze payantes et treize gratuites, fréquentées par 2967 enfants. — L'Orne, onze publiques et douze libres, fréquentées par 2661 enfants. — La Seine-Inférieure, cinquante-cinq fréquentées par 12 840 enfants. Ces chiffres se rapportent à l'année 1877-1878. — l'Eure, pour laquelle je n'ai pas le chiffre de fréquentation, en a treize publiques et quatre libres. Je n'indique pas les changements secondaires accomplis depuis un an. Ils n'influent pas sur le résultat général.

Calvados en 1875 qu'en 1874, et quelques centaines d'élèves de moins dans l'Orne. D'où venait cette diminution si peu conforme au cours ordinaire des choses? De la dépopulation. La Normandie n'en avait pas moins gagné 26 écoles d'une année à l'autre.

Il resterait à établir, ce qui n'a pas moins d'importance que le nombre, la qualité de cet enseignement dans les campagnes. Il faudrait constater l'étendue réelle des services qu'il y rend. Donner une *note* pour ainsi dire à chacune de ces écoles, leur assigner des rangs, comme le maître établit le mérite comparé de ses élèves, ne serait pas chose facile. Pourtant, nous trouvons des indications de ce genre dans le rapport déjà cité de M. Hébert-Duperron pour le Calvados. MM. les inspecteurs primaires, pour l'année 1877-1878, qualifient 30 écoles de *médiocres*, 139 de *passables*, 310 d'*assez bonnes*, 536 de *bonnes*. La majorité des écoles serait donc bonne, ou au moins assez bonne, d'après ces calculs. Il est évident que ce jugement favorable s'applique aux écoles telles qu'elles sont, et n'a qu'une valeur relative. Il resterait à savoir si les meilleures enseignent tout ce qui devrait être enseigné, si l'enseignement restreint qu'elles donnent est lui-même assez fort, enfin, si les enfants profitent suffisamment des efforts que font les écoles placées dans les conditions les plus satisfaisantes.

Nous n'avons pas à tracer le programme de ce que doit et peut être l'instruction primaire complétée par certains enseignements trop absents peut-être. Nous ne toucherons à ce point que pour l'enseignement de l'agriculture. Mais je n'hésite pas à dire avec M. l'inspecteur de l'Académie de Caen qu'il faut fortifier « l'enseignement de la langue française, que l'on ne sait pas assez féconder par l'étude des textes ; l'histoire, que, malgré de bons livres, on condamne trop à reproduire dans le mot à mot d'un abrégé ; la lecture qu'il faudrait rendre plus intelligente par l'explication du texte, du sens des mots, de leur rôle dans la phrase et du pourquoi de leur orthographe; la composition de style qui est généralement faible, parce que l'on ne sait pas, comme en Amérique, habituer de bonne heure les enfants à dire ce qui les frappe autour d'eux, dans la classe, dans leurs promenades, et parce qu'encore leurs premières compositions portent sur des sujets trop compliqués ou impossibles pour eux, un orage, un lever de soleil, etc. »

Les fruits retirés du genre d'instruction actuellement établi peuvent être appréciés pour la Normandie par les résultats consignés officiellement pour le Calvados, et qui portent sur le degré de savoir des élèves sortis des écoles primaires. Pour l'année que nous avons déjà citée, il y en avait 2095 qui avaient à peu près toute l'étendue des connaissances que peut donner l'instruction primaire ; 1154 joignaient des notions de calcul à l'écriture et à la lecture ; 475 étaient tout juste capable de lire et d'écrire ; 175 avaient appris à lire seulement, et 102 ne savaient même pas lire.

Pour la Seine-Inférieure, on trouve contre 430 698 sachant lire et écrire, 280 267 qui ne savaient ni écrire ni lire et 70 582 qui savaient lire seulement.

La cause du mal est en grande partie dans une insuffisante fréquentation. Pour la Normandie, c'est environ 13 ou 14 p. 100 qui manquent à l'appel. Contre ces abstentions volontaires, presque toujours on invoque l'instruction obligatoire. Il restera toujours un autre mal à combattre chez ceux qui viennent, les absences trop nombreuses. Les prétextes ne manquent pas. L'hiver, c'est la distance, quelquefois trop longue en effet; ce sont les mauvais chemins, assez rares en Normandie, sauf dans certains moments d'inondation; c'est telle ou telle raison domestique. L'été, ce sont les travaux de la moisson; plus tard, quand vient l'automne, les pommes à cueillir ou à ramasser, etc. Le manque de bras favorise cet appel au travail de l'enfant de la part du fermier : et l'élévation du salaire, dans les temps de travaux exceptionnels, fait que l'ouvrier rural s'y prête volontiers. Le paysan, petit propriétaire, sent aussi le besoin de réunir pour les mêmes tâches tout son monde au complet.

Dans le conflit engagé entre l'école et la culture, l'école a trop souvent tort. On oublie que l'ignorance doit un jour retomber sur l'agriculture elle-même. En augmentant le nombre des écoles, on ôtera ses plus sérieux prétextes à cette incurie. En attendant, on affirme que les absences particulières réduisent la présence effective des élèves au plus au 9/10e. Joignez à cela que l'année scolaire ne représente guère que huit mois. Combien voilà de temps perdu!

La Normandie use largement de la gratuité accordée à quiconque invoque une indigence qui souvent est à peine de la gêne. On constate que la majorité en bénéficie, quoique l'écart entre les gratuits et les payants soit peu considérable. La statistique donne pour la Normandie 194 852 payants, et 195 942 gratuits. La Seine-Inférieure, contre 40 744 payants, compte 75 085 gratuits. C'est aux grandes villes qu'il faut imputer cette supériorité du nombre des gratuits. Chose digne de remarque! Dans un département plus particulièrement agricole, l'Orne, les paysans font, dans une proportion bien supérieure, les frais de l'éducation de leurs enfants; les payants et les gratuits dans ce département se partagent à peu près par moitié le chiffre de 52 000 et les villes ont plus de gratuits que les campagnes. La majorité paye dans l'Eure, où domine l'élément agricole, ainsi que dans le Calvados, qui offre la même prépondérance. Dans la Manche cela s'équivaut : on compte un peu plus de gratuits seulement : 55 782 payent, 56 815 ne payent pas. Mais au total l'élément rural, malgré ce qu'on dit avec raison de la force d'inertie de certains pères de famille, ne fait pas trop mauvaise contenance devant les villes[1].

Une autre remarque dont la portée est plus grave encore, c'est que les parents font quitter l'école aux enfants beaucoup trop tôt. Je ne prétends pas en faire un reproche exclusif à cette province, mais, je ne puis constater qu'avec regret le degré de gravité qu'il y présente. La première chose qui m'ait frappé, qui frappera tout étranger, en entrant dans les écoles de villages, c'est

[1] Ces résultats n'auront plus bientôt qu'un intérêt historique après la promulgation de la loi assurant la gratuité universelle comme l'obligation de l'instruction primaire. Ils ont pourtant une valeur morale qui les rend dignes d'être consignés dans une telle enquête.

l'extrême jeunesse des enfants. Il y en a là beaucoup qu'on aimerait bien mieux voir près de leur mère, mais la mère est absente, occupée, ignorante d'ailleurs le plus souvent et incapable de leur enseigner les premiers éléments. L'école leur sert de salle d'asile, surtout quand celle-ci fait défaut, et ils commencent à balbutier quelques mots de lecture. Dieu sait combien ils y mettent de temps ! Rien que pour le Calvados, 6246 n'ont pas six ans ; 7708 ont de six à sept ; en tout, 13 954 enfants dont les plus âgés ont sept ans. Le plus grand nombre a de sept à dix ans ; ils sont 22 602. Le chiffre décroît déjà sensiblement pour ceux qui atteignent onze ans, encore plus douze et surtout treize ; ils sont en tout 17 474 pour le même département, et le nombre tombe à 5645 pour ceux qui ont plus de treize ans. Ainsi, pour la plupart, le temps d'école atteint à grand'peine l'âge de la première communion, cette limite extrême ou s'arrêtent les études primaires dans l'usage et on peut dire dans le préjugé populaire. Dès lors le père de famille se croit quitte envers ses enfants, quitte envers le pays. Quant à l'enfant, qui est censé en savoir assez, il travaille à la terre, instrument de gain pour les siens, jusqu'au moment où il s'établit, ou jusqu'au jour où le tirage au sort l'appelant, il fera connaître officiellement qu'il ne sait que peu de chose ou qu'il ne sait rien.

Est-ce du moins l'agriculture qui le retient, et serait-il vrai que l'instruction primaire ne fasse dans ces départements où la population agricole décroît, que favoriser l'émigration en préparant des recrues pour la population urbaine?

Si le fait est vrai, il n'en faudrait pas rendre l'instruction responsable. On serait tout au plus en droit d'en accuser le manque d'appropriation suffisante aux besoins de la vie rurale. On ne doit pas non plus s'étonner outre mesure que l'instruction, qui augmente les aptitudes, favorise dans une certaine mesure les changements de lieu et de carrière. L'immobilité absolue n'est pas plus un idéal que l'instabilité sans fin. On ne saurait poser en principe que tout enfant instruit doit rester paysan en tout état de cause. Ce serait aller beaucoup plus loin que l'ancien régime lui-même, qui a dérogé bien souvent au principe de la fixité des situations et qui s'en est écarté avec raison toutes les fois qu'un enfant né dans la campagne, ou sorti des plus humbles rangs du travail, s'est élevé aux charges ecclésiastiques, civiles et militaires.

Il n'est pas rare qu'on entende en Normandie même quelques personnes trop défiantes à l'endroit de l'instruction primaire, se plaindre à l'excès de cette mobilité qui en résulte, et qui est une conséquence de l'instruction comme elle est le caractère de nos races occidentales. Mais il ne faut pas non plus se hâter de prendre tout changement de place pour un progrès. On peut douter qu'ils fassent un bon calcul ceux qui désertent ces florissantes campagnes normandes, où souvent les bras manquent, où la terre appelle de nouveaux perfectionnements. Ce qu'ils vont chercher ne vaut pas toujours ce qu'ils abandonnent. Ils se trompent souvent en allant dans les villes tirer un médiocre parti du peu d'instruction primaire qu'ils ont reçue. Nous nous sommes enquis de ce que deviennent les élèves sortant des écoles primaires du Calvados, un des départements qui souffrent le plus de la dépopulation. Sur 5545 sortis en 1875, il en est resté au champ 2710. Beaucoup sont allés grossir les rangs souvent encombrés de la petite industrie, du petit commerce ou des emplois subalternes de l'administration. On en compte 925 qui se sont casés dans des industries diverses; 147 se sont faits domestiques dans les villes; 501 sont entrés dans le commerce de détail et dans différents états; 131 ont trouvé à se placer dans les bureaux. Les bureaux! on ne peut croire quel prestige ce mot exerce sur l'esprit de beaucoup de ces paysans. Les bureaux se recommandent à leurs goûts casaniers et à leur esprit prudent comme une profession sédentaire et par l'appât des appointements fixes.

Les écoles ont réalisé dans leur installation des améliorations réelles, il nous a été facile de le constater. On s'en fait honneur pour ainsi dire devant les étrangers, par un empressement de bon augure à leur faire voir l'école. Comment ne pas recevoir une impression favorable de ce mobilier scolaire plus complet, de ce matériel d'enseignement parlant plus aux yeux, et se prêtant mieux aux démonstrations simples et frappantes, aux « leçons de choses »? Comment aussi ne pas se réjouir à la vue de ces conditions mieux observées de l'hygiène, de cette lumière et de l'air qui abondent dans ces locaux, que nous vîmes si souvent tristes et si insalubres autrefois! Il semble que l'esprit y respire aussi plus à l'aise, en même temps que la plante humaine y pousse et s'y développe mieux. L'instruction donnée dans un lieu ténébreux et humide est, en effet, comme une contradiction, une anomalie qui afflige les yeux et l'âme.

La Normandie a pourtant encore beaucoup à faire de ce côté. On y rencontre encore trop souvent de ces chaumières délabrées, du moins de ces maisons louées dans les conditions les plus médiocres, qui servent de bâtiments scolaires. On les évaluait à mille pour les seuls départements de la Seine-Inférieure, de l'Orne et du Calvados. Chaque année amène quelque amélioration. Le Calvados venait d'installer des écoles dans 29 maisons nouvelles et d'améliorer 126 locaux scolaires; les autres départements marchaient dans la même voie. On répare, on construit. Le temps approche où chaque école aura été bâtie en vue de sa destination spéciale[1].

Les cours d'adultes méritent aussi d'être signalés. Ils sont moins suivis que dans les villes, mais ils ont aussi porté quelques fruits dans les campagnes. Il ne peut en être autrement lorsqu'on voit le développement pris pour le Calvados par ces cours nouveaux, naguère peu nombreux; ils s'y sont élevés il y a deux ans à 436, dont 327 pour les hommes, 109 pour les femmes; les premières comptent 4779 adultes, les seconds, 1208. Ces cours renferment, outre les autres matières d'enseignement, des notions de comptabilité et d'arpentage qui achèvent d'en démontrer l'utilité dans les campagnes.

En résumé une double impression résulte de l'état de

[1] Les millions votés libéralement par la Chambre des députés à cette intention et pour le développement de l'instruction donneront en peu de temps satisfaction aux vœux que nous formions ici.

l'instruction primaire chez les populations normandes. La première est satisfaisante, parce qu'elle naît de la comparaison du présent avec le passé ; on se réjouit de voir presque toutes les catégories de cette population, le petit propriétaire, le petit fermier, l'ouvrier rural, tirer bon parti de notions précieuses, bien qu'incomplètes ; on applaudit à l'esprit libéral, généreux, intelligent, qui a amené ces progrès ; on constate avec bonheur que ces paysans sont moins grossiers, plus ouverts, comme ils sont plus dignes et plus fiers, malgré ce que nous avons dit de leurs défauts. L'autre impression est moins favorable, quoiqu'elle n'ait rien de décourageant. On attend un complément nouveau et nécessaire de l'instruction primaire par l'accroissement des écoles, on l'attend aussi par un surcroît de solidité dans ce qu'on y apprend, et par le développement des matières à enseigner. Il reste à faire de ces filles de campagne de bonnes ménagères ; il faut que les garçons deviennent de plus en plus des serviteurs fidèles et capables de l'agriculture. Mais toute la tâche n'est pas à l'État, ni aux départements, ni aux communes. Les pères de famille ont ici à remplir un devoir qui n'est pas le moindre de tous, et qui, négligé, compromettrait tout le reste. Ils sont responsables des irrégularités de leurs enfants et de leurs études trop abrégées. Comment les corriger de cette négligence ? Par de bons conseils et par d'énergiques appels, sans doute, mais aussi et avant tout par le succès. C'est par ses fruits qu'ils apprendront à apprécier de mieux en mieux l'instruction primaire, et aussi l'instruction supérieure, si peu connue jusqu'ici de ces campagnes, et qui y est pourtant si nécessaire à toute une élite nombreuse. La question de l'instruction qu'on a appelée professionnelle et spéciale se pose aussi et très particulièrement pour les classes rurales. Propager à l'école les éléments de l'agriculture, et, dans des établissements supérieurs ou spéciaux, ses règles et ses procédés sous une forme plus complète, est une des parties les plus essentielles de cet enseignement. Voyons donc où en est cette question de l'instruction agricole en Normandie : procédons comme nous l'avons fait pour l'instruction primaire, c'est-à-dire mettons en regard ce qui existe et ce qui manque.

III

L'INSTRUCTION AGRICOLE — SON ÉTAT EN NORMANDIE
L'INSTRUCTION AGRICOLE ÉLÉMENTAIRE

C'est surtout dans l'arrondissement de Caen que j'ai eu l'occasion de constater l'état et d'étudier la question de l'enseignement agricole et horticole dans l'instruction primaire. Rien au premier abord n'aurait désigné pour une pareille étude la partie de l'arrondissement représentée par le canton de Villers-Bocage, car il est naturel qu'on aime à placer en idée les écoles où ce genre d'enseignement est donné, aussi bien que les jardins d'aspect riant qui les entourent, dans des pays de riche culture et d'aisance générale, plutôt que dans des contrées montagneuses et souvent stériles. Le canton de Villers-Bocage touche au point le plus élevé de la Normandie. Le pays a toute la beauté sévère des grands horizons, mais il est pauvre. L'habitant s'y nourrit médiocrement; la galette de maïs, un peu de lard, la viande le dimanche seulement, forment son ordinaire, très inférieur à celui de la plupart des paysans de Normandie. L'aspect des maisons, souvent misérable, présente un contraste avec les beautés naturelles du paysage qui leur sert pour ainsi dire de cadre[1]. J'étais appelé là par un hôte qui avait fait de la propagation de l'enseignement agricole et surtout horticole dans l'instruction primaire, l'œuvre de sa vie, M. Victor Châtel. Comme maire de sa commune, il y avait introduit cet enseignement sous les formes les plus propres à le faire agréer des enfants comme des maîtres et à le rendre fructueux. Il n'avait reculé devant aucun sacrifice personnel pour arriver à l'utile but qu'il poursuivait par la plume, par la parole, et à l'aide de réunions fréquentes, auxquelles étaient conviés les instituteurs des environs. Ce qui donnait à cette propagande le caractère d'une sorte d'apostolat, c'est que l'homme dévoué qui s'y consacrait voyait dans ce genre d'enseignement autant une pensée morale qu'une idée matériellement utile; l'âme des enfants ne se trouvait pas moins bien que leur corps de ce travail du jardinage, si salubre, si agréable, si instructif. Cet enseignement, même élémentaire, force en effet l'esprit à réfléchir sur les phénomènes naturels. Aux yeux de ce partisan

[1] La partie du canton que je décris ici est celle qui est formée par la commune de Campandré-Valcongrain et les communes environnantes.

un peu enthousiaste de l'enseignement horticole en action le monde végétal devenait pour l'enfant la démonstration des lois sages et permanentes qui régissent le monde, une preuve vivante de la divine Providence.

J'ai vu avec autant d'intérêt que de profit ces écoles créées à d'assez longues distances les unes des autres, à travers bien des obstacles matériels et plus d'une résistance venue des hommes. Elles forment un heureux spécimen de ce que peut être et de ce qu'est parfois l'enseignement agricole et particulièrement horticole dans l'instruction primaire. Dans ces champs pierreux, sur ces côtes désertes, on aime à rencontrer de petits jardins cultivés par les enfants eux-mêmes avec le soin le plus assidu. Si leurs mains n'ont pas beaucoup de force, elles y suppléent par la patience; elles ont réussi à transformer des terres incultes en potagers ou en parterres de fleurs, sorte de décoration pour l'école qui s'en trouve comme égayée, et ressource utile pour l'instituteur et pour le pays environnant. J'ajoute que ces petites cultures sont du meilleur exemple. Leur succès invite à les imiter. La théorie et la pratique sont réunies ici dans un espace restreint, mais suffisant. Le jardin sert de théâtre aux expériences. Chaque jour amène ses petites luttes, ses alternatives d'échecs et de succès. C'est l'image, en raccourci, de la lutte de l'homme avec la nature qui tout à la fois le seconde et le contrarie. L'œuvre croît sous l'œil et sous la main de l'enfant qui en suit les progrès avec autant de plaisir que d'attention. Un tel travail est un véritable apprentissage. A côté du jardin est l'école avec ses appareils de démonstration moins vivants, moins amusants, mais plus complets. C'est la carte du pays, c'est l'indication de ses productions par des tableaux, ce sont des représentations figurées dont le maître d'école s'aide dans ses explications. Il fait aussi des dictées sur des sujets agricoles, ayant pour objet d'apprendre aux enfants l'orthographe, qu'ils apprennent un peu moins aisément que les notions de culture. L'agriculture n'est pas comme la grammaire une sorte de violence nécessaire faite à leurs aptitudes naturelles et à leur âge, elle est l'atmosphère même dans laquelle ils vivent. Ils n'ont donc qu'à ouvrir l'oreille à ces explications si simples sur les espèces variées d'animaux et de végétaux, sur leurs propriétés utiles ou nuisibles, sur les qualités natives du sol qu'ils habitent, sur les premiers éléments de l'art de cultiver qu'ils voient chaque jour mettre en pratique sans penser à s'en rendre compte. Ils y trouvent le double attrait de ce qui est familier et de ce qui est inconnu. Mais, disons-le : le maître peut ici beaucoup. Il lui faut de l'intelligence, plus encore, quelque étincelle d'âme et de feu sacré. Alors seulement, tout s'anime et prend pour l'enfance un sens clair et frappant. Son esprit se développe à cet exercice d'observation et de réflexion autant qu'à tout autre, en même temps qu'il se nourrit de notions pratiques. Alors aussi, et ce n'est pas le moindre des résultats obtenus, naît et pénètre dans ces jeunes âmes le goût des choses agricoles, l'amour durable de la vie rurale!

Le personnel enseignant est trop souvent aujourd'hui peu préparé à ce genre d'instruction. Il y a dans les écoles primaires un professeur chargé de donner l'enseignement agricole; chaque élève est tenu de répéter la leçon qui lui est faite. Mais presque partout cet enseignement reste trop abstrait; il ne met pas assez en jeu les facultés du maître et de l'élève; c'est trop souvent comme un catéchisme, dont on répète les mots. En vain chaque phrase a-t-elle un sens précis, chaque description répond-elle à un objet réel, ce sont des livres, et il faudrait des choses!

Nous devons reconnaître pourtant les efforts sérieux faits en faveur de l'instruction agricole élémentaire depuis quelques années par l'initiative des sociétés d'agriculture. Elles ont institué des concours; elles distribuent des récompenses aux maîtres et aux élèves. Les institutrices sont encouragées aussi dans cette voie de l'enseignement agricole et horticole élémentaire où elles se distinguent plus d'une fois par leur aptitude et leurs succès. Nous avons pu nous procurer sur les résultats de cet enseignement dans l'arrondissement de Caen des renseignements convaincants, constater que ce seul arrondissement a présenté dans 79 écoles 497 concurrents; la Société d'agriculture décernait 75 récompenses aux instituteurs et aux institutrices, 272 aux élèves; dans les arrondissements de Pont-l'Évêque et de Honfleur nous avons vu donner des encouragements analogues; dans celui de Pont-l'Évêque, une institutrice avait obtenu la principale médaille.

L'arrondissement de Bayeux nous a été signalé comme des plus avancés pour l'enseignement agricole élémentaire. Sur 160 écoles primaires de la campagne, 140 s'occupent avec fruit de ce genre d'instruction. Le jury, nommé par la Société d'agriculture, a décerné 32 médailles et 21 mentions, récompensé une cinquantaine d'instituteurs et d'institutrices, ainsi que les élèves les plus méritants. Ces encouragements reviennent, dans l'arrondissement de Bayeux, tous les six ans. N'est-ce pas un terme trop éloigné pour obtenir tous les résultats que permet d'espérer un genre de concours si utile?

Il n'est guère douteux que ces campagnes se ressentiraient heureusement d'une loi qui rendrait obligatoires les notions d'agriculture pour le brevet d'instituteur.

Telle est celle dont le projet est déposé en ce moment même au Sénat[1]. On aura enfin des maîtres qui joignent à des connaissances moins superficielles le goût des matières qu'ils enseignent. Un tel enseignement ne doit-il pas aussi être complété par des promenades agricoles, par des visites de ferme, par un contact fréquent et familier avec les expériences de tout genre qui se poursuivent quotidiennement sous la forme d'engrais, de fumures, de machines, d'irrigation, de drainage, de cultures diverses, anciennes ou nouvelles? Il serait inexplicable qu'on s'en tînt à des mots et à des figures, quand les réalités sont à deux pas, et ne demandent qu'à être vues, maniées, étudiées de près[2].

[1] La proposition a été présentée par notre éminent confrère M. Parieu et plusieurs de ses collègues sous le titre d'enseignement départemental d'agriculture. Un rapport favorable a été présenté en 1878 par M. Robert-Déhaut, et enfin, en 1879, la loi qui crée l'enseignement agricole dans nos campagnes a été votée. Il ne nous reste plus qu'à la voir à l'œuvre.

[2] M. Victor Borie a lu sur le même enseignement un rapport à la Société nationale d'agriculture. Nous avons aussi sous les yeux un rapport fait par

IV

INSTRUCTION AGRICOLE SUPÉRIEURE ET MOYENNE
RESSOURCES DONT ELLE DISPOSE ET SON INSUFFISANCE EN NORMANDIE
CONFÉRENCES SUR L'AGRICULTURE
ÉCOLES RÉGIONALES ET FERMES-ÉCOLES — CONCOURS AGRICOLES
SOCIÉTÉS D'AGRICULTURE ET COMICES
L'ASSOCIATION NORMANDE — MUSÉES CANTONAUX
CONCLUSIONS SUR L'INSTRUCTION
LECTURES ET BIBLIOTHÈQUES DANS LES CAMPAGNES

Il y a une instruction agricole plus spéciale, plus complète que de tels éléments pour les cultivateurs qui font valoir ; elle est trop peu développée aussi. On en fait l'aveu en Normandie, mais on ajoute souvent que la capacité professionnelle existe fréquemment d'une manière remarquable sans ce secours. Nous n'avons pas l'intention de contester ce que l'expérience peut apprendre aux praticiens ; mais nous n'en constatons pas moins comme regrettable l'insuffisance de ces connaissances méthodiques et plus complètes, qui développent la capacité du producteur, de l'entrepreneur de cultures, comme les procédés scientifiques ont développé la fécondité du sol lui-même. On ne peut plus parler avec dédain de la théorie. Elle n'est en agriculture qu'un ensemble de moyens réfléchis et de procédés avancés, fondés sur la connaissance de ce qu'il

M. Lavollée dans la même société, au nom d'une commission spéciale composée de MM. Tisserand, désigné par la section de celle de sylviculture ; Garaux, par celle d'économie des animaux ; de Parieu, par celle d'économie, de statistique et de législation agricoles ; Milne Edwards, par celle d'histoire naturelle ; général Morin, par celle de mécanique agricole.

y a de général et de spécial à la fois dans les conditions de la culture; c'est à ce titre que les plus sages esprits la recommandent et qu'elle était recommandée déjà par Olivier de Serres dans sa lutte contre la routine, et avant lui, par Bernard Palissy, ce grand artiste, cet écrivain ingénieux et varié, ce penseur original sur plus d'un sujet. Les termes dont il use pourraient servir de devise aux partisans de cet enseignement agricole plus scientifique et plus relevé. « Il semble, dit-il, qu'un chacun laboure la terre sans aucune philosophie et vont toujours leur trost accoutumé, en ensuivant la trace de leurs prédécesseurs, sans considérer les natures ni causes principales de l'agriculture. — Tu me fais, s'écrie alors le défenseur de la routine, tu me fais à ce coup plus esbahir de tes propos que je ne fus oncques. Il semble à t'ouïr parler qu'il est requis quelque philosophie aux laboureurs, chose que je trouve estrange. — Oui, réplique l'auteur, je te dis qu'il n'est nul art au monde auquel soit requis une plus grande philosophie qu'à l'agriculture, et te dis que, si l'agriculture est conduite sans philosophie, c'est autant que journellement violer la terre et les choses qu'elle produit; et m'esmerveille que la terre et nature produites en icelle ne crient vengence contre certains meurtrisseurs, ignorants et ingrats, qui journellement ne font que gaster et dissiper les arbres et plantes sans aucune considération. *Je t'ose aussi bien dire que, si la terre estoit cultivée à son devoir, qu'un journaut produirait plus de fruits que non pas deux, en la sorte qu'elle est cultivée aujourd'hui.* » Eh bien! nous avons entendu exprimer au fond les mêmes idées aux agriculteurs normands les plus intelligents. Ils se gardaient bien sans doute de parler de *philosophie*, mais ils disaient la même chose sous les noms de théorie, de science, de raison qui se rend compte des choses et d'expérience qui cherche le mieux. Ils n'hésitaient pas à affirmer que tel territoire cultivé d'une manière plus conforme aux données de la science, produirait la moitié ou un tiers de plus que ce qu'il produit aujourd'hui.

Ceux qui tiennent ce langage forment une élite trop rare comme ceux qui y conforment leur conduite. Voici ce que nous disait un agriculteur distingué du Vexin, M. Bénard : « Nos fermiers sont en général bons praticiens, disposés à accepter les innovations sérieuses ; leur aptitude est surtout remarquable pour l'élevage et le commerce des animaux domestiques ; mais toutes leurs connaissances agricoles sont limitées aux leçons qu'ils ont pu prendre dans l'exploitation paternelle ou qu'ils ont reçue de leur propre expérience. A quelques exceptions près ils ne lisent que le journaux qui donnent la mercuriale des marchés. Les autres publications périodiques spéciales leur sont étrangères, ainsi que les traités même élémentaires relatifs aux diverses connaissances qui se rapportent à leur profession. Ils les rejettent presque toujours sans les connaître et les jugent avec un peu de dédain. Parmi les fils de propriétaires ou fermiers aisés, qui ont été mis au collège et doivent suivre la carrière paternelle, très peu passent les examens qui terminent l'enseignement secondaire ; ils rentrent à la maison, assistent plus ou moins activement aux travaux de la ferme, puis, le moment venu, s'établissent à leur compte. » — « Ici, ajoutait-il, il faut bien le dire, les établissements où l'agriculture peut s'apprendre, quoique peu nombreux, manquent encore moins que la volonté d'en profiter. Dans le Vexin, on n'est pas bien loin de Grignon. Presque tous ces jeunes gens seraient en position d'en suivre les cours pendant deux ans ; ils acquerraient un complément d'instruction scientifique qui leur serait fort utile. Néanmoins, il en est très peu qui s'y résolvent, et c'est beaucoup si, dans cette partie du département de l'Eure, on pourrait en citer deux ou trois par arrondissement qui depuis des années aient profité de cette école. Chez les uns, c'est présomption ; ils croient un tel enseignement inutile ; chez la plupart, c'est incurie. » — « Pourtant, ajoutait enfin le même agriculteur, un certain nombre de cultivateurs se tiennent au courant des études scientifiques dont l'agriculture est l'objet. S'ils y joignent un esprit juste et prudeut, ce qui est ici le cas le plus ordinaire, ils réussissent mieux que les autres. Ils n'obtiennent pas seulement de brillants succès dans les concours, ils font de très bonnes affaires. » Aux exemples qu'il citait, celui qui me parlait ainsi oubliait d'en ajouter un qui n'était pas le moins concluant, je veux dire le sien propre.

En définitive, l'enseignement de l'agriculture, supérieur aux simples notions primaires, manque encore plus en Normandie que l'instruction agricole élementaire. Celle-ci a réalisé des progrès appréciables. On peut dire qu'elle sera fondée le jour où elle sera dotée de la loi en préparation qui exige et rend obligatoires des notions agricoles pour conférer aux instituteurs le brevet de capacité. Une telle loi est assurée d'être accueillie avec une vive satisfaction par les comices agricoles de la Normandie, lesquels ont eux-mêmes donné à cet enseignement primaire presque les seuls enseignements qui aient eu des résultats considérables. Mais l'enseignement agricole à un degré moins élémentaire reste à peu près complètement à créer en Normandie, et, encore une fois, c'est infiniment regrettable dans un pays à tant d'égards avancé. Associons-nous aux vœux qui réclament un enseignement scientifique pour ceux qui forment comme la tête de colonne de l'agriculture, et un autre moins fort et moins complet, mais qui dépasse les notions acquises jusqu'à l'âge de douze à treize ans. Demandons pour la masse des propriétaires et des fermiers un enseignement agricole moyen pour ainsi dire, en rapport avec la situation qu'eux-mêmes occupent dans la culture. Hâtons-nous de sortir de l'état aetuel, où le jeune agriculteur suit le plus souvent la routine, et ne se décide au progrès que lorsqu'il n'y a pas moyen de faire autrement. Tous les esprits éclairés en sont convaincus : aujourd'hui que l'agriculture tend à se rapprocher des procédés de l'industrie, elle doit avoir comme celle-ci ses écoles. Et quelle industrie occupe un tel personnel, 20 millions peut-être d'individus ? Quelle industrie approche de ce capital évalué avec son capital d'exploitation à environ 100 milliards? Disons plus : toutes les industries ensemble, n'égalent pas son produit annuel qui est d'environ 14 milliards.

Un pareil enseignement est-il donc d'ailleurs une idée de fraîche date, une conception aventureuse? Voilà environ un siècle qu'il en est question! Il peut invoquer en sa faveur les autorités les plus compétentes. On a rappelé récemment des noms et des projets de loi qui l'attestent; on a cité l'imposant témoignage d'un Lavoisier, « qui considérait l'action de fumier sur le sol comme comparable au fractionnement d'une nitrière artificielle, qui signale plus tard l'utilité de l'enseignement scientifique pour l'agriculture. Le fondateur de la chimie moderne tenta même de le réaliser en introduisant dans une de ses fermes sa méthode de recherches, et doubla ses revenus. Ce puissant génie, appliquant la balance à tous les phénomènes de la production, préparait, par ses découvertes de statique agricole, le grand mouvement qui devait se produire un demi-siècle plus tard[1]. »

A ce grand nom il est facile d'en ajouter d'autres qui méritent d'être cités soit pour l'étendue des lumières, soit pour la capacité spéciale. C'est un Talleyrand, par exemple, qui porte le vœu de la création d'un enseignement agricole à la tribune de l'Assemblée nationale; un Thibaudeau, qui demandait la formation aux portes de Paris d'une ferme expérimentale; un abbé Grégoire, émettant le projet tout aussi peu chimérique de l'établissement d'une école d'économie rurale dans chaque département. Rappelons enfin des hommes comme le célèbre agronome Huzard, qui propose de fonder une école générale d'agriculture de Rambouillet, comme encore François de Neufchâteau, auteur d'un projet remar-

[1] Enquête agricole faite par le ministère de l'Agriculture et du Commerce. — Rapport de M. Tisserand (séance du 18 mars 1869).

quable par l'ampleur des vues, qui conclut à la fondation de fermes expérimentales, de chaires d'économie rurale dans les écoles centrales et les Universités, et de trois grandes écoles d'agriculture à placer dans les trois principales régions culturales de la France. Tout le monde connaît les courageux efforts de Mathieu de Dombasle, suivis, dans l'ordre pratique, par quelques créations utiles de la Restauration et du gouvernement de Juillet. On ne peut avoir oublié enfin un plan complet, présenté en 1855, par le Conseil supérieur de l'agriculture, et surtout la loi du 3 octobre 1848, avec les trois degrés d'enseignement agricole, desquels on ne laissa subsister que les fermes-écoles et les écoles régionales.

C'est aussi de la même époque que date l'Institut agronomique, alors placé à Versailles, et qui a été rétabli récemment au Conservatoire des Arts et Métiers. Il ne reste plus qu'à rappeler les mêmes vœux énergiquement exprimés lors de la grande enquête agricole de 1867 par une commission spéciale, après une discussion fort approfondie. A cette tradition déjà longue et si imposante rien ne manque, sinon la consécration des faits.

Pour la Normandie en particulier, si insuffisant que soit, comme je viens de le dire, ce genre d'enseignement supérieur ou moyen, il a été l'objet d'efforts appréciables. Il serait très injuste en effet de ne pas reconnaître que la Normandie possède des professeurs d'agriculture d'un grand savoir, malheureusement trop peu nombreux, et bien éloignés des foyers de la vie rurale. Peu d'agriculteurs peuvent profiter de cours faits à Rouen ou à Caen. On a compris la nécessité de cours nomades. Il y a de temps à autre des *Conférences* agricoles au chef-lieu d'arrondissement ou de canton. Elles sont faites par des hommes zélés et spéciaux, plus souvent par les professeurs officiels. L'initiative en était prise il y a déjà bien des années dans le Calvados, par le savant professeur d'agriculture à Caen, M. Morière, et antérieurement dans la Seine-Inférieure, par M. Girardin, correspondant de l'Académie des sciences et directeur de la grande école préparatoire scientifique et littéraire de la ville de Rouen. Les conférences de M. Girardin, en 1868, sur les engrais ne furent pas sans influence sur les progrès de l'agriculture pratique en Normandie, non plus que ses écrits sur la chimie agricole. En rendant justice aux conférences agricoles, on doit pourtant se garder d'en exagérer l'efficacité; les maîtres habiles qui s'en chargent le savent mieux que personne et le disent eux-mêmes tout haut.

Nul doute qu'un petit nombre de cultivateurs n'en tire un excellent parti, car ces leçons portent en général sur les questions agricoles du moment; mais on ne peut se le dissimuler: elles sont peu suivies. Chez les uns c'est l'effet de ces présomptueux dédains de la pratique pour la théorie, de plus en plus rares, sans doute, mais non tant s'en faut effacés; chez la plupart c'est négligence, crainte de perdre une journée, d'éprouver un dérangement. De telles leçons supposent d'ailleurs déjà quelque savoir. La plupart ont pour objet les sciences appliquées à la culture. Or, ces sciences, la chimie agricole par exemple, fort à la mode avec raison, car elle a fait de véritables merveilles, ces sciences ont leur nomenclature, leur vocabulaire qu'on ne devine pas, et qu'il est un peu tard d'apprendre dans l'âge mûr, lorsque d'autres occupations absorbent la vie d'une manière à peu près complète.

Les fermes-écoles ne soulèvent pas au même degré les préjugés de la pratique ou plutôt de la routine contre la théorie. Elles n'ont pas le caractère déjà scientifique à quelque degré de ces écoles dites régionales, qui existent plus souvent à l'état de projet que de réalités. Cet enseignement des écoles régionales, d'après son programme, joint en effet à l'agriculture les éléments de chimie, de botanique, de géologie, de zoologie ou de zoothecnie, d'économie ou de législation rurales. Les fermes-écoles ont des prétentions plus modestes. Il n'est guère de classe de cultivateurs qui ne puisse y trouver son compte. Elles devraient se rencontrer fréquemment en Normandie. Il s'en faut de beaucoup pourtant qu'il en soit ainsi, elles sont à vrai dire extrêmement rares. Nous citerons comme exemple à Domfront, celle de Saint-Gauthier, dirigée par M. Houssin de Saint-Laurent, qui relève comme les autres établissements du même genre, du Ministère de l'agriculture et du commerce ; elle forme aussi des régisseurs et des contre-maîtres pour les exploitations, et l'instruction s'y présente sous ses aspects les plus pratiques dans des conditions de gratuité faites pour exercer, ce semble, un attrait plus décisif. Ce solide apprentissage agricole dure deux années. L'établissement de Saint-Gauthier donne bien l'idée d'une ferme qui mérite le nom d'*école*, avec son vaste champ d'expériences, formé par un domaine de 145 hectares, dont 100 en prairies et en terres cultivées, et 45 en bois. Une telle étendue a de quoi largement suffire à des études variées. Chacun, tout en recevant des notions générales de culture, peut s'occuper d'une spécialité. Ceux qui veulent étudier l'élevage, l'engraissement des animaux, l'industrie laitière, trouvent là un nombreux bétail; des jardins, des pépinières sont à la disposition des futurs maraîchers et jardiniers, initiés aux détails de l'arboriculture, des plantes de serre, etc. La ferme-école de Saint-Gauthier a eu plus d'une épreuve à traverser avant d'arriver à acquérir une existence solide. Elle peut se flatter aujourd'hui d'avoir doté l'agriculture de quelques centaines de jeunes gens bien préparés à leur tâche. C'est quelque chose qu'un tel résultat, mais combien c'est peu par rapport à de si nombreuses populations et à des besoins si étendus!

L'esprit positif de ces populations devrait s'en convaincre pourtant. L'instruction professionnelle peut enrichir un pays. On nous faisait remarquer, dans l'arrondissement de Bernay, des perfectionnements sensibles introduits depuis quelques années. On les attribuait à un petit nombre de fermiers et de cultivateurs instruits et munis des procédés les plus avancés, venus du Nord et de la Belgique. Ce que leurs prédécesseurs ne faisaient point, ils l'ont fait. L'exemple a servi de professeur. Les progrès d'un enseignement plus fort assurent et multiplient presque partout de tels résultats. Par contre le défaut d'une éducation véritablement spéciale cause d'irréparables dommages. Par exemple, rien n'est plus rare en Normandie qu'une bonne comptabilité agricole dans les fermes. C'est que la pratique ne l'enseigne pas; il faut avoir pris des leçons. Les fermes où il y a des registres tenus avec soin sont exceptionnelles, et la plupart n'ont pas de registres du tout. Ceux qui en ont aiment à les montrer comme une preuve de supériorité qui les distingue de leurs voisins. Ils nous font voir ces tableaux, où rien n'entre, où rien ne sort de la ferme, qui ne soit inscrit, évalué. Ce qu'a coûté ou rapporté tel animal de trait ou destiné à l'engraissement depuis le jour de sa naissance ou de l'achat qui en a été faite au marché, jusqu'au moment où il a été vendu, est consigné avec le plus minutieux détail. Chaque existence a pour ainsi dire son dossier. Nul budget mieux établi, nul avertissement plus efficace si on fait fausse route. Un tel registre peut frapper les moins spéciaux en ces matières, car l'ordre est une chose belle à voir sous toutes les formes. Pour les intéressés c'est tout profit que de telles habitudes. Il est rare que ceux qui les portent dans ces comptes ne les aient pas dans leurs autres façons d'agir. N'est-ce pas à ce registre en définitive que tout vient aboutir, leurs travaux, leurs calculs, le passé, le présent et l'avenir de l'exploitation?

Si l'on nous demande quelle est, en définitive, au milieu de tant de *desiderata*, la source la plus féconde de l'instruction agricole en Normandie, nous répondrons : l'émulation qui résulte d'exemples lentement suivis, et ensuite les récompenses données aux cultivateurs depuis les plus modestes, jusqu'à ces primes d'honneur qui s'adressent aux agriculteurs émérites. On a remarqué que de tout temps les Normands ont poussé très loin le goût des distinctions. Ils n'ont pas dégénéré à cet égard.

On discute beaucoup en Normandie comme ailleurs sur la valeur de ces récompenses relativement aux résultats sérieux obtenus. Il n'est pas douteux qu'elles n'aient stimulé plus d'un progrès. L'amour-propre est ici moins timide que l'intérêt; il pousse à oser. Les concours ont du bon, disent eux-mêmes ces cultivateurs, à demi satisfaits, qui se croient lésés par ce que qu'ils n'ont pas atteint la plus haute récompense. Quelques-uns pourtant mettent dans leurs plaintes une certaine amertume. Les agriculteurs, à cet égard, ne sont pas moins irritables que les industriels. Ils accusent aisément leurs rivaux de brigues et de manœuvres. Mais il est rare qu'ils ne se jettent pas dans l'arène avec une ardeur nouvelle. La fierté légitime et souvent touchante des cultivateurs qui ont été distingués dans les concours s'étale avec leurs médailles dans le salon ou la salle à manger. Les objets donnés en prime occupent une place d'honneur. C'est un trophée dont la famille tout entière est fière, et qui se transmet du père aux enfants.

J'ai nommé les Sociétés d'agriculture et les Comices agricoles comme les principaux foyers d'instruction agricole en Normandie. On ne saurait, en effet, leur contester ce genre de services. On ne voit nulle part plus d'activité. Ce n'est pas assez pour ces associations d'encourager les notions d'agriculture dans les écoles primaires par des prix, elles mettent des questions à l'étude qui, préparées dans des commissions, deviennent l'objet des discussions, de rapports. Outre ces associations, réparties sur tout le territoire, et qui y entretiennent un certain mouvement favorable à l'agriculture, j'en citerai une autre plus nombreuse et plus importante comme société savante, l'*Association normande*, qui occupe un rang éminent parmi les sociétés du même genre dans notre pays. Organisée par un homme d'un grand zèle et d'un grand mérite, M. de Caumont, elle a compté et compte des hommes considérables, plusieurs qui furent l'honneur de l'Institut de France, tels que M. Elie de Beaumont, M. Vitet, M. Guizot. Cette association a surtout deux grandes spécialités, l'archéologie et l'agriculture. Elle réunit ses travaux chaque année dans un *Annuaire*, que toutes nos provinces feraient bien de prendre pour modèle pour compléter leurs annuaires statistiques, trop secs et trop peu féconds en ce genre de documents qui ne sauraient se traduire toujours par des chiffres. Chaque année l'Association se transporte sur un point de la Normandie ; elle y tient des séances publiques, et son séjour est accompagné de fêtes locales. L'agriculture spéciale de la contrée, ses essais, ses *desiderata*, y deviennent l'objet de rapports et de débats souvent pleins d'intérêt. C'est bien là aussi une sorte d'enseignement où les populations sont conviées, un peu rarement sans doute, mais qui jette quelques heureux germes et qui donne à l'esprit des campagnes un salutaire éveil.

On organise dans quelques régions — et c'est aussi une des questions qui ont été discutées par l'*Association normande* [1] — des musées agricoles cantonaux. Un

[1] L'auteur de ce projet est M. Ét. Groult, docteur en droit, à Lisieux, qui, lui-même, a organisé quelques musées de ce genre dans plusieurs cantons de la Normandie. Il s'en est fait aussi ailleurs depuis deux ou trois ans.

tableau indique et représente les différentes races d'animaux élevées ou qu'il convient d'élever dans le canton. D'autres font le même office pour les insectes utiles ou nuisibles. Une liste est dressée des plantes cultivées dans le canton et de celles qu'on pourrait introduire, comme des plantes nuisibles qui y croissent spontanément. Un autre tableau représente les modèles des principaux instruments primés dans les concours régionaux de la dernière année. Il s'y joint où il doit s'y joindre une vitrine géologique comprenant un spécimen de tous les terrains du canton, et en face, une gravure indique ou devra indiquer les principaux fossiles propres à ce terrain. Le même plan de musées agricoles, plus ou moins réalisé déjà, ajoute une carte géologique du canton, avec une vue des différentes couches, et achève ainsi de donner l'idée de la constitution du sol. On fait aussi figurer dans ces musées agricoles des préceptes d'hygiène, les noms et la biographie abrégée des hommes distingués qui ont honoré le canton.

V

CONCLUSIONS SUR L'INSTRUCTION

En traçant ce tableau de l'instruction dans les campagnes en Normandie, nous avons dû insister sur certaines lacunes et d'abord sur celles de l'instruction primaire. Nous avons signalé les classes trop nombreuses, les écoles trop éloignées de certaines campagnes, le trop grand nombre d'écoles mixtes, les bâtiments encore en trop grande quantité mal appropriés à leur destination, l'absence de plus d'un dixième d'enfants, l'inexactitude dans la fréquentation de presque tous ceux qui se rendent à l'école, les études terminées vers l'âge de onze ans, alors qu'il y aurait encore trois bonnes années à mettre à profit pour faire porter à l'instruction primaire des fruits sérieux.

Voilà le mal, Il est assez grand pour éloigner l'optimisme. Mais le bien accompli a dû nous frapper aussi. Gardons-nous de rabaisser le présent. Nous avons constaté que la Normandie eut avant 1789 plus d'écoles qu'on n'est tenté de le croire: il ne faut pas se hâter de conclure qu'on sût lire et écrire. Le profit qu'on tirait de ces écoles était encore plus insuffisant que leur nombre. Le chemin parcouru est grand depuis une trentaine d'années. Nous pourrions citer beaucoup de chiffres qui le prouvent dans ces départements. Nous en prenons un seul qui nous est fourni avec une certaine précision par l'arrondissement de Bernay, et qui s'éloigne peu de la moyenne générale. Nous y trouvons pour les années 1846 et 1847 réunies, 41 pour 100 de circonscrits illettrés, et, pour 1876 et 1877 seulement 15 pour 100. N'est-ce pas là un progrès considérable? Mais j'ai indiqué une autre observation qui contrarie bien des idées reçues. On croit généralement que le paysan, livré presque toujours à une sorte d'engourdissement intellectuel, tient moins à l'instruction que l'ouvrier des fabriques. Or, cela est faux pour la Normandie. N'est-il pas remarquable que l'Orne, département surtout agricole, donne plus d'élèves, et, notons-le, plus d'élèves payants, proportionnellement à sa population, que dans la Seine-Inférieure? La population rurale, dans la Seine-Inférieure elle-même, envoie plus d'enfants à l'école, et plus d'élèves payants, que la partie manufacturière.

Le même fait m'a été attesté pour des localités moitié agricoles, moitié industrielles, eomme Louviers. Les enfants des tisserands vont moins à l'école que ceux des paysans-cultivateurs. L'arrondissement de Bernay nous fournit encore le même résultat, exprimé par des différences frappantes; deux cantons industriels y donnent 10 pour 100 d'illettrés, tandis que deux cantons agricoles donnent seulement 8 pour 100. Comment expliquer une pareille disproportion? On n'en peut guère apercevoir que deux causes. D'une part les tâches industrielles prennent l'enfant de bonne heure et le gardent tout entier. L'autre cause, la plus habituelle sans doute, c'est, faut-il dire l'imprévoyance ou la misère de l'ouvrier? La misère! Mais que vaut ici une pareille excuse? La gratuité est offerte avec une libéralité qui ôte toute valeur à ce motif. On a vu qu'environ la moitié des populations normandes en profite.

Voilà donc, à côté de regrettables lacunes, des progrès réels. On peut se demander s'il est une seule province en France où l'instruction primaire supérieure, qui fait presque partout défaut, malgré le vœu du législateur de 1833, trouverait mieux sa place qu'au milieu de ces populations aisées et intelligentes. On ne rencontre nulle part ailleurs une plus nombreuse classe moyenne de propriétaires et de cultivateurs. C'est à cette classe qu'un enseignement primaire supérieur plus développé rendrait de grands services. Le collège est trop loin, trop cher, trop mal approprié aux besoins de cette moyenne si digne d'intérêt. L'instruction agricole trouverait dans ce mode d'enseignement également à s'élever d'un degré. On se demande comment arrêter la dépopulation de certains départements de Normandie. Le remède le plus efficace ne serait-il pas là? Les gens de la campagne sont moins tentés d'émigrer quand ils trouvent à vivre à l'aise sur le sol. Or, qui peut mieux assurer ce résultat qu'un accroissement de la capacité professionnelle? Il n'est guère douteux que les générations nouvelles dans ces départements éminemment agricoles, et où l'on émigre, comme l'Eure, le Calvados, l'Orne, ne restent fidèles à la culture, si on leur donne la connaissance et l'habile pratique des choses qui constituent le fond de leurs moyens d'existence.

N'est-ce pas aussi l'enseignement primaire supérieur, quelque soit le nom qu'on lui donne, qui peut inspirer dans la classe aisée des cultivateurs ces goûts d'étude et de lecture trop absents et les diriger vers les bons livres? Si les cultivateurs étudient peu aujourd'hui ces matières qu'ils auraient le plus d'intérêt à bien connaître, comment s'étonner qu'un petit nombre seulement recherche un genre de lecture et d'instruction qui ne présente pas une utilité directe. J'ai rencontré parfois dans de petites fermes des volumes épars ; ils étaient presque toujours sans rapport avec les occupations et le tour d'idées des gens de campagne. Il m'est arrivé de voir, à côté de tel volume d'un traité spécial dès longtemps hors d'usage, les tomes dépareillés d'un vieux roman du dix-huitième siècle, et j'avoue que ma surprise fut plus grande encore, il y a de cela, il est vrai, des années, en apercevant chez un modeste artisan d'un pauvre hameau du département de l'Eure, un volume du *Système de la nature du baron d'Holbach;* il aurait pu avoir la main plus heureuse. Il m'avoua ne comprendre rien à la partie métaphysique (car ce volume, il le lisait), mais je ne pus m'apercevoir à ses idées sur la morale qu'il avait beaucoup mieux saisi les conséquences. Il faut le dire pourtant: en général le défaut des lectures dans ces campagnes n'est pas d'être mauvaises, quoiqu'il y en ait de telles, c'est d'être insignifiantes ou nulles. Les bibliothèques populaires et scolaires prêtent un certain nombre de bons livres. Les journaux à bon marché commencent à pénétrer. On y recherche avec curiosité le récit des attentats et les émotions des grands procès criminels. L'insuffisance de cette nourriture morale n'est que trop évidente. Dans les pays protestants le paysan lit la Bible. Chez nous aucune lecture qui soit un fonds usuel et commun. Notre histoire nationale elle-même est fort délaissée. Ce n'est pas sans doute qu'elle manque d'épisodes intéressants. Elle en a de propres à entretenir l'amour généreux du pays, elle en a qui peuvent enchanter l'imagination. Les vieilles légendes qui charmaient les veillées des demeures rurales se sont évanouies, rien ne les a remplacées.

Nous avons achevé ce qui regarde les mœurs et l'état de l'instruction des populations agricoles de Normandie, Il nous reste à présenter le tableau de leur situation économique et matérielle.

CHAPITRE VI

CONDITION MATÉRIELLE DES POPULATIONS AGRICOLES DE LA NORMANDIE ASPECT GÉNÉRAL DES DIVERSES RÉGIONS RAPPORT DES OCCUPATIONS ET DU RÉGIME DE VIE AVEC LE SOL ET LE CLIMAT

La condition des populations agricoles étant en partie déterminée par les circonstances physiques qui aident ou contrarient leur activité et tendent à la rendre plus ou moins féconde, et lui impriment tantôt une direction, tantôt une autre, nous devons, avant d'examiner la situation économique des propriétaires ruraux, des fermiers, des ouvriers agricoles, d'abord mettre ces populations en regard du théâtre où elles exercent leurs travaux, montrer leur aspect général, et indiquer le régime de vie propre à chaque région agricole.

Le sol de la Normandie passe pour présenter une fertilité exceptionnelle. Ce jugement n'est exact que pour une partie seulement de la province : il faut commencer par faire exception pour environ la moitié. La presqu'île du Cotentin repose sur le granit. Si les habitants n'avaient dû compter que sur la puissance productive naturelle du sol, ils seraient loin de présenter le spectacle de l'aisance. Le Perche n'est qu'un assemblage de petites chaînes à sommets stériles. L'autre moitié de la Normandie se présente dans des circonstances bien plus favorables, mais avec d'assez grandes inégalités; presque toujours l'homme y est condamné à des efforts habiles et répétés. Il faut moins de travail, quoiqu'il en faille aussi pour cultiver les vastes espaces destinés au pacage.

Ces espaces, qui si souvent donnent à la Normandie l'aspect verdoyant de l'Angleterre, couvrent 500 000 hectares, c'est-à-dire plus du sixième du sol.

La culture herbagère joue nécessairement un grand rôle sur un tel théâtre; mais il y a place pour presque toutes les productions qui ne réclament pas les conditions climatériques du Midi. La plus grande partie des terres appartient à la culture arable. Les populations offriront de même certains traits communs qui les rapprochent et semblent les confondre; elles auront aussi leurs traits distinctifs déterminés par les circonstances particulières où elles se trouvent placées. Elles feront des applications diverses de leur activité, et de tout cet ensemble de causes il résultera des différences sensibles dans leurs habitudes et comme des types variés que je m'attacherai à faire connaître.

I

LA HAUTE-NORMANDIE — LE CAUX — LE BRAY — LE VEXIN NORMAND LES POPULATIONS DE L'EURE, DE L'ORNE

Ce qu'on appelait et ce que l'usage persiste à nommer la Haute-Normandie attire avant tout nos regards par son rapprochement de la capitale. Elle est aujourd'hui en grande partie formée d'abord par la Seine-Inférieure, dont la surface est un vaste plateau sillonné par des vallées, et surmontée de quelques collines peu élevées, qui n'atteignent pas 250 mètres de hauteur au-dessus du niveau de la mer. Tout indique une région prédestinée à la culture des céréales et au labour. Tel est le caractère du pays de Caux. Les populations y cultivent, outre le blé, divers végétaux qui ont but la nourriture de l'homme et des animaux ou un emploi industriel; la betterave, les graines oléagineuses, les prairies artificielles occupent une place dans ces terres fertiles en général, et qui le sont particulièrement dans certaines parties où la terre végétale est d'une profondeur exceptionnelle, comme on le voit dans l'arrondissement du Havre.

Aussi les populations de laboureurs qui habitent les cantons de Goderville, de Saint-Romain, de Colbosc, et de plusieurs autres qui les avoisinent, nous présentent-elles de vrais types d'aisance et d'un bien-être dû à un travail très réel, mais non à d'excessifs efforts. Un sol heureux se prête ici à un labeur assidu, mais modéré. Le sol est plus léger lorsqu'on approche de la mer; il devient ferrugineux vers Fécamp. Circonstances favorables encore, mais non pas au même degré : si la nature argileuse du sol le rend fertile, il est froid, et veut être amendé par un énergique marnage. Ce qu'il a de trop léger dans certaines parties exige qu'on ait recours aux engrais. Ailleurs, il faudra combattre la présence du silex mêlé à l'argile dans de grandes proportions. Les arbres fruitiers ne pourront guère se développer au delà d'un certain degré. La nature de l'obstacle change du côté de Rouen, dans quelques parties aussi de l'arrondissement de Dieppe, si fertile : là c'est l'humidité qu'il faut s'attacher à vaincre. Nulle part donc la lutte n'est absente ; mais le travail n'est nulle part découragé ; il se montre partout rémunérateur.

Arrêtons-nous un instant sur le pays de Caux, favorisé par des conditions naturelles, qui ont dès longtemps déterminé le genre de travaux de ses habitants et produit leur aisance[1]. Sauf des interruptions dues à nos guerres et la mauvaise administration du royaume, cette campagne a joui d'un bien-être héréditaire et a vu s'établir

[1] Caudebec faisait au quatorzième siècle un commerce considérable de denrées agricoles par terre et par mer. Sa richesse lui créa la sécurité et lui donna le moyen de s'envelopper de fortes murailles. Elle était considérée comme la clef de la Seine, et aucun navire ne pouvait passer sans raser ses quais. Tout ce que fit et souffrit la population de Caudebec pour la cause du pays, pendant la première moitié du quinzième siècle, donne de sa puissance une idée à laquelle ne répond pas son état actuel. Elle soutint en 1419 un siège de six mois contre les armées d'Henri V d'Angleterre, et après une défense héroïque, elle eut Talbot pour gouverneur. Elle prit une part glorieuse à l'insurrection de 1435 contre les Anglais, et reçut triomphalement Charles VII en 1449. L'expulsion des Anglais fut chez elle le signal d'un essor très remarquable de l'industrie. Plus tard, la Ligue et la couronne se disputèrent avec acharnement Caudebec, dont la possession était alors une des conditions de la sûreté de Rouen. Ces temps de troubles passés, la ville conserva ses fabriques et ses relations de commerce avec l'Angleterre et la Hollande. En 1685, au moment de la révocation de l'édit de Nantes, elle fournissait tout le nord de l'Europe de ces chapeaux autour desquels Boileau lisait la préface des livres que Cotin faisait contre lui. Les maîtres et les ouvriers furent dispersés à cette époque désastreuse, et Caudebec perdit en même temps son état industriel et son état militaire. La campagne s'est ressentie des mêmes circonstances. Elle décline à la même époque, pour passer par des alternatives de souffrance et de prospérité durant les années qui suivirent.

des traditions agricoles fortement caractérisées. Il a fallu les misères de la fin du dix-septième siècle et d'une partie du dix-huitième à la veille de la Révolution pour justifier momentanément la peinture peu avantageuse qu'en a faite Arthur Young. Encore est-il vrai qu'en accusant l'état arriéré de l'agriculture cauchoise, Young déclare le sol inépuisable. La population agricole de Caux était dès lors entourée de manufactures, et c'est à cette circonstance même que Young attribuait sans trop s'expliquer l'infériorité agricole. Voulait-il dire que dans les pays où les capitaux sont absorbés par l'industrie, l'agriculture est exposée à souffrir de l'insuffisance des intelligences et des bras? Pourtant ne sait-on pas aussi que ce voisinage est très souvent profitable? Il est certain que les manufactures se sont multipliées, développées dans le Caux, et que l'aisance des populations rurales n'a fait qu'y gagner. Le voyageur anglais n'incrimine pas seulement le voisinage des usines, mais le mélange de la manufacture et de la ferme. S'il revenait visiter le pays de Caux, il verrait que le même mélange persiste aujourd'hui, sans que ce soit, il s'en faut, toujours au préjudice des exploitations. Il s'est établi dans les fermes d'assez nombreuses distilleries de betteraves. L'expérience a permis de conclure en général que les industries dont les travaux peuvent être annexés à la ferme doivent souvent être accueillies avec faveur; elles servent même au progrès agricole, et deviennent la source de bénéfices importants pour les cultivateurs qui savent en tirer parti. Pourtant il y a là un écueil. On peut craindre que l'appât des premiers bénéfices considérables réalisés par la distillation des racines sucrées n'ait pour effet de multiplier à l'excès ce genre d'exploitation. Il est arrivé plus d'une fois qu'une partie du capital agricole passait dans des exploitations chanceuses, condamnées à employer un matériel dont il fallait, malgré tout, continuer à se servir, pour ne pas subir les dépréciations inévitables que le chômage entraîne[1].

Le pays de Caux tire mieux parti qu'autrefois des circonstances physiques, qui n'ont pas changé, mais qui sont exploitées par une population plus instruite. Lepecq de la Clôture, au moment de la Révolution, accusait les cultivateurs d'une négligence extrême dans la manière dont ils faisaient la récolte de bons grains qu'ils laissaient perdre en partie. Si les cultivateurs de Caux ne sont pas les plus laborieux de la Normandie, ils ne reculent plus devant la nécessité du travail. Comme au dix-huitième siècle, ils continuent à estimer les jouissances du bien-être et de la table, mais ils les achètent par leur assiduité à remplir leur tâche quotidienne. On connaît leurs succès dans les concours agricoles. La

[1] « A moins de circonstances exceptionnelles, écrit M. Marchand dans ses *Études* sur le pays de Caux, le cultivateur cauchois ne doit pas se faire industriel, et malgré certaines doctrines que l'on cherche à faire prévaloir aujourd'hui, il doit rester avant tout le père nourricier de son pays; il doit s'attacher à produire le blé et le vendre aux meilleures conditions, parce que, s'il le fait avec convenance et habileté, il le fait aussi avec grand profit. Cependant il peut aussi quelquefois, et il doit même, parce que c'est pour lui une source de revenus assurés, se faire l'approvisionneur de l'industrie, pourvu qu'elle lui paye ses laines, ses colzas, ses lins et ses betteraves à un taux rémunérateur; mais il ne saurait pas aller au delà, et il ne le doit faire que dans les les limites restreintes par la quantité des agents de fertilisation dont il peut disposer, sans diminuer l'intensité de sa production en froment. » C'est donc une question de mesure.

nature y entre pour beaucoup, il est vrai, leur culture pourrait être plus avancée. Les agronomes critiquent ce qui manque à l'outillage et à l'application de certains perfectionnements. L'assolement est généralement encore l'assolement triennal, mais amélioré. L'accroissement de la production en blé donne en somme une mesure satisfaisante de l'aisance. Avec un rendement, qui est, par année moyenne, de plus de 2 millions d'hectolitres, le pays de Caux peut nourrir libéralement une population qui est d'environ 500 000 habitants, et il laisse un excédent considérable[1].

L'aspect du pays Cauchois est plus riant que ne le comportent les pays de labour, il contribue à donner l'idée du bien-être exceptionnel. Les haies sont faites d'arbres élevés, dont la beauté rompt de temps en temps d'une manière agréable la monotonie du paysage. « Les villages du pays de Caux, écrivait l'intendant Labourdonnaye, paraissent comme des forêts; chaque héritage est enfermé de fossés élevés, sur lesquels il y a des arbres plantés, qui deviennent fort hauts et fort droits. » Les maisons seigneuriales y étaient ordinairement accompagnées de futaies de hêtres et de sapins, qui contribuaient également à orner le pays. Cette gracieuse image ne se présente plus qu'en partie. Les haies sont moins nombreuses, mais il en reste assez pour animer, égayer la plaine. Les bois ont cédé une portion notable de ter-

[1] V. sur l'agriculture, dans le pays de Caux, le même ouvrage de M. Eugène Marchand : *Étude statistique, économique et chimique sur l'agriculture dans le pays de Caux*, 1 vol. in-8°, couronné par l'Institut et la Société nationale d'agriculture.

rain au sol arable. Les communes en possèdent fort peu; l'État en conserve environ 42 000 hectares et les particuliers 54 000, qui occupent tour à tour les coteaux, les plaines et les vallées. Il n'est pas à croire que cette proportion augmente : le sol forestier recule devant les conquêtes progressives que ne cesse d'accomplir le sol arable. Relativement à la population locale et au bien-être, il n'est pas douteux que ces défrichements, qu'on peut critiquer parfois sous d'autres rapports, ont accru le nombre et l'aisance des habitants.

Nous avons dû insister sur cette région. Elle est exceptionnelle en effet dans le pays qui s'étend en longueur de Rouen au Havre, et, en largeur, de Caudebec jusqu'en Picardie. On y rencontre un mélange, tel qu'il n'en existe guère ailleurs, de campagnes heureuses et de villages florissants, de gros bourgs et de villes importantes. Quels stimulants pour une production abondante que ces ports de mer, Harfleur, le Havre, Fécamp, Eu, Saint-Valery, Dieppe! Bon pays que celui-là à tous égards, et où la rareté des crimes est en relation étroite avec l'aisance.

Le sol, dans le Bray, devient très accidenté. Entre de nombreux mamelons circulent de courtes vallées, toutes arrosées de fontaines, de ruisseaux, de petites rivières. Seul le sommet des collines est habité par des laboureurs d'autant plus énergiques et habiles qu'ils rencontrent souvent des difficultés dans la nature siliceuse du sol. La pente des coteaux et le fond des vallées appellent les troupeaux et les prairies. La nature ici contribue plus encore à l'aisance que dans le pays Cauchois. Le régime de vie diffère sensiblement de celui des cultivateurs du Caux. Les loisirs y sont plus grands. Quoique ces populations soient bonnes en général, on y rencontre plus de délits et de crimes que dans la population cauchoise. La richesse du pays de Bray a dû ses principaux accroissements aux qualités de son sol. Il est éminemment propre à nourrir le bétail, l'espèce bovine notamment, et à obtenir une quantité et une qualité de lait remarquables.

Mais un industrieux travail s'est joint à ces dons naturels. La fabrication du fromage et du beurre est pour les habitants une source importante de revenu et de bien-être. La principale ville de l'arrondissement, Neufchâtel, donne son nom à un fromage très connu. Ces produits désignés tantôt sous le nom de *frais*, ou de *raffiné*, ou de *fromage de foin*, espèce à beaucoup meilleur marché et qui sert à la nourriture des ouvriers, empruntent leur nom générique à la même ville, bien qu'un grand nombre soit fabriqué à Gournay, ou près de cette localité. Tel de ces fabricants reçoit chaque jour des fermes qui l'avoisinent le lait de 3000 à 4000 vaches. Tel autre emploie le lait de 1500 vaches, dont 100 sont entretenues sur son exploitation. Dans la première de ces exploitations, vous trouvez 150 ouvriers employés chaque jour. A Gournay, on en voit 50 dans une véritable usine. A Paris, où les produits sont expédiés chaque soir, 50 autres ouvriers sont employés dans une maison où s'achèvent les travaux préparatoires faits à Gournay; enfin 50 autres ouvriers sont employés à Clermont, dans l'Oise, où l'on confectionne les boîtes qui sont toutes en peuplier abattu dans le pays de Bray[1]. Ces détails expliquent quelle source de travail et d'aisance une seule industrie agricole accessoire peut être pour ces contrées, lorsqu'on voit dans une de ces usines, le nombre de fromages fabriqués chaque année n'être pas moindre de 6 millions, qui représentent 1 200 000 francs, et lorsque la fabrication de l'autre établissement que nous avons cité peut, dit-on, être évaluée à 800 000 francs. Plusieurs autres établissements de ce genre contribuent à la richesse du Bray. L'industrie fromagère de l'arrondissement de Neufchâtel était évaluée par M. Guesdon du Lesmont, il y a peu d'années, à un chiffre de 6 480 000 francs. Ajoutez une autre fabrication due au même heureux concours de la nature et du travail, le beurre de Gournay, production qui représente environ 7 millions de francs, et qui est loin d'équivaloir à toute la production du pays de Bray, moins encore à celle de toute la Seine-Inférieure, laquelle en vend près de 26 millions et demi! Ce que représente de salaires comme de profits une pareille somme, on peut s'en faire une idée[2].

Les conditions physiques n'ont pas seules et fatale-

[1] V. la brochure de M. Morière sur l'*Industrie fromagère*, dans la Seine-Inférieure (Caen, 1877), et celle sur l'*Industrie beurrière*, dans le même département, à laquelle nous empruntons aussi des indications et des chiffres.

[2] D'après les calculs de M. Morière, l'estimation de M. Guesdon de Lesmont est aujourd'hui fort dépassée, et serait au-dessous de la réalité, même pour l'époque à laquelle elle se rapporte. Les deux tiers de ces 26 millions doivent être attribués au seul arrondissement de Neufchâtel. C'est un bon ot pour une région de médiocre étendue. Le pays de Bray justifie par là les avantages spéciaux dont la nature l'a pourvu.

ment déterminé le genre de travail et le degré de bien-être dans la Haute-Normandie. Les preuves en abondent ; qu'on voie par exemple ce qui se passe près de la grande ville, qui dès longtemps a le privilège de représenter la Haute-Normandie avec éclat. On rencontre près de Rouen des terrains d'une stérilité extrême. Ils forment les communes de Quevilly, de Sotteville, etc. Trop peu argileux pour admettre la culture des céréales et des plantes industrielles, la pomme de terre en a tiré un meilleur parti. Mais surtout les cultivateurs se livrent à l'engraissement du bétail, à la production du lait. La proximité de Rouen et de tout ce qui peut faciliter un débouché abondant a changé leur condition. Cette circonstance a suffi pour les rendre confiants et actifs. Elle les a forcés à s'instruire. Elle les a fait riches sur un sol pauvre.

Un de nos confrères le remarquait, il y a près de vingt ans : si le progrès est loin d'être égal dans toutes les parties de la Seine-Inférieure, les exemples en sont assez multipliés pour entraîner ce qui reste en arrière. M. Baude avait raison : le produit brut de la terre qui n'était sous l'ancien régime que le double du produit net, en est devenu successivement là le triple, ici le quadruple ; secondée par quelques circonstances favorables, l'ingénieuse économie des cultivateurs a constitué des capitaux dont la destination uniformément agricole a accru singulièrement la puissance. Toutes ces circonstances naturelles ont été particulièrement aidées par la loi de 1836 sur les chemins vicinaux, dont l'application dans cette contrée a été aussi large qu'intelligente.

La population de la Haute-Normandie présente en conséquence, avec ses éléments diversifiés de bien-être, avec ses cultures variées, des populations elles-mêmes remarquablement différentes les unes des autres. J'ai choisi pour exprimer ces diversités les deux régions qui les représentent le mieux, le Caux et le Bray. Mais dans les mêmes arrondissements on rencontre souvent ces deux éléments différents, les laboureurs et les éleveurs, les uns et les autres en nombre considérable. L'arrondissement de Neufchâtel renferme un grand nombre de propriétaires éleveurs; car il entretient en effet plus du tiers du nombre des bêtes bovines. Quantité de propriétaires et de fermiers s'adonnent à l'élevage des moutons dans les arrondissements de Dieppe et d'Yvetot. Les chevaux sont répartis presque en nombre égal dans les différents arrondissements. Passons à une autre région.

Les populations de l'Eure couvrent une partie de l'ancienne province de Normandie, et, au sud, quelques parties du Perche. La Seine arrose cette contrée qui la traverse du Sud au Nord-Ouest, dans les arrondissements d'Évreux, de Louviers et des Andelys. Nous y retrouvons l'action exercée sur les occupations agricoles et le degré de fécondité du travail par les mêmes influences de sol et de climat, modifiées par l'activité humaine et par la science. Le département de l'Eure, par sa configuration même, se prête à une assez grande variété de cultures. Il présente des coteaux à la culture forestière et fruitière, des plaines pour les céréales, des vallées pour les prairies, mais là aussi se rencontrent des obstacles caractérisés, et il est remarquable à quel point ils influent sur les occupations et sur le degré même de l'activité des cultivateurs. Comment ne pas être frappé chez ces populations, avec un bien-être qui frappe les yeux, de rares qualités de travail patient, d'économie, de prévoyance? Eh bien, elles sont le fruit en partie des conditions physiques qui imposent aux habitants une prévoyance calculatrice! — L'eau même, on ne se la procure pas facilement; elle est pour la plupart des habitations rurales une sorte d'acquisition à titre onéreux. Très inégalement répartie, elle manque souvent dans la plaine, et la nature du sol ne permet pas toujours aisément d'établir des citernes et des puits, qu'il faudrait creuser à une trop grande profondeur. On recule devant les frais qu'exigent de pareils travaux, et l'eau est très fréquemment recueillie dans des mares. — La température ne force pas à moins de prévoyance. Les variations thermométriques oscillent entre 8 ou 10 degrés au-dessous de zéro et 25 ou 30 au-dessus, et les changements sont souvent soudains. Les alternatives, brusques aussi, de gelée et de dégel, compromettent les récoltes ensemencées. Ce n'est que par une perpétuelle attention que ces difficultés peuvent être surmontées. La composition du sol vient s'y joindre. Elle n'exige pas de moindres efforts de calcul. Il résulte d'un travail savant et bien connu, dû à M. Antoine Passy, sur la géologie du département de l'Eure, que la composition de ce sol offre à la fois ce caractère de favoriser la culture par quelques-unes de ses qualités et de présenter des obstacles tels qu'ils tiennent en éveil l'activité des populations sans la décourager. Tantôt c'est l'excès du sable et de la pierre qu'il est absolument indispensable d'amender par des marnages et des fumures répétés. Tantôt c'est la craie blanche, qui se rencontre à peu près partout dans ce département, mais qui, dans les plaines, est recouverte le plus habituellement par un mélange d'argile et de silice, tandis que, formant le versant même de nombreux coteaux, elle les rend peu propres à la culture. Au contraire le mélange d'argile et de sable n'a rien le plus fréquemment qui puisse désespérer l'effort des populations. Ces terres sont au nombre des meilleures pourvu qu'on y ajoute en quantité suffisante du calcaire et des engrais ; ce sont celles qui donnent dans l'Eure les meilleures récoltes. La terre siliceuse, convenablement amendée, livre au moins des récoltes passables.

Des renseignements recueillis avec soin, il y a peu d'années par M. Londet, professeur à l'école d'agriculture de Grand-Jouan, permettent d'apprécier dans l'Eure cette diversité de productions, qui accompagne une remarquable aisance. Je ne fais qu'indiquer quelques chiffres qui n'ont pas sensiblement varié. On peut prendre une idée de cette riche région par la simple énumération des cultures si variées qui se la partagent. Ici, c'est l'arbre indigène, le pommier, qui couvre 22 667 hectares ; là, ce sont le froment, le méteil, le seigle, l'orge, l'avoine, la pomme de terre, les légumes secs, le colza, le chanvre et le lin, plantes textiles qui couvrent 1037 hectares, dont 849 pour l'arrondissement de Pont-Audemer, le seul qui fasse de cette culture une spéculation. Ailleurs, c'est la betterave. On rencontre encore des vignes dans la partie sud du département, et le produit en vin de qualité d'ailleurs très médiocre, varie de 9 à 25 hectolitres par hectare en moyenne. A ces cultures on doit joindre d'autres sortes de plantes, racines, etc., et l'espace occupé par les prairies. Cette population est, avant tout, une race de laboureurs. Sur 595 765 hectares qui forment, selon le cadastre, l'étendue totale des terres du département, les terres labourables prennent 577 676 hectares; les prairies naturelles, 44 534; les cultures arborescentes, 25 950. Le reste est en landes, pâtis, bruyères, pâturages, bois et forêts. Mais combien ajoutent à la richesse, à l'alimentation, au bien-être, ces 2481 hectares de jardins d'agrément, ces 5901 hectares de jardins maraîchers! — Chaque maison d'habitation possède un jardin potager où sont cultivés les légumes nécessaires à la consommation. Des fruits sont également consommés sur place; une faible partie est exportée dans les grandes villes voisines, Paris et Rouen, etc.

Ne nions pas les progrès accomplis, sans exalter outre mesure les mérites d'une agriculture encore en partie arriérée. Ce sol était favorable au blé, on a vu pourtant sous quelles conditions, et les cultivateurs ne sont pas restés stationnaires. Les 117 000 hectares cultivés en blé dans l'Eure, donnent 15 hectolitres et demi à l'hectare. Les agronomes trouvent que c'est seulement une passable moyenne; mais l'augmentation de 25 pour 100 du rendement pour les céréales est un beau résultat. Qu'on songe aussi aux cultures industrielles qui sont venues s'y joindre. L'établissement de distilleries et de sucreries a fait aussi augmenter beaucoup la betterave qui rend 45 000 kilogrammes à l'hectare.

Les cultivateurs du Vexin normand jouissent des terres les plus renommées et se font remarquer entre tous par leur bien-être, le plus souvent par leur habileté. L'étendue du sol arable ne cesse là aussi de gagner. Une Étude pleine de recherches sur l'arrondissement des Andelys, nous apprend ce que le sol arable a gagné dans cette région [1]. De 1840 à 1860, les autorisations de défrichement comprennent pour le moins 5701 hectares, qui se répartissent entre les Andelys, Fleury-sur-Andelles, Étrépagny, Gisors, Eos, etc.

Les progrès réalisés dans le Vexin ont été admirables. Certaines fermes peuvent passer pour des modèles accomplis des perfectionnements de tout genre appliqués à la culture. L'homme a justifié les bienfaits du sol ; il a mérité l'aisance qu'il a conquise dans cette contrée privilégiée. Ce serait tomber dans un détail que cette étude ne comporte pas que d'y insister. Nous retrouverons plus loin, en parlant des fermages et des salaires, ces populations agricoles. Nous avons à parcourir encore les trois autres départements de la Normandie, à en signaler l'aspect économique sous le même point de vue général.

[1] V. la brochure de M. Louis Passy : *Rapport sur les progrès de l'agriculture et de l'industrie dans l'arrondissement des Andelys* (Évreux, 1862).

II

L'ORNE. — L'ANCIEN PERCHE, LE DUCHÉ D'ALENÇON, ETC.

Avant 1790, l'Orne comprenait le duché d'Alençon, la plus grande partie du Perche et une petite portion du Maine. L'élevage des chevaux et de bétail y occupait déjà une place considérable, selon les indications fournies par le sol lui-même, qui offre, en effet, quelques particularités assez frappantes. Des collines élevées y forment de vastes plateaux. On y trouve des landes et des champs fertiles, des bruyères et de gras pâturages, des coteaux boisés et des plaines, semées de parcs et d'habitations. Les ruisseaux, les petits étangs y abondent, et on y compte jusqu'à 318 rivières. Cette abondance de l'eau ne permet pas seulement le développement d'une nombreuse population d'herbagers et d'éleveurs, elle est la source d'une force qui, venant en aide aux manufacturiers, favorise l'existence de populations industrielles, tantôt tout à fait distinctes de la classe des cultivateurs, tantôt mêlées plus ou moins au travail et à la vie agricoles. Si l'humidité est pour ces populations un auxiliaire puissant, elles ont aussi à en combattre l'excès, impuissantes jusqu'à présent à venir à bout de ces marais qui couvrent 500 hectares, et qui résistent aux dessèchements. L'Orne n'est pas non plus à l'abri des inégalités de la température selon les régions. Ici l'air est vif et sec (sur les plateaux, notamment dans les environs de Mortagne, d'Argentan, de Domfront, etc.). Là une épaisse brume couvre fréquemment les vallées. Des printemps exposés à des changements particulièrement rapides, les derniers mois de l'été plus chauds et plus orageux qu'il n'est ordinaire dans les régions du nord-ouest, les pluies, les neiges, les gelées déterminées par les circonstances locales, soumettent la végétation à des épreuves, le cultivateur à des risques qui contribuent certainement là aussi à développer les qualités vigilantes dont la petite propriété a tiré grand profit dans ce département depuis 1789. Les progrès croissants de cette petite propriété, portée dans l'Orne parfois jusqu'à un morcellement dont plusieurs s'alarment, j'aurai à les signaler, à les apprécier, en parlant des propriétaires ruraux en Normandie dans un chapitre suivant.

En attendant, sans dissimuler les imperfections, les souffrances, quand elles se rencontrent, on ne peut pas ne pas reconnaître les progrès accomplis dans l'Orne, quoiqu'ils n'égalent pas ceux de la plupart des régions de la Seine-Inférieure et de l'Eure, et qu'ils soient moins également répartis dans les différentes parties du département. Le blé, dans l'Orne, rend 15 hectolitres 40 litres en moyenne à l'hectare, soit 6 fois 1/2 la semence. Aussi la récolte ne suffit pas aux besoins de la consommation locale. Il faut faire exception pour l'arrondissement de Mortagne, lequel présente ordinairement un excédant de produits qui s'exporte dans les départements voisins. Au contraire les arrondissements de Domfront et d'Alençon subissent chaque année un déficit qu'explique l'infériorité de leurs terrains, et que peut combler à peine le surplus de récolte obtenu dans l'arrondissement de Mortagne. Malgré la fertilité de ses champs, l'arrondissement d'Argentan ne récolte pas non plus suffisamment de blé pour sa consommation, à cause de la très grande étendue des herbages qui avoisinent le pays d'Auge, et qui composent une partie importante de son territoire dans les cantons d'Exmes, de Gacé et de Vimoutiers.

M. Malo, inspecteur général de l'agriculture, dans un savant travail, et l'*Enquête* de 1867, donnent des renseignements sur cette région qui, confirmant ce que nous venons de dire, achèvent de faire connaître les travaux et le régime de vie de ces cultivateurs. Le méteil, le seigle et l'orge ne fournissent que des rendements jugés inférieurs par les agronomes : 15 hectolitres à l'hectare constituent la moyenne générale : soit sept fois la semence. Le méteil et le seigle sont consommés dans les ménages ; l'orge entre aussi dans la fabrication du pain, pour bon nombre de localités pauvres ; mais le plus généralement on la fait moudre pour les animaux. La récolte de cette dernière céréale suffit à tous les besoins.

C'est donc, malgré la part à faire à l'élevage, une population de laboureurs, et qui sont médiocrement nourris dans quelques régions. On cultive beaucoup l'avoine dans les arrondissements d'Argentan, de Mortagne, moins dans ceux de Domfront et d'Alençon. Elle occupe le plus souvent les terres de qualité inférieure, et succède toujours à une première céréale qui a épuisé la fumure qu'on y a mise.

Dans les années de cherté, l'avoine fournit un appoint pour la nourriture à la population nécessiteuse qui habite l'ouest et le sud-ouest du département; et bien que cette céréale soit distribuée à un assez grand nombre de bêtes chevalines, on en exporte encore chaque année près de 100 000 quintaux métriques,

On peut signaler d'autres preuves d'une infériorité relative à certains égards : « Le sarrasin est essentiellement la plante des terrains pauvres, car il réussit dans les sols granitiques; aussi sa culture se rencontre-t-elle dans l'ouest de l'Orne. Il y rapporte en moyenne 1675 litres de grain à l'hectare. Tout est consommé sur place, pour la confection de galettes et de bouillie qui servent à nourrir les gens de la campagne. » (M. Malo.)

Toute une population d'éleveurs doit son existence à la nature du sol. Des prairies naturelles forment presque le cinquième de l'étendue du département; elles sont principalement situées dans les arrondissements d'Argentan, d'Alençon et de Mortagne. L'arrondissement d'Argentan, dont la superficie compte à peu près 187 000 hectares, renferme à lui seul 55 600 hectares de prairies; c'est là une des principales richesses de cette région. La valeur des prairies varie entre 3600 et 5000 francs l'hectare; elle atteint parfois 6 à 7000 francs.

Dans cette même région enfin l'industrie modifie le régime des cultures comme des hommes. Les plantes textiles ont pris une importance due aux progrès des manufacturiers. Le filage et le tissage des toiles de chanvre et de lin occupent, de temps immémorial, beaucoup de bras dans ces campagnes de l'Orne.

Domfront, Alençon, Mortagne et Vimoutiers sont le centre d'une fabrication et d'un commerce jouissant d'une vogue soutenue. La couture des gants de peau, la confection des dentelles, des broderies, connues sous la désignation de *point d'Alençon* et de *point de France*, assurent une modeste existence à beaucoup de femmes et leur font abandonner les travaux des champs au détriment des cultivateurs.

De très belles propriétés, exploitées en perfection, ont donné le branle au progrès. Il y en a depuis le commencement du siècle. On n'emploie pas assez, mais on emploie bien plus que par le passé, les calcaires, les drainages, les labours profonds, les fumures plus abondantes. Il est vrai pourtant que l'assolement triennal est encore en grande faveur : près du quart de l'étendue labourable reste chaque année à l'état de jachère nue, pourtant cet état de choses se modifie. Un peuple de petits cultivateurs tire de sa terre nouvellement acquise des trésors de fécondité. Là aussi les imperfections du climat et du sol, sans être absolument surmontées, l'ont été dans une forte mesure. Ce progrès est destiné à s'accroître encore sous l'influence des circonstances qui l'ont favorisé jusqu'à présent, la propriété, la science, le développement de la richesse publique.

III

BASSE-NORMANDIE (CALVADOS) — TYPES AGRICOLES — L'HERBAGER DE LA VALLÉE D'AUGE

La Basse-Normandie va nous offrir une justification complète des observations que nous avons présentées à propos de la Seine-Inférieure, de l'Eure et de l'Orne. Elle confirme d'une manière remarquable l'influence exercée par les circonstances de sol et de climat relativement aux travaux des populations et au développement de leur bien-être. Le Calvados forme une grande partie de cette région, désignée autrefois sous le nom de Basse-Normandie; il emprunte pourtant à la Haute-Normandie une portion du Lieuvain, qui entre dans les arrondissements de Pont-l'Évêque et de Lisieux. La division naturelle en plaines, en prairies et en pâturages dans cette belle et fertile région donne lieu à une répartition correspondante des occupations agricoles. Si d'autres parties paraissaient destinées selon les indications du sol à la culture forestière, telle n'était pas la région territoriale qui forme aujourd'hui le Calvados. Peu de vastes plateaux, peu de montagnes. Le mont Pinçon forme le point culminant du département: il ne s'élève guère à plus de 360 mètres au-dessus du niveau de la mer. La culture a donc pu suivre sans trop d'inconvénients la pente qui la porte de plus en plus à envahir le domaine forestier. Le calcul, d'accord avec la nature, donnait ici aux intérêts des conseils trop impérieux pour ne pas être obéis. L'infériorité du revenu forestier, comparé aux autres revenus agricoles, poussait activement aux défrichements. Depuis 1785, le sol forestier a vu diminuer de plus en plus son étendue dont il nous est facile de nous faire une idée par la simple indication des principales forêts, telle que la forêt de Cerisy qui ne dépasse guère 1800 hectares, celle de Cinglais, 2200, celle de Touques, 3300, si bien que la culture forestière ne couvre plus que le douzième du territoire départemental, soit 45 000 hectares sur 551 769. Le bois est produit d'ailleurs en quantité importante, presque suffisante pour les habitants de la région, surtout si on y comprend les haies de chênes et d'ormes, et les plantations d'agrément. C'est une situation meilleure, sous ce rapport, que celle de la Seine-Inférieure. Dans cette dernière région les bois n'occupent trop souvent que des terrains peu favorables pour ce genre de production. Ils croissent dans le sable et le gravier, et il faut recourir pour les besoins des habitants à une importation considérable pour les bois de charpente et d'industrie et même pour le bois de chauffage.

Les propriétaires de bois n'ont à nous occuper ici que très accessoirement. C'est à peine s'ils font partie à ce titre des populations agricoles. Les uns s'en séparent en séjournant dans les villes; les autres rentrent dans leur rang par des proprietés et des travaux d'une autre nature. Je ferai observer pourtant qu'on reproche aux propriétaires de bois en Normandie trop de négligence et de laisser-aller. Sauf quelques soins indipensables, dit-on, ils semblent trop disposés à croire qu'il n'y a rien à faire à l'égard des forêts. Ils se bornent à les laisser croître, à en recueillir le profit, non pas le plus élevé, mais le plus prompt possible. L'insuffisance du capital, l'exploitation à trop courtes périodes, l'ignorance des principes de la science forestière et l'indifférence à les appliquer, tels sont les reproches souvent fondés qu'on leur fait et qui placent la propriété individuelle dans une situation d'infériorité assez peu ordinaire à celle-ci par rapport à la propriéte collective. L'État a ici l'avantage.

Les forêts qu'il aménage sont mieux tenues et mieux cultivées. Il se conduit par des règles vérifiées par l'expérience. Il en assure l'application par un personnel mieux préparé. Il laisse au temps et aux méthodes le soin d'accomplir leur œuvre et de la conduire à son dernier terme. Par des raisons analogues, les grands propriétaires passent en Normandie pour mieux aménager le sol forestier que les moyens et les petits possesseurs de bois. Mieux que ceux-ci, ils peuvent et savent attendre. Plus disposés à s'éclairer des lumières de la science et à s'y conformer, ils reculent moins aussi devant les sacrifices nécessaires; ils savent en un mot se régler sur cet axiome, qu'à la différence des autres plantes cultivées que nous voyons se succéder d'année en année, l'arbre survit aux générations humaines et obéit à des conditions de croissance assez lentes pour que les coupes correspondent le plus souvent à une période étendue de la vie humaine. Quelque affligeante qu'elle puisse paraître à l'homme sous le rapport de sa propre durée, cette considération s'impose à la propriété forestière. Au reste, c'est moins sans doute pour l'ignorer, que par défaut de capital, qu'on voit trop souvent les propriétaires de bois en Normandie se livrer à des exploitations trop négligées et trop routinières.

Nous étudierons successivement : 1° dans la région herbagère, le cultivateur auquel elle impose pour ainsi dire son régime de vie ; 2° le cultivateur de la plaine ; 3° le cultivateur-usinier, qui *fabrique* le beurre ; 4° l'habitant de cette partie, qu'on ne saurait confondre avec aucune autre, qu'on nomme le Bocage. Autant de *variétés*, autant de *types* qui méritent d'être signalés dans ce tableau général.

Dans ces régions verdoyantes qui se montrent aux voyageurs empressés de se rendre aux bains de mer chaque année sur les côtes de Normandie, l'œil cherche parfois longtemps sans la rencontrer la présence de l'homme, si fréquente dans la plaine, au moins au temps de la moisson. On dirait que tout se passe sans lui et que sa main se cache avec soin. Les bêtes ruminantes, dans ces vastes espaces, se montrent seules. Elles semblent régner dans ces riches pâtis comme dans un domaine qui leur appartiendrait par droit de nature; rien n'y trouble leur tranquille liberté. Telle est cette plantureuse région, caractérisée par des coteaux arrondis, par des vallées à grands prolongements ou découpées pour ainsi dire en damiers de verdure, qu'arrosent la Dives et la Touques, qui y coulent tantôt d'un cours régulier, tantôt avec une surabondance qui en grossit et en précipite le cours. Le *pays d'Auge* est le nom consacré à ce territoire qui occupe les arrondissements de Pont-l'Évêque et de Lisieux. Ce n'est pas sans raison que ce nom de pays d'Auge réveille tant d'idées agréables, de fertilité naturelle et de solide bien-être. La campagne n'offre guère, au loin, que des maisons isolées et des hameaux, bâtis de briques; de gais cottages sont assis gracieusement dans des vergers où le pommier domine, et l'on voit souvent des espaliers couvrant le devant de ces habitations riantes, dont l'aspect frappe par ce mélange de charpente noire et d'enduit blanc, qui forment par excellence « la maison normande ».

La population se rencontre rarement plus saine et plus

belle que dans cette contrée occupée par le pacage. Le type normand s'y développe dans toute sa puissance, le teint est pur et vif; la vie, facile, commode, abondante, offre tout ce qu'il faut de mouvement pour entretenir la santé et la vigueur comme un certain degré de vie intellectuelle, sans jamais porter le travail jusqu'à la fatigue et jusqu'à compromettre les forces mêmes par l'abus qui en est fait dans d'autres cultures. Ce n'est pas un travail bien fatigant que celui de l'éleveur qui se charge dans un tel pays de conduire à point, non seulement le bœuf, mais le cheval, qui forme aujourd'hui l'élément considérable des solennités où le concours hippique joue un si grand rôle. Mais moindre encore est la fatigue pour l'herbager proprement dit, qui ne cumule pas toujours ses fonctions avec celle d'éleveur, et qui, le plus souvent même, se borne à engraisser les bœufs.

L'herbager de la vallée d'Auge mérite une étude à part dans ces observations sur les populations normandes. Il tient la plupart de ses habitudes des circonstances naturelles. L'extrême fécondité de ces herbages, situés dans les vallées et sur les plateaux humides, n'exige le plus souvent d'autre engrais que celui qu'y laissent les animaux. L'herbe s'y produit naturellement en si grande quantité que dans la belle saison, de mai en novembre, selon l'expression des gens du pays, « l'herbe pousse le bœuf, » ce qui veut dire que la pousse de la nuit répare amplement et quelquefois dépasse la consommation qu'en a faite le bœuf pendant la journée. Telle est l'excellence de ces terres, plus spécialement consacrées à l'engraissement des bœufs et des vaches de boucherie, qu'elles sont payées dans les bons fonds jusqu'à 8000 ou 10 000 francs l'hectare, et vont même jusqu'à 12 000 dans certaines parties privilégiées. L'herbager de la vallée d'Auge en est tantôt propriétaire, tantôt seulement fermier, et dans ces derniers cas, il les loue au prix de 300 à 600 francs l'hectare. Autour de Pont-l'Évêque, entre Touques et Trouville, les gens du pays donnent aux herbages, rendus merveilleusement fertiles par les inondations, un nom tout particulier, celui de *bras d'or*, expression caractéristique et d'où vient, à ce qui nous est assuré, ce même nom, qu'on retrouve fréquemment sur les enseignes des principaux hôtels à Pont-l'Évêque, à Touques, à Trouville, etc.

Secondé par toutes les forces naturelles qui travaillent pour lui, et qui font servir l'inondation même à fertiliser son sol, quelle sera la tâche de cet herbager? L'été et dans les premiers mois d'automne on le rencontre parcourant d'un pas tranquille ces délicieuses vallées; il regarde si l'herbe a crû, si l'animal a engraissé; il s'assure qu'il n'est pas arrivé aux bœufs d'accidents pendant la nuit. L'hiver il garde le coin du feu, il occupe ses loisirs à chasser; et souvent aussi il les passe dans les cafés. Peut-être est-ce le seul défaut un peu grave qu'on remarque chez lui, mais il peut avoir, on l'a vu, des conséquences fâcheuses. Au printemps se réveille avec la nature elle-même dont il attend le signal, la vraie, la seule activité qu'il ait à déployer; il quitte alors le pays pour un temps afin de faire ses achats. L'herbager qui part pour ce voyage assez lointain et qu'il prolonge quelques semaines, offre un type très reconnaissable. Il jette sa longue blouse sur sa redingote noire, se coiffe d'une chaude casquette ou d'un béret de fourrures, se chausse de larges bottes épaisses; il porte une longue paire de ciseaux attachés à la poche de sa blouse, pour marquer ses initiales sur le poil des animaux qu'il doit acheter; il n'oublie pas une sacoche de cuir bien solide qu'il attache en sautoir. Sa première visite est pour le banquier de l'arrondissement, pressé qu'il est de retirer de la caisse tout ou partie de ses capitaux. Le capital est le grand ressort de ce genre de spéculation avec l'habileté personnelle. Lesté d'une somme d'argent, l'herbager se rend à de longues distances, suivant un itinéraire invariable, acheter dans les foires et marchés autant de bœufs et de vaches maigres que ses herbages pourront en nourrir. C'est là que l'herbager de la vallée d'Auge montre qu'il n'est pas réduit à un rôle inerte, et qu'il trouve à faire appel à toutes les ressources de son esprit. C'est un spéculateur qui n'a qu'un objet en tête, qui ne se pose qu'un problème qu'il retourne de toutes les manières : acheter le moins cher possible, sans se tromper sur la qualité, des bêtes souvent affamées, efflanquées, qui aux yeux du premier venu seraient sans valeur, et qui, le poil usé, souillé, couvertes de plaies, tiennent à peine sur leurs jambes et paraissent n'avoir que le souffle. Aussi, le procédé suivi dans ce commerce varie-t-il peu. Il consiste à déprécier la marchandise, à prouver qu'on court les plus grands risques de voir mourir la bête en route, qu'elle ne vaut plus que le prix de son cuir, que, si on l'achète, c'est uniquement pour continuer à entretenir de bonnes relations, etc. L'habile acheteur, tout en causant, a mesuré le bœuf de l'œil ; il l'a tâté, ausculté. S'il est réellement rompu au métier, avant de se rendre au marché, il sait exactement le poids actuel de l'animal, et quel poids il rendra à sa sortie de l'herbage. Il a supputé le nombre de livres dont il doit maigrir en route, et le chiffre exact du bénéfice, déduction faite du prix d'achat et du prix de location de la terre. Pour un tel métier, il faut de l'acquit et un coup d'œil sûr. Des hommes très ignorants y excellent. Tel sous un air lourd et rustique cache ce genre de finesse et cette science ; tel, plus éveillé, plus instruit, s'y entend beaucoup moins bien. Mesurer à l'avance la capacité d'engraissement de tel animal à première vue est, en effet, un art spécial, qui a ses règles, et qui demande une pénétration que les règles ne suffisent pas à donner. « Les bœufs, s'écriait un de ces herbagers en son langage familièrement pittoresque, il y en a qui mangent comme quatre, et ils restent toujours maigres ! Heureusement il il y en a d'autres qui engraissent à vue d'œil sans tondre dans une journée plus de deux fois la longueur de leur corps ! »

Cette clairvoyance qui démêle la réalité sous l'apparence n'est pas nécessaire seulement au cultivateur de la vallée d'Auge pour ce qui regarde l'engraissement, il est tenu de résoudre sur place d'autres questions qui semblent obscures et embarrassantes. Tel bœuf paraît bien portant, il est atteint d'une maladie incurable. Tel autre d'apparence débile vivrait indéfiniment sans l'abattoir. Telle espèce de bœuf ne demande que trois mois pour être mise à point, telle autre en veut six. Tel poil est de bon augure, tel autre de funeste présage. Telle race demeure toute en os, et, tandis que telle fait de la viande, telle autre ne donnera jamais que de la graisse, etc. Voilà bien des écueils, bien des sujets d'erreur. Calculer vite, calculer beaucoup, calculer sûrement, le succès est à ce prix, et la ruine est inévitablement au bout d'erreurs trop graves ou trop répétées.

Les bœufs une fois achetés, l'herbager procède avec une habileté non moindre dans l'opération de l'engraissement. Il ne garnit d'animaux ses herbages que peu à peu, à mesure que l'herbe croît plus vite; il se garde de mettre tout d'un coup à la nourriture succulente de l'herbe, un animal qui n'a pas même mangé de mauvais foin à sa guise. Les précautions prises, la belle saison venue, l'herbe croissant de plus en plus, c'est du temps seul que dépend désormais le succès de l'entreprise. Pluie ou sécheresse, cela ne regarde plus la prévoyance humaine, mais les circonstances naturelles, qui jouent dans cette culture un rôle si considérable, et qui, presque toujours, s'y arrangent pour assurer son bénéfice. Un printemps, un été et un automne à souhait, c'est la perfection, et plus d'une fois elle se rencontre. Mais il suffit qu'une ou deux de ces saisons se passent dans des conditions à peu près favorables pour que le cultivateur retire de bons profits. Si même toutes les saisons ont été médiocres, rien n'est perdu. L'herbager se rattrape sur le prix de la viande. Il vend alors ses animaux tellement cher qu'on se demande s'il ne préfère pas une herbe de moins bonne venue à une herbe exubérante.

Je n'ajouterai que quelques observations sur ce cultivateur dont je m'applique à fixer le type, un des plus caractéristiques de la race normande. L'étendue plus ou moins grande de son capital le détermine à faire soit deux ou trois saisons, soit une seule très longue, dans des conditions plus avantageuses. Celui qui est pressé de retirer des intérêts de ses capitaux garnit ses herbages de très bonne heure. Il pare à l'insuffisance de l'herbe avec du foin de l'année précédente. Il arrive le premier sur les marchés avec des animaux demi-engraissés, dont il tire un bénéfice fort raisonnable. Mars, avril, mai lui suffisent, si le printemps est doux et précoce. Il peuple de nouveau les herbages en juin, au moment ou la pousse de l'herbe est dans toute sa vigueur et, s'il n'y a pas de sécheresse exceptionnelle, il peut, vers la mi-août, se défaire de ses bœufs dans des conditions favorables, et recharger ses herbages pour la saison d'automne qu'il prolonge le plus longtemps possible. L'herbe devient-elle rare, il y supplée avec du foin, et fait ce qu'il appelle des « bœufs d'hiver » ; mais le plus souvent l'herbe se maintient jusqu'en décembre, et le dispense de recourir à ce dispendieux complément d'alimentation. L'herbager placé dans ces conditions qui le forcent à faire trois saisons plutôt que deux, ne fait pas la plus belle viande, et il n'est presque jamais propriétaire du fonds qu'il exploite. L'herbager opulent, propriétaire du sol qu'il exploite, ou locataire des plus grasses vallées, souvent même à la fois propriétaire de certaines exploitations et fermier pour d'autres, ne fait guère, comme nous l'avons dit, qu'une saison d'engraissement, qui se prolonge huit mois entiers. Habile à ménager le fond, soucieux de sa renommée d'engraisseur bien établie sur le marché de la Villette, il peuple ses herbages peu à peu, ne retire ses bœufs qu'au moment où ils ont leur plein développement, et ne livre à la consommation que des animaux hors ligne; il obtient un beau loyer de ses capitaux, tout en maintenant ses terres dans le meilleur état. Il utilise l'excédant de production d'herbe en la faisant paître par des juments poulinières, célèbres sur les champs de course, et qui lui donneront ces poulains demi-sang renommés dans le monde entier. Ce riche herbager du pays d'Auge est loin d'être insensible à ces questions d'honneur, et il trouve le succès d'amour-propre et le succès d'argent réunis dans les primes lucratives que lui procurent ses poulinières et ses poulains; vendant ces derniers dès l'âge de six mois, période au delà de laquelle il y a inconvénient dans les pâturages plantureux à prolonger l'élevage du cheval, qui y engraisse comme le bœuf et devient comme le sont les chevaux complétement élevés dans le pays, presque toujours lourd et mou.

Le bœuf est là dans des conditions les plus heureuses, comme dans son cadre naturel. Il est difficile, lorsqu'on quitte la vallée d'Auge, en songeant au bonheur des herbagers qui l'exploitent, de ne pas faire aussi quelques réflexions sur les animaux qui la peuplent. On ne saurait imaginer une plus douce existence pour ces troupeaux puisqu'on ne peut écarter d'eux la loi qui les condamne à servir de nourriture à une espèce supérieure. Mais il serait à souhaiter que les cruelles épreuves qui précèdent la mort de ces doux et beaux animaux fussent au moins adoucies. Ces hôtes si indépendants, si fiers et si tranquilles, des belles vallées normandes, qui ne les a vus transportés en chemin de fer, et dans quel appareil, couverts de quelles chaînes, plongés dans une tristesse morne, et levant les yeux comme s'ils jetaient un regard d'envie sur ces pâturages ou d'autres continuent à vivre sans souci de leurs compagnons et du même avenir qui les attend! Mais ce n'étaient pas là les premières épreuves qu'ils avaient dû subir! La Société protectrice des animaux n'aura-t-elle aucun conseil à faire entendre, aucune influence à exercer sur ces supplices prolongés qui commencent le jour même où ils quittent le pacage et qui se poursuivent de misères en misères jusqu'à l'abattoir? Leur sortie du pâturage elle-même présente un spectacle barbare. Des chiens féroces sont jetés sur eux, les poussent, les harcèlent, les mordent, tandis que des paysans brutaux les fouettent à coups redoublés, et les forcent à s'éloigner, mugissant, pleurant, affolés, montant les uns sur les autres; ils s'acheminent ainsi à travers villages et bourgs à la gare qui les conduit jusqu'à la ville. En général, les impressions que laisse cette partie de la Normandie agricole sont heureusement d'une nature plus douce. L'herbager de la vallée d'Auge rappelle d'ailleurs d'autres cultivateurs d'herbage qu'il serait superflu de décrire. Il est temps d'aller chercher, non loin de là, un autre sol, un climat, qui offrent quelques différences appréciables, d'autres occupations rurales, un type de cultivateur, qui diffèrent sensiblement du tableau que nous venons d'esquisser.

IV

SUITE DE LA BASSE-NORMANDIE ET DES TYPES AGRICOLES
LE CULTIVATEUR DE LA PLAINE DE CAEN
LES VALEURS MOBILIÈRES DANS LES CAMPAGNES

Le cultivateur de la plaine de Caen diffère autant de l'herbager de la vallée d'Auge que la configuration du sol et la composition géologique diffèrent entre les deux régions. Le pays, connu sous le nom de plaine de Caen, s'étend entre le cours de l'Orne et celui de la Dives; il se compose de la partie occidentale de l'arrondissement de Caen et de celui de Falaise presque tout entier. Les éléments dont le sol est formé et les conditions générales du territoire semblent destiner les habitants au labour par la réunion des circonstances les plus favorables pour la culture des céréales, comme de quelques plantes industrielles. Une population intelligente s'applique avec une rare persévérance à tirer le meilleur parti de cette terre, à laquelle on attribue pour une très grande part le rang de première qualité. Aussi trouvons-nous dans la plaine de Caen l'application fréquente des procédés plus savants, plus coûteux, mais plus lucratifs, qui constituent ce qu'on nomme la « culture intensive ». Le capital apparait en conséquence ici avec un relief qu'il n'a pas partout, il s'en faut, dans la culture en Normandie. L'agriculture dans la plaine de Caen revêt souvent les caractères d'une véritable industrie. L'intelligence et le caractère se ressentent heureusement, l'une de ces calculs à plus longue échéance qui rendent l'esprit moins étroit, l'autre de cette spéculation moins défiante qui fait disparaître dans une certaine mesure l'indécision naturelle aux paysans, particulièrement en Normandie. L'habitude d'oser dans des limites moins restreintes communique quelque chose de plus ferme aux idées, de plus résolu à la volonté. On cesse de considérer comme une témérité dont il faut se garder la pensée de faire des sacrifices dans le présent en vue de l'avenir. Il est visible que, si l'homme ici influe sur la culture, celle-ci modifie l'homme à son tour par les prévoyances qu'elle lui impose, par le dessein poursuivi sous toutes les formes d'obtenir de la terre le plus grand produit net. Dans de telles conditions, économiser en vue des besoins personnels ne suffit plus. Le paysan, le petit propriétaire veut épargner, capitaliser.

L'aspect même de cette vaste plaine indique des habitudes de calcul rigoureux. On se demande pourquoi les habitants ont détruit les haies élevées, abattu ou cessé de planter ces arbres qui se mêlaient si agréablement aux cultures. On regrette cette disparition si complète de ce qui variait, égayait un peu cette plaine. A l'aspect d'une si triste uniformité, nous croirions voir un champ de la Beauce, si souvent la ligne bleue de la mer ou les horizons riants du Bocage entrevus dans le lointain ne nous ramenaient en Normandie. Le calcul donne l'explication de ces changements, dont les touristes peuvent se plaindre, mais que l'économiste ne saurait regretter. Les arbres tenaient une place dommageable pour d'autres cultures, et en tout cas, moins lucrative. Le Normand, dans ces parages, se préoccupe peu des arbres sous le rapport pittoresque. Parfois, il a ce souci aux bords de la mer, mais c'est pour attirer les voyageurs, c'est-à-dire encore pour gagner de l'argent. Ces plages maritimes dénudées naguère, sont aujourd'hui plantées et verdoyantes. En revanche, la plaine se dépeuple de cultures arborescentes. Dans les terres de première qualité, l'arbre n'apparaît plus au fermier et au propriétaire que comme un parasite. Judicieux, mais implacable calcul, devant lequel le pommier lui-même n'a pas trouvé grâce. On l'exclut de la plaine; il ne reparaît plus qu'aux approches de Bayeux. Chez les cultivateurs vous ne le rencontrez que dans les clos qui entourent l'habitation.

Les reproches qu'on adresse au pommier ont eu naguère assez de retentissement dans les Sociétés d'agriculture normande pour que j'en dise au moins un mot. Il s'agit en effet de la boisson indigène et d'une culture jusqu'ici chère aux populations. On l'accuse d'être nuisible par son ombre et par ses racines, et de ne donner qu'un revenu inférieur à celui d'autres plantations. Ces raisons paraissent justifiées dans une plaine où chaque centimètre du sol acquiert une valeur et une puissance exceptionnelles. Mais faut-il généraliser ces griefs, et croire avec certains agronomes l'avenir même du pommier mis en question sur ce sol regardé depuis longtemps comme son domaine privilégié? Rien n'annonce, disons-le, cette décadence de l'arbre à cidre et ce changement des habitudes. L'agronomie pourra, dans l'intérêt même des populations, les décider à mieux choisir leurs emplacements, à élever cette plantation trop souvent faite au hasard à l'état de culture savante parfois dans des champs à part. On peut, nous disaient les gens compétents, mêler le pommier à d'autres plantes dans les terres qui ne sont pas exceptionnellement bonnes, et quand ces plantes ne sont pas elles-mêmes très précieuses. En orientant bien les plantations sur les bords des chemins, on évite le préjudice causé par l'ombre. Exceptons cette riche plaine et quelques autres régions où les mêmes raisons réservent la place exclusivement à d'autres cultures, je n'ai pas vu les populations rurales de ces contrées disposées le moins du monde à restreindre l'étendue accordée à l'arbre qu'on peut appeler national. C'est une culture facile, traditionnelle, et qui donne des revenus assurés. Nulle tendance à ce que la consommation du cidre diminue. On peut en juger par ces contrées mêmes. Il existe, en effet, particulièrement dans le Calvados, des crus de cidre en une quantité considérable. Il sont reconnaissables pour les consommateurs normands, tantôt par des différences qui paraissent prononcées, tantôt par des nuances subtiles, dont le discernement n'est guère appréciable pour des palais moins expérimentés. Nous avons la liste complète dressée scientifiquement des diverses espèces de pommes à cidre et des variétés de crus. Elle remplit plusieurs pages d'un travail approfondi et intéressant sur le pommier[1]. Telle est cette énumération qu'on ne saurait assurément évaluer les variétés à moins de trois ou quatre cents. Il est dou-

[1] V. article POMMIER, dans l'*Encyclopédie pratique de l'agriculture*.

teux que la Bourgogne atteigne pour ses vins si appréciés, à une richesse pareille de nomenclature.

Le même esprit de calcul qui m'a frappé dans cette région ne cesse pas de se faire remarquer chez les cultivateurs de la plaine de Caen par des améliorations, indiquées par la nature du terrain, et qui sollicitent un heureux emploi du travail et du capital.

Je signale une preuve de cet esprit calculateur dans l'abandon de la culture du seigle, l'expérience ayant montré qu'il vaut mieux y substituer dans ces terres fortes le blé d'un plus grand rapport, et, quant aux terres légères, l'orge ayant l'avantage de procurer un meilleur revenu. Ces judicieux calculs ont été récompensés par une augmentation notable de production du blé due à une culture savante. Même preuve de cet esprit progressif dans la suppression des jachères, et dans une meilleure préparation de la terre; ils ont augmenté tellement les engrais qu'il n'est pas rare aujourd'hui qu'on en mette une valeur de quatre cents francs sur un hectare. Ne se fiant pas d'ailleurs à la seule action des forces naturelles, le cultivateur de la plaine y ajoute une vigilance qui ne se relâche pas. Si la plante languit au printemps, on le voit semer à la volée du guano ou du tourteau en poudre. Habile à tout utiliser, particulièrement la paille, qui acquiert dans ces campagnes un prix très élevé.

C'est un des effets de la culture intensive d'ajouter à la division du travail et au principe de la spécialité des cultures. Le cultivateur de la plaine en connaît le prix, en pratique l'usage; mais, fidèle à la même sagesse, il ne pousse pas la spécialité jusqu'à l'extrême limite. La variété de ses travaux forme elle-même un spectacle digne d'intérêt, et présente sous le rapport de sa situation économique des avantages sérieux. En accordant la part principale aux céréales, il en fait une aux plantes légumineuses, potagères, industrielles : celles-ci ont pris une assez grande étendue ; si la betterave en occupe une médiocre, le colza a acquis une réelle importance. Voilà déjà bien des ressources. Ce cultivateur en a d'autres.

Il est fréquent en effet que, dans l'exercice de cette activité variée et toujours productive, il combine l'élevage avec ses autres travaux purement agricoles. Il a su attirer chez lui ces chevaux, dits de trait léger, qui viennent du Bessin, de la vallée d'Auge et des autres régions de l'Ouest, tels que le Merlerault, le Cotentin, le Poitou ; il les garde jusqu'à l'âge de quatre ans, puis il s'en défait, s'entendant ici encore on ne peut mieux à utiliser toutes les circonstances, les transports rendus faciles par des routes droites et bien entretenues, les abondants sarclages et les labours multipliés qui sont la conséquence de la culture intensive. C'est de la même façon qu'il a pu joindre à son exploitation les bœufs qu'on nomme dans le pays de *race campagnarde*, et les moutons, qui forment une des richesses de l'arrondissement de Falaise. Cette diversité d'éléments donne à l'aisance dont il jouit une base plus certaine. Ce cultivateur n'a pas de ces heureux coups de fortune qui parfois enrichissent rapidement l'herbager de la vallée d'Auge, mais il est moins soumis aux oscillations du crédit et, s'il réalise de moins gros bénéfices, il court moins de risques ; ses travaux multiples, ses produits diversifiés, se servent en quelque sorte d'assurance mutuelle. Aussi son existence offre-t-elle presque toujours un heureux équilibre moral, qui résulte de ce genre de vie même. Chez lui le travail est continuel en raison de la quantité d'objets dont il doit s'occuper. Il faut qu'il passe des soins à donner aux champs à ceux que demande le bétail ; il doit surveiller les ouvriers, mettre souvent lui-même la main à l'œuvre ; il faut qu'il s'occupe de l'état et de la réparation de l'outillage agricole, qu'il songe au présent, prépare l'avenir, donne toute son attention à mille détails : travail constant, perpétuel, mais rarement excessif, qui n'arrive guère jusqu'à la fatigue, si ce n'est au moment de la moisson, et qui ne va presque jamais jusqu'à l'épuisement.

Ainsi tenu en haleine, le cultivateur de la plaine ne connaît pas ces loisirs qui sont à peu de distance de sa ferme, dans les régions herbagères, la cause de perpétuelles tentations. Il ignore cette oisiveté des heures, des journées, parfois des semaines entières, qui entretiennent chez quelques-uns les habitudes de laisser-aller, de jeu, de dangereuse indolence[1].

Cette vie saine, qui occupe les forces en les ménageant, et qui les répare par un régime substantiel, profite à cette population vigoureuse. On remarque en elle une taille en général assez élevée, une figure régulière assez caractérisée, une tenue qui ne manque assurément ni de dignité, ni de fermeté. Leur esprit paraît juste, avisé, plus ou-

[1] Je parle des fermiers et des propriétaires ; l'ivrognerie n'est pas rare chez les journaliers. Je suis loin de prétendre que les laboureurs s'enivrent moins que les herbagers ; c'est plutôt le contraire dans la classe inférieure.

vert que dans beaucoup d'autres régions. Je ne crois pas m'être trompé en y signalant l'effet de ces occupations dont chacune requiert et met en jeu des facultés différentes. Et comment leur intelligence ne serait-elle pas fortifiée par l'habitude d'opérations qui ne sont ni très simples ni même toujours exclusivement agricoles? Ils vendent, achètent, dans des proportions étendues, des produits qui ont chacun leurs conditions spéciales de valeur et de prix, de même que chaque culture a ses conditions propres de production. Accoutumés à se tenir au courant des marchés, à débattre leurs intérêts dans des transactions multipliées, ne sont-ils pas comme forcés à unir dans une forte mesure l'esprit de commerce aux solides habitudes de la vie rurale?

Ce judicieux esprit du Normand de la plaine a été soumis à des épreuves qui pouvaient devenir dangereuses. Le colza est une excellente culture, mais qui est à quelque degré aléatoire, et il est certain qu'au début, cette graine oléagineuse a paru à un certain nombre d'entrepreneurs de culture une sorte de mine d'or; à voir quelques revenus s'enfler extraordinairement, même des fortunes se faire, il y eut un peu d'entraînement, jusqu'à ce que quelques revers aient servi d'école et appris à se défier d'une culture souvent, il est vrai, très avantageuse, mais dont le prix oscille entre 22 et 55 francs l'hectolitre, et qui compense ses chances de succès par son caractère un peu hasardeux. On n'a pas aujourd'hui cessé de cultiver le colza dans la plaine de Caen, mais tout engouement a heureusement disparu.

Ils ont aussi connu une tentation tout autrement dangereuse, celle des placements mobiliers aventureux. Les campagnes, dans la région dont nous parlons, n'y sont pas restées étrangères. Si nous y faisons allusion à propos de cette partie de la Normandie, ce n'est pas qu'elle ne se soit pas manifestée ailleurs, mais elle a pris là une certaine étendue pendant un temps, en raison même de la supériorité des ressources dont une partie pouvait être distraite pour la spéculation. Nous sommes loin d'adhérer à l'opinion extrême que les placements mobiliers doivent être exclus des campagnes. Loin de là : ils forment le contre-poids à la tendance exagérée qui porte les paysans à acheter la terre à tout prix, à s'endetter pour la payer, sauf à ne lui fournir que des avances insuffisantes. Mais si de solides placements en rentes, obligations, etc., doivent jouer avec avantage leur rôle dans les habitudes économiques des populations rurales, elles doivent résister à ces valeurs équivoques, qui risquent d'éblouir par la perspective d'un gain disproportionné des hommes laborieux, accoutumés à amasser jour par jour, franc par franc, un petit capital, dont chaque parcelle rappelle une peine prise, renferme une privation transformée en épargne. Les cultivateurs des environs de Caen, de Falaise, sont des gens d'un sens ordinairement rassis. Ils s'enflammèrent pourtant un instant, il y a de cela une quinzaine d'années, à la vue de ces *actions* si pleines de promesses. Ceux de Falaise s'en souviennent encore. Ils se rappellent non sans amertume ces deux mille *actions* qui, après avoir fait naître de si brillantes espérances, ne devaient aboutir qu'à créer la gêne. Ce fut, selon une expression énergique, dont nous avons entendu caractériser cette malencontreuse aventure, un véritable *drainage des épargnes*. Dans ce pays de sapience l'expérience compte double. Celle-ci ne se renouvellera pas deux fois.

Telle est cette population de la plaine qui occupe une partie du Calvados, et qui nous représente assez fidèlement par ses traits distinctifs, d'autres populations analogues. Aussi avons-nous mis à en donner une idée exacte un certain degré d'insistance. Et comment n'être pas frappé du soin dont on a la preuve lorsqu'on les visite, que ces cultivateurs actifs et avisés mettent à tout utiliser? Ils ne négligent aucune occupation lucrative. Que ne font-ils pas? Ils font parfois même de l'apiculture, secondairement, mais suffisamment pour qu'elle tienne une place dans un assez grand nombre de fermes, au point que les ports normands exportent de la cire jaune en quantité considérable. Les cultivateurs font figurer eux-mêmes sur leurs tables ce miel indigène; ils utilisent pour cette production accessoire leurs plantes mellifères; c'est sur le sainfoin qu'ils recueillent leur miel de table; le colza leur fournit un miel inférieur, qu'ils blanchissent et clarifient à l'aide des procédés en usage; on les voit conduire au printemps les abeilles enfermées dans des boîtes vers les régions où le sainfoin et le colza fleurissent, puis les ramènent l'été dans celles où elles peuvent butiner le sarrasin. Tout mettre à profit, voilà la devise de ces travailleurs de la plaine de Caen. Il serait à désirer que ceux de certaines autres régions de la France prissent modèle sur ces zélés et habiles cultivateurs.

Quittons les régions de la plaine, et pénétrons maintenant dans le Bessin.

V

SUITE DE LA BASSE-NORMANDIE ET DES TYPES AGRICOLES LE CULTIVATEUR DU BESSIN, FABRICANT DE BEURRE LE PAYSAN PETIT PROPRIÉTAIRE DU BOCAGE, AUX ENVIRONS DE CAEN ET DE VIRE

Le Bessin va nous rendre les conditions essentielles de la vie herbagère, mais non pas en général les occupations et le genre de vie de la vallée d'Auge. La principale industrie de l'herbager des environs de Pont-l'Évêque et de Lisieux, on l'a vu, c'est l'engraissement des bœufs. Pour lui la fabrication du beurre et du fromage est secondaire, bien que celle-ci particulièrement ait une certaine étendue dans quelques circonscriptions, comme Pont-l'Évêque. Cette fabrication, celle du beurre surtout, joue au contraire dans le Bessin le rôle le plus important. Isigny en est le centre principal. C'est par elle que cette ville de 5000 âmes a pris quelque importance commerciale. Son petit port qui reçoit des navires de deux cents tonneaux, exporte pour l'Angleterre plus de trois millions de francs de beurre salé. La prospérité dont le Bessin est redevable à cette fabrication ne doit pas être seulement attribuée aux avantages naturels du sol. Assurément la nature y est pour beaucoup, par l'humidité favorable aux herbages, et par la qualité que ceux-ci présentent pour l'alimentation du bétail. Mais le sol lui-même a dû être modifié. Il a fallu combattre l'excès de l'humidité dans quelques endroits. Isigny était environné de vastes marécages. Aujourd'hui encore nous apercevons à la marée basse les vastes grèves du *Grand-Vey*, où se jette l'Aure-Inférieure en même temps que la Vire. On a assaini une vaste étendue de ces lagunes, qui sont devenus d'une admirable fertilité et qui contribuent pour une part notable à la richesse de cet excellent pays, où les terres ont une valeur très élevée. La fabrication du beurre est, dans un rayon assez étendu, une source de revenu qui fait vivre ces populations à l'aise. Qui ne sait que ce produit raffiné qu'on vend sur le marché de Paris et d'autres villes sous le nom de beurre d'Isigny, n'est pas fabriqué uniquement en effet dans cette localité ; qu'il ne l'est pas même uniquement dans les cantons environnants, à Bayeux, à Trévières, à Ryes, à Balleroy, à Caumont, qui sont les centres de production principaux? Combien cette fabrication contribue à l'aisance des campagnes situées à une certaine distance du Bessin et dans toute la Manche, aux environs de Carentan par exemple! Peu importe qu'Isigny ait prêté son étiquette à bien des imitations, des contrefaçons nombreuses, dont les unes peuvent être confondues à leur honneur avec ses propres produits, dont les autres, vendues à un prix moindre, quoiqu'encore élevé, ne prétendent pas toujours ni même le plus souvent à tromper l'acheteur qui sait à quoi s'en tenir. Cette renommée exceptionnelle, le Bessin ne la maintient qu'à force de soin et de vigilance, condition de la perfection de cette fabrication délicate. Les fermes où elle s'accomplit peuvent être assimilées à des usines, et ce sont en vérité des usines modèles. Tous les travaux préparatoires sont exécutés avec la plus minutieuse attention. Que de soins exige cette série d'opérations ! Il faut recueillir le lait dans des vases de cuivre bien étamés, désignés dans le pays sous le nom de *cannes*. Il faut faire porter à la ferme avec les précautions nécessaires ces vases placés dans des cages que traîne un âne ou un petit cheval que les gens du Bessin appellent *trayon*. Et quelles mains expérimentées réclame l'opération du coulage, qui fait passer le lait dans un tamis pour être déposé dans ces vases de grès qu'ils nomment *serènes*, où la crême doit monter ! Et puis il faut soumettre ces vases tour à tour à l'action de l'eau qui les nettoye et du feu qui les fait sécher. Toutes ces opérations et celles qui suivent, comme l'écrémage et le battage, exigent un matériel et un personnel également préparés. Les cultivateurs du Bessin montrent avec quelque orgueil leur laiterie, si parfaitement tenue et si bien située, c'est-à-dire construite au nord, ventilée par des courants d'air, quelquefois même à l'aide de tuyaux souterrains. Un thermomètre, placé dans ces laiteries, permet de tenir la température à 12 ou 15 degrés. Aussi chauffent-ils la laiterie pendant l'hiver, et ont-ils soin de la rafraîchir pendant l'été.

L'aisance des populations du Bessin qui frappe tous les yeux, a pour principale source la vente de cet unique produit, dont le seul arrondissement de Bayeux place pour une dizaine de millions à Paris. Les transactions auxquelles la même denrée donne lieu présentent pour l'ensemble de celle-ci un chiffre de 75 millions, qui se répandent sur ces populations agricoles en profits, en salaires, en épargnes, en bien-être sous toutes les formes. La consommation de ce produit spécial s'opère aussi sur place en grande quantité. Comment n'en pas faire la remarque dans cette étude où on se propose pour objet moins de constater l'étendue des produits que la condition des producteurs? Quel que soit en effet le rapport qui unisse ces deux choses à certains égards, elles ne se confondent pas pour la classe des travailleurs agricoles. Ne voit-on pas telle denrée être parfois produite en grande abondance, et l'exportation en soustraire la totalité à la masse de la population rurale? Que d'exemples prouvent qu'il en est de la sorte même pour les produits les plus utiles qui apporteraient un précieux concours à l'alimentation! Nous avons pu voir des fermes de la Manche qui produisaient des œufs en très grande quantité, et où l'ouvrier agricole n'en connaissait guère plus l'usage que celui de la chair des oiseaux de la basse-cour : ces œufs, en effet, c'était de l'or pour les fermiers. La plupart des ménages du Bessin et du Calvados, au contraire, font usage du beurre ou du lait. La consommation totale du beurre monte chaque année pour le département à 8 millions 1/2 de francs. N'est-ce pas le signe d'une réelle aisance? On peut se rendre un compte exact de ces fructueuses opérations, lorsqu'ils consentent à entrer dans de tels détails, ce qui n'est pas le cas le plus fréquent. Ils calculent que chacune de leurs vaches rapporte par an 125 à 150 kilogrammes de beurre et une somme de plus de 400 francs[1]; ils expliquent comment ils emploient le petit lait à élever des veaux et des porcs, comment le fumier fourni par la vache est l'équivalent des frais de soins et de

[1] V. la brochure de M. Morière sur l'industrie beurrière dans le Calvados.

nourriture, etc. De tels détails, joints aux résultats plus généraux, ne font-ils pas comprendre que la vie soit douce et aisée dans ce pays privilégié?

Par un de ces contrastes dont la nature dans ce pays même n'est pas avare, on trouve tout près de la plaine de Caen et des pâturages du Bessin, l'âpre Bocage et son cultivateur pauvre. C'est pour ainsi dire un pays nouveau qui a ses habitudes déterminées par la nature du sol. Cette désignation de Bocage est fréquente dans la Normandie comme dans quelques autres provinces de l'Ouest et du Nord-Ouest. Elle présente avec elle plutôt l'image d'une végétation arborescente, abondante et pittoresque, que l'idée de la richesse et de l'aisance. La région qui porte le nom de Bocage dans le Calvados ne dément pas une telle idée. Elle est formée par une partie des arrondissements de Falaise, de Caen, de Bayeux et par la totalité de l'arrondissement de Vire. C'est en grande partie du moins une contrée aux aspects accidentés et au paysage imposant. Le pays qui entoure Vire joint l'industrie à la culture, et trouve dans ce mélange une source d'aisance qu'on cesse de rencontrer un peu plus loin. L'habitant de cette partie du Bocage a été autrefois plus pauvre encore, mais peut-être, par une faveur de cette belle contrée, il n'a guère connu la tristesse dont témoignent d'autres campagnes dans le passé. C'est là que naquirent les fameux *Vaux-de-Vire*, que vécurent ces poètes dont la verve tempérée se compose de bonne humeur et de malice normande, et dont les vers semblent avoir la saveur piquante de la boisson indigène qui les a produits, comme elle a entretenu la gaité du paysan. Pénétrez plus avant, jusqu'à ces parties situées près du Montpinçon, où l'âpreté du territoire se joint à la beauté du paysage. Des accidents de terrain très marqués dominent ici. De ces crêtes rocheuses on voit au loin des villages de schiste et de granit, qui ressortent en teinte sombre sur des vallons coupés de vertes clôtures. Le terrain fait en ces lieux la loi à l'homme. S'il y a des terres calcaires qui permettent la culture, le schiste, le granit s'y prêtent peu. La valeur de l'homme ressort pour ainsi dire de toute la misère même du terrain. Le sol est ingrat, l'homme est patient... Si le sol finit par rendre suffisamment pour ses besoins les plus élémentaires, l'homme se montre satisfait. Lorsque, malgré tous les efforts, le sol ne livre que des produits insuffisants, l'homme se résigne à ce qu'il ne peut changer, mais son énergie active cherche à se créer d'autres ressources sur place ou dans les pays avoisinants. C'est à l'élevage que le colon laborieux consacre son petit pécule. Il élève surtout une variété de l'espèce cotentine, qui le paye de ses soins en lui rendant jusqu'à dix ou douze litres de lait par jour. Le capital n'occupe qu'une place restreinte dans cette région sévère. Le travail, trop souvent réduit à ses propres forces, est la nécessité et devient la vertu du paysan du Bocage. Nous sommes à deux pas de la plaine de Caen, et voici presque les mœurs des montagnards. Le petit colon du Bocage normand émigre quelque temps pour revenir au nid le plus tôt qu'il peut; mais il ne va pas toujours à la ville, et son absence, pour peu qu'il possède un lopin de terre, le plus souvent ne se compte que par quelques semaines. — S'il le peut, il n'émigre pas même momentanément. S'il a la moindre aisance, il se fait éleveur en petit. Quelques-uns pourtant vont prendre ferme dans la plaine, où ils portent leur travail opiniâtre et leur esprit d'économie. Lorsqu'enfin ce paysan n'a que ses bras, il fait de son temps un partage bien entendu où ses efforts ne chôment jamais. La moisson étant plus précoce dans la plaine que dans le Bocage, il s'y transporte; la moisson finie dans la plaine, il revient dans le Bocage pour y faire la même besogne; puis il repart dans la plaine encore pour piquer le colza. L'hiver arrive. Il retournera dans la plaine de nouveau pour couper le bois. Tel est le petit cultivateur du Bocage. Souvent sa figure exprime ses qualités énergiques. D'un type moins pur que l'homme de la plaine, il a quelque chose de plus vif, son œil est plus animé, et sa vigueur résistante semble se ressentir du granit sur lequel il est né[1].

VI

SUITE ET FIN DE LA BASSE-NORMANDIE
POPULATION DE L'AVRANCHIN ET DES AUTRES RÉGIONS DE LA MANCHE

Le département de la Manche faisait aussi partie de l'ancienne Normandie. Cette région comprenait le *Cotentin*, qui occupait toute la presqu'île septentrionale

[1] V. sur le *Calvados* l'article de M. Louis d'Osseville (*Encyclopédie de l'agriculture pratique*).

avec Coutances pour ville principale; l'*Avranchin* qui se composait du tiers environ de la partie méridionale, et dont la ville la plus importante était Avranches. Dans le Cotentin, on distinguait encore la *Hague*, le *Bautois* et le *Val de Sère*.

Ces différentes populations présentent aussi certains traits qu'il n'est pas impossible de discerner, quel que soit le fond commun qu'elles offrent avec le reste de la Normandie. Je supprimerai donc bien des observations qui viennent d'être faites en partie et qui trouveraient à s'appliquer avec quelques différences à chaque région, si elle était l'objet unique de nos recherches.

Ici encore, nous ne séparerons pas le théâtre et l'homme. Nous parlerons ensuite des habitants. Le théâtre vaut la peine d'être caractérisé avec quelque précision.

« Du cap de la Hague au Mont-Saint-Michel, écrivait il y a vingt ans notre confrère M. Baude dans un travail sur les côtes de la Manche, la côte court presque en ligne droite sur une longueur de 126 kilomètres, du Nord-Nord-Ouest au Sud-Sud-Est; elle est bordée par un chenal semé de dangers, dont l'île d'Aurigny, les Ecraheves, Jersey, l'archipel rocheux de Chausey, marquent la limite occidentale. Dans ce chenal, les marées montent parallèlement à la côte du Sud au Nord par le flot, du Nord au Sud par le jusant : les courants y sont à certaines heures d'une étonnante rapidité et quand les vents, très capricieux dans ces parages, soufflent en sens inverse, la mer devient affreuse, et les lames hautes et courtes impriment aux navires des saccades d'une violence inouïe.

Les vents d'Est à leur tour tombant par rafales du haut des terres élevées, entretiennent le long de la côte une agitation redoutable et poussent les navires sur des écueils dont le chenal est bordé. Au Sud, on est affalé sur les longues grèves de la baie du Mont-Saint-Michel. Tous les périls dont la mer, la terre et les vents peuvent environner le navigateur sont ici réunis. Le Nord ne possède pas de territoire plus riche et plus riant que celui qui baigne cette mer dangereuse. Constamment incité par la tiède humidité des vents d'Ouest, il est doué d'une force de production qui se manifeste aussi bien par la puissance des races qui s'y nourrissent, que par le luxe de la végétation. »

Je ne m'attache plus ici à des types particuliers : sauf quelques nuances, l'herbager, le cultivateur, le fabricant de beurre, etc., qu'on a vus se dessiner dans le Calvados, subsistent dans la Manche. Je signalerai seulement quelques caractères saillants en prenant telle ou telle région, sans m'astreindre à un ordre absolument méthodique, mais en marquant le rapport qui existe entre les circonstances physiques et la situation économique, sous la réserve des modifications opérées par le travail et le capital.

L'Avranchin se ressent des conditions des pays de bocage dont il offre l'aspect, mais on n'y retrouve pas toujours l'énergie propre aux mœurs de quelques-unes de ces régions. Ce qu'il y a de doux dans le pays semble avoir communiqué une certaine indolence aux caractères et aux habitudes. Ce n'est pas certes qu'on y soit incapable de courage et de vigueur dans les moments de crise et dans l'action guerrière; les Avranchais l'ont montré à différentes époques; mais il y a chez ces populations agricoles un peu de relâchement des ressorts de la volonté dans le cours habituel de la vie quotidienne. Leur existence paisible s'écoule en face du plus magnifique paysage qu'offre la Normandie, en vue des charmantes vallées de la Sée et de la Sélune, et de ces immenses grèves qui absorbent le regard, tantôt inondées, tantôt délaissées par le double mouvement de l'océan à l'extrémité desquelles se dresse le Mont-Saint-Michel. Vous apercevez du haut des remparts d'Avranches même, comme une mer de verdure où les châteaux et les clochers des environs, et une très grande partie de l'arrondissement, tantôt se détachent avec relief, tantôt se laissent entrevoir. Nul paysage n'a plus de sérénité et plus de fraîcheur.

La nature aurait besoin d'être secondée et plus d'une fois combattue dans ces terrains d'inégale valeur. Le caractère arriéré de l'agriculture frappe sur certains points. Avranches a cessé d'être comme le centre d'un mouvement un peu actif. Faisons pourtant les exceptions qu'il convient de faire dans une ville où s'est établie une Société d'agriculture qui est loin de demeurer sans action, et qui compte des hommes influents, éclairés. Elle-même n'hésite pas dans ses rapports à constater certaines imperfections du sol et des populations, et ce n'est pas toujours sans succès qu'elle lutte contre une force d'inertie trop persistante. Je trouve dans le savant recueil de l'Association normande la preuve intéressante près de la baie du Mont-Saint-Michel, de vives et savantes discussions sur l'emploi des richesses naturelles du pays. Les engrais maritimes ont empêché l'agriculture de rester trop arriérée, la condition des hommes trop misérable. Aussi certains agronomes se montrent partisans presque exclusifs de ces engrais chers aux populations, qui en tirent un bon profit sans se donner une trop grande peine.

L'alimentation évidemment insuffisante de ces populations donne à ces questions, en ce moment, le plus vif intérêt. Le problème de leur alimentation en dépend en grande partie. L'élément calcaire que la tangue renferme serait, pour les baies du Mont-Saint-Michel et de Granville, de 75 à 90 pour 100, d'après les importantes observations constatées par M. Delesse dans un ouvrage ayant pour titre : *La Lithologie du fond des mers.*

Quel accroissement des moyens alimentaires a réalisés cet élément calcaire des tangues et des sables, dû à une infinité de mollusques, de petites coquilles et de débris de même espèce ! Aussi cet engrais, disons-le en passant, a-t-il des partisans qui soutiennent que la chaux, employée plusieurs années de suite, épuiserait le sol ; que quant aux autres engrais, tels que les engrais artificiels et le fumier, ils feraient pousser de la paille, mais que le froment verserait avant d'entrer en fleur ; qu'enfin la tangue rend à la terre tout ce que les plantes les plus épuisantes lui prennent, et qu'elle a l'avantage, selon la remarque du savant professeur à la faculté des sciences de Caen, M. Isidore Pierre, de rendre très raide la tige du froment et des autres céréales qui ne versent pas quand elles ont été engraissées de cette façon, etc.

Il ne nous appartient pas d'entrer plus avant dans ces questions. Nous les signalons comme une preuve du mouvement des esprits en Normandie dans les choses qui touchent également à l'amélioration des terres et à celle du sort des populations agricoles. Ce secours naturel, l'engrais maritime, il est, depuis qu'on l'emploie, la source de l'aisance pour la petite propriété notamment qui trouve à l'acheter à bon marché. A vrai dire, la tangue n'a pas, à proprement parler, d'adversaires. Mais de nombreux agronomes voudraient voir d'autres engrais en concurrence. Les plus résolus défenseurs de l'engrais maritime, seul populaire dans le pays, admettent de leur côté que les tangues ne sauraient remplacer le guano, le phosphate fossile, etc. Les populations ont raison de tenir à un moyen de fécondation, auquel l'expérience suffit à les attacher, puisqu'elles lui doivent dans cette région ce qu'elles ont de bien-être. Il ne faudrait pas pourtant qu'elles persistassent à se refuser trop à tout autre moyen d'amender leur sol.

Ces populations de l'Avranchin, dont je signale en passant le régime de vie, usent du sarrasin dans les plus grandes proportions. On les en a blâmées. Je me garderai de prendre à l'excès la défense de cette culture d'ailleurs si utile. Notre confrère, M. Blanqui, dans des mémoires lus devant cette Académie, l'a traitée, de culture arriérée, et il s'est attaché à montrer dans le blé noir un aliment indigeste. Les cultivateurs de l'Avranchin s'efforcent de prouver que, s'ils persistent dans cette culture, c'est à bon escient, se défendant de céder au préjugé, à la routine. Ils n'hésitent pas à soutenir que le sarrasin n'a rien de contraire aux prescriptions de l'agronomie moderne et qu'il est conforme aux nécessités locales. Ils allèguent que cette plante ne reste que trois mois en terre, et que son feuillage dru étouffe les mauvaises herbes; qu'elle n'ôte rien à la terre, qu'elle n'est pas exigeante en effet; qu'on voit fréquemment dans toutes les parties de la Bretagne, du sarrasin semé et récolté sans engrais. Son rendement est double de celui du froment, et son prix inférieur de moitié. Quant à l'alimentation, non seulement le sarrasin en bouillie est un aliment sain, mais il est essentiellement hygiénique : la bouillie bien cuite et convenablement apprêtée est vivement recherchée par les marins épuisés par la fièvre et par la dyssenterie après des voyages au long cours, et elle est pour eux à la fois un aliment agréable et un remède bienfaisant. Je répète les raisons données par ces cultivateurs, qui croient que le sarrasin n'est ni une mauvaise affaire pour le producteur, ni une nourriture si méprisable et si dommageable qu'on le dit pour la masse agricole, laquelle se la procure à des conditions de prix accessibles à ses moyens. Ces explications apologétiques n'ont pas sans doute une portée absolue; elles ne démontrent pas nécessairement que le sarrasin ne soit, relativement au froment, une culture arriérée; mais elles ont une valeur relative. C'est d'ailleurs un bon signe de voir les populations discuter, raisonner ce qu'elles font. C'en est un aussi qu'elles se montrent sensibles au reproche de routine. La lumière achèvera de se faire en tenant compte dans une juste mesure de l'esprit de progrès dans les genres de culture.

L'Avranchin trouvera d'ailleurs un élément de prospérité dans un réseau plus complet de chemins vicinaux et dans le nouveau développement des lignes ferrées. Que n'y aurait-il pas à dire aussi sur les arrondissements voisins d'Avranches, intéressants sous tant de rapports? Que ne doit pas Coutances aux circonstances spéciales de son terrain! Il suffirait presque de rappeler, d'après une statistique qui remonte à quelques années, que cet arrondissement exporte plus de 500 hectolitres de blé, pour plus de 2 millions de beurre; que l'exportation des œufs dépasse 2 millions de douzaines, etc. En fouillant le sol, on trouve d'autres richesses. Je ne veux pas dire seulement ces précieuses antiquités gallo-romaines, qui alimentent un mouvement archéologique remarquable; mais sur quelques points, d'excellentes pierres calcaires et de beaux marbres, produisant une notable quantité de travail, de salaires, de précieux matériaux pour la construction. Les populations de Mont-Chatan et de Mont-Martin tirent profit de l'exploitation des carrières de pierre de taille et de celle de fours à chaux. De bons juges estiment qu'elles pourraient en tirer un parti plus grand encore. Ces progrès doivent être attendus des moyens de transport et de la navigation. C'est ainsi, par exemple, que, à Regnéville, l'ostréiculture a trouvé, au grand profit des populations, à se développer dans ce petit port, dont le mouvement de navigation tend à s'accroître. Pourtant l'arrondissement de Coutances entretient une population moins nombreuse que dans l'ancien régime, bien qu'elle ait réalisé certains progrès économiques. Cette partie du Cotentin a même perdu depuis 1826. Cette décadence d'une de nos plus fertiles contrées s'est manifestée pendant une période où la France entière gagnait en nombre d'habitants, et où, dans le voisinage, les populations de Cherbourg et de Granville sont passées de 17 066 à 26 949 et de 7212 à 12 191 âmes. Les causes de ce déclin ne sont pas à rechercher ici, et elles sont peut être multiples. C'est en partie aux dépens des populations de cette région que les pays voisins se sont enrichis de nouveaux habitants. La décadence, sous ce rapport, se faisait déjà sentir à la fin du dix-septième siècle; l'intendant Foucault le remarque à propos des manufactures de drap et de serge, qui donnaient de l'ouvrage non seulement aux ouvriers de la ville, mais à ceux de toutes les paroisses voisines. Mais, si la population a diminué, si quelques industries urbaines ont disparu, les campagnes n'offrent pas moins un aspect prospère; leur état a gagné. Moins douce est la condition des habitants de la campagne de Mortain avec ses côtes et ses rochers. « A Mortain, plus de pierre que de pain, » nous disait quelqu'un en citant un vieux proverbe du pays. — Oui, mais ce pain, ils ont su le conquérir sur la pierre. L'homme a là une énergie qu'il n'a pas toujours dans les pays avoisinants.

Nous signalerons ailleurs en parlant de l'état des propriétaires, des fermiers, telles circonstances plus spéciales pour d'autres parties de ce grand et intéressant département de la Manche qui parle à tout cœur français, comme tous les départements de frontières maritimes. Je reste ici dans des observations plus générales. Les régions diverses de la Manche offrent, à côté des ressemblances, des différences marquées par la configuration et le sol, et parfois aussi par la race. Que de différences par exemple, entre Saint-Lô et Granville ! Ici, vous trouvez une population mêlée de sang méridional, composée de cultivateurs et de pêcheurs. La femme a souvent la haute main sur la direction de la maison et de la famille. C'est un trait qu'offrent certaines populations bretonnes, et ce n'est pas le seul que la Manche nous offrira. Assurément, on y trouve la plus complète expression du sol et du climat de la Normandie et des mœurs normandes. Mais telle région y rappelle la Bretagne. On est frappé de cette ressemblance dans l'intérieur de l'Avranchin, qui avoisine en effet la Bretagne de si près. De telles analogies m'ont frappé dans la Hague, formant aujourd'hui le canton de Beaumont, près Cherbourg. L'intérieur de ces côtes abruptes, qui dominent la mer, ces petits vallons rocailleux, ces bruyères et ces champs de sarrasin, cette végétation un peu pénible, ce bétail chétif et nerveux, ce sont là des traits du pays breton. Ils ne sont démentis ni par l'aspect des fermes, ni par le régime de vie des petits cultivateurs et des ouvriers agricoles. On y est plus tempérant pour la nourriture que dans le reste de la Normandie, mais les paysans, j'ai regret à le dire, même les femmes, surtout les femmes, nous assure-t-on, ne boivent guère moins que les paysans bretons. Ce vice n'est pas général, il est du moins fréquent. Une meilleure analogie avec la Bretagne, ce sont des mœurs généralement bonnes, quelque chose qui subsiste parfois de patriarcal. Il est vrai pourtant que le *maquignon* normand dont la réputation est fort compromise, et dont on a bien des fois tracé le portrait, est souvent un homme de la Manche. Ses artifices sont connus, mais ils réussissent toujours. Ne jugeons pas sur un tel type ces populations. Pour la plupart, elles cherchent honnêtement leur profit dans le travail et l'épargne. Elles ont tout au moins cette probité des paysans qu'il ne faut pas exposer trop souvent ni trop fort aux tentations de l'intérêt.

Nulle région en Normandie ne justifie mieux que la Manche ce que nous avons dit de ce mélange d'obstacles et de facilités venant de la nature, qui les uns commandent la lutte, et qui les autres permettent de la poursuivre avec avantage. Les parties granitiques devaient être améliorées par la culture. Le travail n'y a pas manqué. On est frappé de la diversité des sols, des occupations, des cultures. La statistique constatait récemment environ 380 000 hectares de terres labourables; les prés et herbages en occupaient environ 94 000, les bois 24 000, les vergers et jardins potagers 20 000, etc.

On peut se demander d'ailleurs si la Manche a jusqu'ici tenu un compte suffisant des indications climatériques en faisant au labourage une part qui reste si grande. L'humidité brumeuse qui favorise la végétation fourragère y contrarie la culture des céréales. L'herbe avec trop de facilité et de persistance envahit le sol ensemencé. Pour que la moisson ne trompe pas les efforts du travail et les avances du capital engagé, il est nécessaire que la terre soit de longue main nettoyée par des sarclages répétés avec soin, et encore cela ne suffit-il pas toujours. On signale la tendance à convertir en pâturages les terres de labour, qui ne se présentent pas dans des conditions satisfaisantes. Cette contrée a encore du chemin à faire avant qu'elle ait accompli tout ce qui paraît désirable dans cette transformation salutaire.

Aujourd'hui la Manche se présente comme un grand pays d'éleveurs. L'étendue des prairies naturelles a donné à l'élevage une proportion dans cette répartition des tâches agricoles, appréciée pour Saint-Lô à un quinzième de la superficie de l'arrondissement ; pour Avranches à un cinquième; pour Cherbourg, aux trois vingtièmes ; pour Coutances, à un sixième ; pour Valognes à un tiers[1]. Les prairies artificielles contribuent à assurer le développement de la condition pastorale. Les chiffres de 1852 donnaient pour Saint-Lô un sixième ; pour Avranches un quart ; pour Cherbourg un dixième ; pour Coutances un sixième ; pour Valognes un douzième. Les améliorations ont été très sensibles d'un aveu unanime depuis la statistique officielle de 1852. Les populations rurales ont encore accru notablement la culture des plantes fourragères et l'élevage du bœuf et du mouton. Comment ici particulièrement ne pas le remarquer? C'est aux circonstances naturelles ainsi qu'à l'intelligent parti qu'on sait en tirer qu'il faut faire honneur de ces progrès. Rien n'a plus favorisé la culture fourragère que le voisinage de la mer, qui maintient une certaine égalité de température, attribué à

[1] Le chiffre n'a pas été donné pour Mortain dans le questionnaire agricole de l'Enquête 1867-1868, qui en constate l'absence.

l'influence du *gulf-stream*. Les brumes saturées de sel profitent aux prés et aux pâturages qui donnent à la chair des moutons un goût si apprécié. C'est encore à la mer que ces populations doivent une autre source de progrès. Ne l'avons-nous pas vu par ce qui précède? C'est elle qui leur fournit le plus puissant moyen dont elles disposent pour amender leur sol. Ce n'est pas seulement sur le territoire d'Avranches, que nous signalions tout à l'heure, que le warech, la tangue, le sel marin, ont transformé, créé des parties considérables de territoire et changé la gène en aisance.

Malgré les lacunes subsistantes, le spectacle d'une amélioration incontestable dans la condition de ces populations de la Manche ne peut manquer de frapper, lorsqu'on les observe en s'aidant de la comparaison des faits actuels et des faits passés. Si l'on veut savoir ce qu'était ce département il y a environ un demi-siècle seulement, on peut en juger par un document extrait des Archives du département, qui en donne la description à cette époque. On y lit que l'impôt absorbe presque tout le revenu, et que l'agriculture n'y a ni communications ni débouchés. Où serait aujourd'hui la vérité d'un tel jugement? La loi qui a on peut dire créé en France les chemins vicinaux, a profité à cette contrée dans les proportions les plus étendues. La Manche a développé sous toutes les formes son système de viabilité. Elle a mis à profit pour atteindre ce but tout ce que les circonstances naturelles lui offraient par les cours d'eau et surtout par la mer ; elle a vaillamment attaqué l'obstacle où cela était nécessaire. Aux voies maritimes et fluviales elle a joint un réseau complet et serré d'autres voies de communication, telles que routes, canaux et enfin chemins de fer. C'est à ce qui lui manquait il n'y a guère plus de cinquante ans, le *débouché*, qu'elle doit aujourd'hui sa fortune. C'est le débouché qui lui permet d'écouler avec une grande abondance ses grains, ses légumes, son bétail, son beurre, ses œufs, tantôt vers le centre de la France, tantôt vers les îles anglaises de Jersey, de Guernesey, d'Aurigny, enfin vers Londres et l'Angleterre tout entière. L'Angleterre! Elle enrichit aujourd'hui de son capital destiné à payer les produits qu'elle leur emprunte ces mêmes champs qu'autrefois elle a si souvent dévastés par la guerre. Il suffirait, pour montrer le rapport de ces deux faits — production considérable, voies et moyens de communication — de signaler l'importance prise par un petit port, celui de Carentan, depuis 1855, pour l'exportation des beurres qui sont devenus pour ce département une richesse immense. Il en sortait seulement en cette même année, 68 625 kilogrammes, qui représentaient une valeur de 171 559 francs. Cinq ans après, ce port expédiait 983 668 kilogrammes, représentant une valeur de deux millions 484 170 francs. En 1865, on en embarquait 3 282 261 kilogrammes, représentant une valeur de 7 895 602 francs. La progression a continué, et elle s'est également manifestée pour les œufs. A cette augmentation de production et de commerce l'accroissement de l'aisance a répondu dans le pays même.

Tel est le résultat général qu'il nous a été dès à présent possible de dégager d'un coup d'œil d'ensemble sur la Normandie. Les circonstances naturelles ont passé devant nos yeux plus ou moins modifiées par le travail. Mais c'est à d'autres causes qu'il faut encore demander le secret des perfectionnements. L'état social peut seul en expliquer l'importance, la durée et l'accroissement, Un tel résultat, pour ainsi dire continu, est l'œuvre de la liberté civile, aidée par les lumières générales et la civilisation. Nous allons voir ce qu'est devenue sous l'influence déjà presque séculaire de ces causes cette propriété rurale divisée et fécondée depuis 1789. Nous rechercherons ce qu'est aujourd'hui la classe des propriétaires qui font valoir eux-mêmes un domaine plus ou moins étendu, et celle des fermiers, qui cherchent dans l'exploitation agricole l'emploi fécond de leurs facultés et de leurs capitaux. Ces catégories de producteurs si importantes par le nombre, par le travail, par l'aisance, par le concours qu'elles apportent à la société et à l'État sous toutes les formes ont-elles gagné toutes en bien-être, et sous quels aspects ce perfectionnement se présente-t-il? Quelle est la proportion des grands, des moyens et petits propriétaires en Normandie? Quelles sont les modifications, quelles sont les tendances qu'on signale dans l'état de la propriété? Toutes ces questions ont leur intérêt isolément, elles offrent entre elles des relations qu'on doit s'efforcer de déterminer. Les recherches qui ont pour objet la classe ouvrière agricole n'ont pas moins d'intérêt. Elle se compose de ces nombreux ouvriers ruraux, qui vivent dans la ferme ou qui louent leurs bras pour un temps. Les uns n'ont d'autre ressource que leur salaire; les autres y joignent quelques épargnes ou la possession d'un domaine exigu qui leur crée une situation à part. Examiner quels sont le gain journalier, la nourriture, l'habitation, le vêtement, la situation économique à divers points de vue de ces nombreux auxiliaires de l'agriculture, telle est la tâche que nous aurons à remplir. Heureusement les indications positives ne manquent pas pour donner à cette partie du tableau l'exactitude et la précision qui seules peuvent en constituer la valeur.

CHAPITRE VII

CONDITION DES PROPRIÉTAIRES RURAUX

I

PROGRÈS GÉNÉRAUX DE LA PROPRIÉTÉ
QUELQUES VŒUX DE RÉFORMES QUE FONT ENTENDRE
LES PROPRIÉTAIRES

La Normandie a largement participé à l'augmentation des revenus de la propriété foncière en France. Cette augmentation est un fait général qui doit être mis hors de toute contestation, et mesuré à sa vraie importance, si l'on veut juger exactement la situation agricole de notre pays et ne pas risquer de se perdre en généralités déclamatoires. Commençons donc avant tout par rappeler des chiffres d'une portée décisive. Le revenu net des propriétaires ruraux, d'environ 1200 millions au commencement du siècle, de 1900 millions en 1851, est porté aujourd'hui par les statistiques à 5 milliards ou 5 milliards et demi. La Normandie a été une des parties de la France les plus favorisées dans cette augmentation. J'ai dit quelles misères pesaient sur ses populations agricoles avant 1789. La propriété devait là particulièrement bénéficier de la loi d'affranchissement votée le 28 septembre 1781, qui déclare « le territoire de la France dans toute son étendue libre comme les personnes qui l'habitent; les propriétaires libres de varier la culture et l'exploitation de leurs terres, de conserver leurs récoltes et de disposer de toutes les productions de leurs propriétés ». Elle ne pouvait que gagner, et avec elle les populations rurales, à l'abolition des droits féodaux, des banalités, des rentes foncières perpétuelles, des privilèges de personnes, de terres, de lieux. Nulle mesure ne fut plus salutaire et plus féconde pour elle que la suppression des douanes intérieures et des gênes à la circulation des grains, qui ouvrait ou élargissait les débouchés, multipliait les achats et les ventes, dégrevait les produits d'une masse de frais onéreux. Ce progrès s'est poursuivi avec continuité. Les années de liberté, de sagesse, d'ordre public lui ont profité grandement. Joignez-y les applications incessantes et merveilleusement fécondes de la science à l'agriculture. Les nouveaux moyens de transport enfin ont accru dans des proportions encore plus étonnantes par l'échange même les produits qu'augmentait de son côté une culture plus perfectionnée.

Pour l'accroissement des voies de communications en effet la Normandie se place au premier rang des provinces qui toutes ont eu leur part de ce grand développement. L'état fâcheux de ces voies est attesté par des rapports administratifs aussi nombreux que concluants à la date de 1800 et des années suivantes jusqu'après 1815. De 1815 à 1830 il se produit déjà une augmentation sensible du nombre des routes. Mais c'est au gouvernement de 1830 qu'en est due la meilleure part pour l'intérieur des terres. Les chemins vicinaux sont avec raison regardés comme un de ses plus inappréciables bienfaits avec la loi d'instruction primaire. Rien n'a plus contribué que les routes vicinales à l'enrichissement de la propriété normande, en devançant les chemins de fer qui ont, à partir de la fin du gouvernement de 1830, et dans toute la durée du second empire, accru dans la mesure la plus considérable l'échange des denrées et la circulation des matières fécondantes, utiles à l'agriculture. Combien en même temps de transports maritimes développés de toutes façons ! Que de ports de mer améliorés ! Quel vaste débouché étranger s'ouvrant de plus en plus, à mesure que le marché national donnait aux produits animaux et végétaux un écoulement plus grand et plus sûr ! Tous ces puissants auxiliaires de la production ont tantôt doublé, tantôt triplé la valeur de la propriété. Dans quelle mesure la même amélioration a influé heureusement sur la masse rurale ! Un tel progrès, sans ôter aux plaintes de la propriété ce qu'elles peuvent avoir de légitime, répond à ce qu'elles ont parfois d'exagéré et à l'insoutenable thèse d'une prétendue décadence.

Nous n'avons pas à discuter ces griefs. Il en est du moins dont nous devons dire quelques mots, sans suivre un ordre absolument rigoureux dans cet énoncé. Les plaintes et les vœux qui portent sur les lois de succession et leur application méritent d'être signalés. Beaucoup de propriétaires se contenteraient de changements qui n'affectent pas la loi elle-même ; d'autres sont plus ambitieux. Un des vœux les plus fréquents dans l'enquête de 1867 portait sur la révision des lois régissant les mutations par décès. Ils demandaient que le passif régulièrement constaté soit déduit de l'actif des successions à déclarer, et ne soit plus soumis à ces droits de mutation. Un tel vœu n'est pas le seul qui se trouve consigné dans l'enquête de 1867. On réclamait la diminution des mêmes droits sur les successions collatérales jusqu'au quatrième degré. On aurait voulu réduire les droits relatifs aux transmissions d'immeubles, et simplifier les formes relatives à la perception des droits sur les boissons. On réclamait de même l'abaissement des droits à l'octroi de Paris sur les cidres. On allègue que souvent les droits d'entrée et d'octroi cumulés égalent ou dépassent la valeur vénale du cidre introduit. On invoque aussi la suppression de tout droit à l'importation des engrais étrangers, etc. La propriété rurale, malgré ses progrès incontestés, a donc encore son « cahier des vœux. » On aurait tort de réduire à une infime minorité ceux qui critiquent plus ou moins certains effets de la loi de succession. Les uns, c'est le plus petit nombre, vont jusqu'à réclamer l'entière liberté testamentaire. Ils attaquent vivement les articles du Code civil qui règlent les partages sur la base de l'égalité obligatoire. Les plus nombreux se bornent à demander une révision partielle de la législation successorale. Tantôt il s'agit de modifications à introduire dans les lois et la jurisprudence qui régissent les partages, ventes et licitations intéressant les mineurs, dans le sens d'une extension de la juridiction des juges de paix. Tantôt on réclame le rétablissement du droit fixe de 1 fr. pour les échanges de propriétés contiguës établi par la loi du 16 juin 1871. Ces vœux se sont manifestés dans l'enquête à laquelle j'ai fait allusion, sous cette formule : « Modifier la loi et la jurisprudence relatives aux partages de biens ruraux, en ce sens que, sans porter atteinte au principe de l'égalité, le père de famille et, au besoin, les tribunaux, dans les partages judiciaires, puissent faire l'attribution la plus avantageuse, suivant l'intérêt et l'aptitude de chacun, en donnant à l'un des immeubles exclusivement, et, à l'autre, des meubles, de manière à prévenir le morcellement des exploitations, et à encourager la création et la conservation des exploitations agricoles. »

On s'est beaucoup préoccupé du morcellement. Il n'est pas difficile sans doute d'en constater un certain nombre de cas fâcheux en Normandie. Nous n'hésitons pas à croire qu'ils ne sont ni assez fréquents, ni assez graves pour motiver une réforme du moins radicale de la loi de succession, quelles que soient les raisons générales que font valoir les partisans de la liberté testamentaire, et qui ne sont point ici en cause. Il n'y a pas moins lieu d'accorder une sérieuse attention au désir si fréquemment exprimé, et que nous avons recueilli nous-même plus d'une fois de la bouche des propriétaires, de trouver des moyens de faciliter les partages, d'accroître la latitude du propriétaire dans la distribution des biens meubles et immeubles entre les cohéritiers. Souhaitons d'abord que les héritiers usent plus souvent des facultés que leur laisse la loi. Mais voyons ce qui en est du morcellement.

II

ÉTAT DE LA GRANDE, DE LA MOYENNE ET DE LA PETITE PROPRIÉTÉ EN NORMANDIE

Nous rencontrons en Normandie les trois formes de la propriété, grande, moyenne et petite. Lorsqu'on s'attache à en observer la situation, même avec ce qu'elle présente de défectueux, un fait domine tous les autres. Toutes les sortes, toutes les dimensions de propriété ont gagné, toutes les classes de propriétaires ont profité et beaucoup, mais, dans cette répartition des perfectionnements et des bienfaits, la classe des petits propriétaires est celle qui a obtenu la meilleure part. La puissance de fécondité du sol comme la valeur vénale des propriétés établissent ce résultat de la manière la plus indéniable. Assurément l'on y rencontre trop de petits propriétaires sans capitaux suffisants, et trop souvent même obérés. Mais il faut remarquer que la situation à cet égard loin de s'être aggravée, s'est plutôt améliorée depuis une trentaine d'années et dans des proportions très appréciables. Ce n'est pas surtout de la petite propriété que viennent les plaintes sur le régime hypothécaire, sur les lacunes des moyens de crédit ouverts aux propriétaires. Ces modestes détenteurs du sol, qui ne comptent guère que sur leurs bras pour le cultiver, forment en somme en Normandie une armée plus nombreuse, plus aisée peut-être qu'en nulle autre contrée. Elle a d'ailleurs sa hiérarchie pour ainsi dire, soit pour l'importance de domaine, soit pour le développement de l'éducation.

Parlons d'abord de la très petite propriété. C'est à peine si la majorité des petits possesseurs de terre se distingue des ouvriers ruraux. Souvent même elle se confond avec eux. Cette très petite propriété touche au morcellement; elle en est souvent la réalisation presque extrême. On est frappé du nombre des clos, souvent très exigus, plantés de pommiers. La première impression qu'on en reçoit n'en est pas moins le plus souvent favorable, et elle est rarement démentie par la réalité. Ces petits domaines, ces parcelles parfois, le moraliste ne doit pas l'oublier, c'est la famille, ayant un toit, quelques aliments, un revenu qui varie dans d'assez modiques proportions, mais suffisant pour permettre au travailleur qui loue ses bras de discuter son salaire. Le résultat n'est pas à dédaigner non plus pour l'économiste. Le plus grand revenu net n'est pas tout. Ce qui assure les existences individuelles et les met à l'abri au moins en partie des incertitudes de la main-d'œuvre est un bien incontestable. Sous ces toits qui paraissent pauvres on souffre rarement de la faim, du froid, du dénuement complet. Le mot de paupérisme ne trouve que peu à s'appliquer dans ces campagnes. Souvent c'est une véritable aisance qui résulte du mélange de salaire agricole combiné avec ces jouissances assurées par la propriété resserrée dans ces étroites limites et avec le revenu, si médiocre qu'il paraisse, qu'elle procure.

Grands, moyens, petits propriétaires, ces expressions varient beaucoup, au reste, en Normandie, d'un département à un autre. On est classé dans l'Eure parmi les petits propriétaires avec 30 hectares, qui ailleurs figurent dans la moyenne propriété. Dans le même département la moyenne propriété atteint la limite extrême de 100 hectares. C'est ce qu'il ne faut pas oublier lorsqu'on lit dans les statistiques que la petite propriété domine dans ces départements. Le fait est d'ailleurs incontestable. Il est même, on l'a vu plus haut, dans cette région, antérieur à la Révolution dans des proportions remarquables.

Est-ce à dire que les grands propriétaires y font défaut, et même, n'occupent pas une portion considérable de territoire? Outre de nombreuses propriétés d'environ 100 hectares et plus, on en trouve dans l'Eure un certain nombre de 200, de 300 hectares. Elles sont fréquentes dans le Vexin, notamment dans l'arrondissement des Andelys, et non tout à fait rares dans les cantons d'Évreux, de Saint-André, de Nonancourt, etc.

Les moyens propriétaires, enfin, sont très nombreux dans l'Eure. Or, on vient de voir à quelle dimension assez étendue répond ce dernier terme.

Disons-le tout de suite avant d'entrer dans de nouveaux détails et de produire de nouvelles preuves. Lorsqu'on examine les divers départements de la Normandie, on reste en général convaincu que l'invasion conquérante de la petite propriété rencontre de très sérieuses limites qu'elle ne paraît nullement devoir franchir. Le mélange des petits, des moyens et des grands domaines, l'existence simultanée des trois classes de propriétaires qui y correspondent, sont des faits persistants et résistants, quoi qu'on en ait pu dire. Cela est sensible par exemple à un remarquable degré dans la Seine-Inférieure. Sans doute le nom de grande propriété s'y applique déjà à la possession de 50 hectares, mais cette limite est loin d'être le maximum qu'on y rencontre le plus fréquemment. Dans certains arrondissements, par exemple dans ceux de Rouen et d'Yvetot, la grande propriété occupe des espaces très étendus, et dont nous pouvons mesurer la proportion relativement à la petite propriété. Sur ce territoire d'Yvetot, la petite propriété n'est représentée que par un cinquième, tandis que la grande et la moyenne occupent chacune à partie égale le reste des cultures. Nous rencontrons l'égalité dans l'arrondissement de Rouen entre la portion du territoire occupé par les grands et les petits domaines. On est loin là de cette *pulvérisation* du sol, qui devait réduire la classe même des petits propriétaires à la pénurie sur un sol insuffisant à les nourrir. En Normandie, la petite propriété s'est approprié d'une manière fort intelligente les moyens généraux de production agricole. Lorsque son étendue ne le lui a pas permis, elle n'a pas manqué du moins, on va le voir, de donner ses compensations habituelles dans des proportions très marquées.

Ainsi tenons ce fait pour constant, les dimensions de la propriété se maintiennent. En vain dans la région principalement herbagère de Neufchâtel nous signale-t on sept dixièmes de petits propriétaires et deux de moyens. Remarquons d'abord que leur situation est bonne en général. Non loin de là c'est un mouvement de concentration. Ainsi dans l'arrondissement du Havre, la petite propriété n'occupe plus que les trois dixièmes.

On aurait tort de croire que ces dimensions sont établies au hasard, de trop supposer l'absence de calcul ou l'erreur des appréciations, soit de la part du capital qui se porte vers la terre, soit du travail qui parvient à s'en emparer. Pour qui se rend compte de la manière dont les choses se passent, cette répartition des forces respectives des trois modes de propriété est réglée dans une très forte mesure par les nécessités agricoles, par l'intérêt des acheteurs et des exploitants, et il n'est pas plus douteux qu'un certain ordre économique préside en fin de compte à cette branche de la production, qu'à toutes les autres. L'esprit normand est en général trop bon calculateur pour démentir cette loi économique malgré quelques engouements excessifs pour l'achat des petites terres.

L'Orne paraît pourtant aux yeux des juges les moins prévenus avoir donné, en certains cas, un développement excessif au morcellement. Non qu'il y ait à regretter la révolution, très générale ici et très profonde, qui s'est opérée en faveur de la petite propriété. Tandis que, dans d'autres régions normandes, j'ai constaté la préexistence à la Révolution française de la petite propriété déjà considérable avant 1789, dans l'Orne au contraire elle existait dans une faible proportion. L'étendue de territoire qui répond aujourd'hui à ce département était occupée par de vastes domaines : on y comptait peu de propriétaires, beaucoup de fermiers; c'est le fait contraire qui frappe aujourd'hui dans la distribution de la population qui possède et cultive le sol.

Ajoutons que la grandepropriété dans l'Orne n'a pas toujours elle-même pour corollaire la grande culture. Les grands domaines sont souvent partagés eux-mêmes en exploitations moyennes, et la grande culture paraît être au plus de 3 pour 100, la moyenne d'environ 25 pour 100, la petite de 72.

Cette progression de la petite propriété dans l'Orne a continué à se manifester depuis quelques années et porte le nombre des propriétaires, évalué à 150 656 en 1850, au nombre récent de 162 544, dont la très grande majorité se compose de propriétaires de petits domaines. L'étendue moyenne de la propriété dans ce département est tombée, dit-on, de 4 hectares à 3 hectares 68 ares. La subdivision portée jusqu'à la parcelle est le cas le plus rare. Il faut pourtant ici faire une part à l'excès. Plus encore qu'ailleurs, l'héritage provoque le partage du domaine, l'amour du paysan pour la propriété lui faisant préférer le partage que lui assigne sa part en nature à tout autre arrangement : ce n'est qu'en cas d'impossibilité qu'on recourt à la vente amiable ou judiciaire des immeubles indivis.

Mais la cause habituelle qui a développé la petite propriété est heureuse en elle-même. L'Orne a vu se multiplier beaucoup les épargnes qui ont eu hâte de se porter vers le sol. Ce fait, qui nous a été rendu visible par plus d'un exemple, est, dans l'Enquête de 1867, présenté sous son vrai jour. La division de la propriété y est montrée comme ayant augmenté le nombre des propriétaires au point de diminuer dans la même proportion une classe autrefois nombreuse, celle des journaliers qui, ne possédant rien personnellement, passaient leur vie au service d'autrui. Aujourd'hui, plus des sept dixièmes des ouvriers agricoles sont eux-mêmes propriétaires et travaillent, d'abord pour leur propre compte, en second lieu, pour le compte de plus grands propriétaires. Ce travail salarié n'est accepté par eux qu'à titre de nécessité, et ils l'abandonnent aussitôt qu'ils en ont la possibilité. Dans l'arrondissement de Domfront toute une classe d'ouvriers de fabriques s'attache au sol, l'acquiert et le cultive et, à l'exception du temps des moissons, ils ne se louent point pour des travaux agricoles. Grâce au labeur appliqué à la propriété ainsi divisée, la production totale a augmenté d'une manière sensible.

Il se fait un commerce de terres qui seconde ce mouvement vers la petite propriété. On nous signale une agence pour la vente des terres. De nombreux *marchands de biens* sont très occupés surtout de la vente des petits domaines ou des *parcelles* isolées, appelées TERRES VOLANTES. Assurément, ils sont fort loin d'avoir la même importance comme nombre et comme organisation que les fameuses *bandes noires*. Il ne s'agit plus là, sauf quelques exceptions, de vastes domaines à dépecer, de châteaux à détruire, d'ustensiles précieux à vendre comme ferrailles, de monuments, de souvenirs, d'objets d'arts à effacer du sol ou à disperser à tous les bouts de l'horizon.

Il y a longtemps que le gros de cette besogne, en partie utile, mais regrettable souvent pour les arts et les souvenirs historiques, a été accompli. L'influence de ces agents n'est pas toujours bonne, dit-on ; je le crois aisément ; il est de leur intérêt visible de multiplier les transactions, et le paysan peut céder plus d'une fois à la tentation d'acheter sans capitaux suffisants. Mais ces compagnies ne font le plus fréquemment que seconder un besoin qui existe, en facilitant les achats et les ventes à titre d'utiles intermédiaires.

On se demande si ce mouvement de subdivision continuera et s'aggravera dans ce qu'il peut avoir d'excessif. Cela paraît au moins douteux. Les épargnes commencent aussi dans l'Orne à rechercher les placements mobiliers. Tout donne lieu de croire que la passion d'acheter la terre trouvera là, comme elle l'a trouvé presque partout, un frein modérateur dans les limites d'une offre qui cesse d'être avantageuse et dans la concurrence de placements mieux entendus.

Il serait facile de présenter des observations analogues pour les deux autres départements, le Calvados et la Manche. Sans prétendre que tout y soit au mieux dans la répartition des domaines considérés sous le rapport de la dimension, on ne doit pas oublier que, quand la petite propriété domine fortement dans une région, il y a presque toujours des raisons sérieuses qui rendent en effet ce mode préférable. Nous l'avons vu, pour prendre cet exemple entre une foule d'autres, pour la partie montagneuse de l'arrondissement de Caen. Il faut les miracles de travail et d'économie de la propriété exiguë pour tirer un produit et un revenu de cette pierre aride. Le capital y perdrait ses efforts. Que les petits propriétaires dominent dans les arrondissements de Vire, de Falaise, ils y sont à leur place, les grands domaines s'étendent à l'aise dans les riches plaines, dans les plantureux pâturages de

Bayeux, de Lisieux, de Pont-l'Évêque, et y occupent environ la moitié des terres exploitées.

Nous n'ajouterons plus que quelques observations sous le même rapport au sujet de la Manche. Le terme de grande propriété y perd un peu de son importance pour une partie des domaines, lorsqu'on le voit s'appliquer à la possession de quarante hectares. Souvent les petits propriétaires sont des maraîchers, qui tirent des parcelles un excellent parti. Cela est sensible sur le littoral, par exemple aux environs de Cherbourg, dans les *nielles* ou anciennes grèves, et sur toute la ligne des côtes aux environs des villes. C'est dans le Val de Saire que le morcellement est ensuite poussé le plus loin, dans le domaine de la culture arable. Le département de la Manche n'en est pas moins, malgré cette circonstance, ou en partie à cause de cette circonstance même, celui des départements de la Normandie qui a réalisé les plus grands progrès relatifs depuis environ cinquante ans.

III

ÉTAT DES BAUX ET PRIX DES TERRES — LE FERMAGE ET LE FAIRE-VALOIR — TRANSFORMATION DU LABOURAGE EN PATURAGE

La situation économique des propriétaires ruraux se mesure à un double signe, la valeur des terres et le prix des baux. (On verra pourquoi nous attribuons une plus grande importance encore au second de ces signes qu'au premier.) Longtemps la valeur des terres a suivi en Normandie une progression constante. Elle manifeste aujourd'hui une tendance contraire. Les prix de vente des terres ont, en général, fléchi. Cette baisse s'explique par diverses circonstances économiques. On ne doit pas oublier parmi celles-ci le prix même très élevé, trop élevé parfois, et difficile à soutenir, que la terre devait à la recherche passionnée dont elle était l'objet de la part des riches acheteurs comme des paysans; on ne doit pas oublier non plus la concurrence de plus en plus vive des valeurs mobilières. Cette tendance à la baisse que nous avons pu constater en Normandie par des exemples assez frappants affecte surtout la grande propriété. La petite en est bien plus à l'abri, en raison de la modicité de la somme à débourser, et de la facilité qu'on trouve à exploiter une étendue restreinte, circonstances qui multiplient les acheteurs dont la concurrence surélève ou maintient en général les anciens prix de vente. Plus au contraire s'accroît la dimension du domaine, plus le nombre des acheteurs diminue. Entre autres exemples, nous avons pu le constater dans le Vexin, une des parties où l'on trouve le plus de grandes propriétés. Sans doute les chiffres de ventes actuels sont très élevés. Des terres, appartenant à la grande ou à la moyenne propriété, se vendent 3000 francs l'hectare, quand elles sont de première classe, et ne descendent guère au-dessous de 1800 francs pour la troisième; c'est là assurément une très grande valeur. Ces prix ne se sont pas moins abaissés de près d'un quart sur ce qu'ils étaient il y a une trentaine d'années. Or, c'est d'un quart aussi qu'ils doivent être augmentés pour la petite propriété dans la même région.

Il y a plus : les ventes de terres se font plus souvent en détail qu'en bloc, et alors le prix de vente de la petite propriété est de 10 pour 100 plus élevé environ. Il arrive en outre que, quand le lot vendu est peu important et a lieu dans un pays déjà morcelé, le prix de vente de chaque nouvelle parcelle est souvent plus élevé que le prix de la vente en bloc.

De telles comparaisons donnent au fait leur vrai degré d'importance et leur véritable mesure. Ils n'ôtent pas aux plaintes tout fondement, mais ils les réduisent à leurs proportions légitimes. Il sera juste d'ajouter aussi que cette diminution de prix de vente pour les domaines étendus souffre des exceptions. Le prix de bon nombre de terres étendues dans l'arrondissement de Neufchâtel, dans le Calvados et dans la Manche s'est maintenu, et la même observation s'étend à d'autres parties de la Normandie. On signale une diminution en valeur vénale d'environ un huitième dans les arrondissements de Cherbourg, d'Avranches, de Valognes, d'un sixième et d'un septième dans les environs de Coutances. Dans ceux de Saint-Lô et de Mortain, il y a au contraire eu une légère augmentation des prix de vente.

Nous arrivons à ce qui concerne les baux. Avant de constater certains symptômes récents de baisse, il est avéré qu'en Normandie le prix de location des terres a subi depuis un demi-siècle, depuis vingt-cinq ans même, une augmentation notable. Or, c'est là, en définitive, le signe le plus décisif, encore plus même que le prix des ventes, d'une situation satisfaisante jusqu'ici des propriétaires et des fermiers. La raison en est simple. La diminution du prix des ventes n'est un mal que pour le vendeur, elle est en somme favorable aux propriétaires nouveaux. Quant aux anciens possesseurs, ne peut-on dire que l'accroissement des baux les indemnise au moins en partie de la perte qu'ils doivent supporter un jour, s'ils se défont de leur domaine? Nulle indication n'a en somme l'importance de l'accroissement des baux comme symptôme de la condition économique pour le bailleur et pour le preneur. Il n'en est pas du fermier qui loue à bail comme du propriétaire qui achète. Celui-ci peut payer la terre à un taux trop élevé. Il paye alors le prix de sa vanité, de son influence, les douces jouissances attachées particulièrement à la possession du sol. Ces considérations n'agissent pas sur le fermier qui n'obéit qu'à des intérêts. S'il met aux baux un haut prix, c'est qu'en réalité pour lui l'affaire se présente bien, c'est que la terre louée, exploitée, offre au capital et à l'esprit d'entreprise un placement qui le satisfait. Le fermier est un spéculateur, il faut ajouter le plus habituellement un spéculateur prudent. On dit qu'il n'en est pas toujours ainsi, que trop de cultivateurs normands prennent des exploitations au-dessus de leurs forces. Ce n'est là que la petite minorité. Or, jusqu'à ces derniers temps, et pendant trente ou quarante années, l'augmentation des baux a été générale et sensible. Dans telle localité c'est d'un sixième, dans telle autre d'un cinquième en plus.

Dans le Bray, on a pu évaluer l'accroissement du prix de location des terres, depuis vingt ou trente années, à plus de 20 pour 100. Telle ferme qui rapportait quelques années auparavant 2 1/2 pour 100 rapportait 3 1/2 pour

100. Nos renseignements nous mettent en mesure de désigner assez exactement dans plus d'une circonscription la moyenne des baux et le taux de l'augmentation. Ainsi, pour le Calvados, on voit que les grandes exploitations sont louées 100 francs l'hectare, les moyennes 110, les petites 130. Cette élévation plus grande des terres louées en détail s'explique par la facilité plus grande de l'exploitation qui les fait également rechercher davantage. Mais ce n'est là qu'une moyenne. Elle est extraordinairement dépassée par les terres de première qualité pour le labour, et plus encore pour les prairies et les herbages. Les terres de labour de cette catégorie se louent dans le Calvados jusqu'à 180 francs l'hectare, les prairies et les herbages jusqu'à 240 francs. Ce sont là assurément des prix élevés, et la seconde classe en présente qui, dans des contrées moins favorisées, seraient classées parmi les meilleures terres, puisqu'elles sont louées jusqu'à 140, 150 francs l'hectare, et les prairies et herbages de même catégorie jusqu'à 180 et 200 francs. Il nous serait facile de multiplier ces exemples, de citer des chiffres un peu moins élevés sans doute, sauf exception, mais élevés encore pour l'Eure, la Seine-Inférieure, etc. Dans l'Eure, la moyenne moins haute, excepté dans les régions privilégiées en quelque sorte auxquelles nous avons fait allusion, se soutient du moins. Les prix de location représentent, en moyenne, 3 1/2 pour 100 du prix de la propriété. L'hectare est loué environ 100 francs pour les bonnes terres, et ensuite 90, puis 75, puis 60, puis 50, selon qu'on descend l'échelle des classes. Ces prix de location sont d'un huitième plus

élevés pour la petite propriété et la petite culture. Les autres départements ne varient pas très sensiblement.

On signale toutefois un assez grand nombre de baux qui ont fléchi dans les derniers temps. Une telle tendance, si toutefois il faut voir là autre chose qu'un accident passager, suffisait pour ajouter aux craintes de la propriété. Nous faisons la part aux plaintes, mais nous n'hésitons pas à les dire exagérées. Peu de propriétaires — et les fermiers sont dans le même cas — consentent à établir leur bilan sur une période assez longue de bonnes et de mauvaises années pour faire la compensation et se contenter d'un profit moyen. Il est si naturel de prendre pour le taux normal le taux le plus élevé, pour peu qu'on en ait contracté l'habitude pendant un temps! Des bénéfices qui baissent sont trop facilement présentés comme un désastre. On se flatterait en vain de faire admettre par les intérêts les observations de la froide raison ; elles ne réussissent presque toujours qu'à rendre suspects ceux qui les font entendre.

Nous avons pu recueillir ces griefs qui ont eu tant de retentissement dans les écrits, les discours, sur le préjudice que fait, disent-ils, à leur blé, à leur bétail, à leur laine, etc., la concurrence étrangère. — Pendant plus de quinze années ces plaintes et ces alarmes au sujet de la liberté commerciale, ou pour mieux dire à propos d'un régime protecteur amoindri par les traités de commerce, ne faisaient plus entendre qu'un écho rare et affaibli. La grande majorité paraissait accepter un régime plus libéral, qui rachetait les inconvénients de la concurrence étrangère par l'achat de matières premières et d'instruments à meilleur marché et plus abondants, et qui permettait à l'agriculture normande de pouvoir compter sans représailles sur le débouché. Il a suffi de quelques mauvaises récoltes et d'une crise commune au monde entier pour tout remettre en question. Les propriétaires et les fermiers normands se sont unis aux manufacturiers pour réclamer des augmentations de tarif. Marché onéreux où ils ne voient pas qu'ils donneraient tout et ne recevraient rien, où l'agriculture a toujours joué le rôle de dupe, et où la Normandie agricole, devenue plus que jamais un pays d'exportation avec ses routes et ses voies maritimes, aurait en particulier tout à perdre aujourd'hui!

Le progrès dans la condition de toutes les classes de propriétaires depuis plus d'un demi-siècle reste en tout cas une vérité hors d'atteinte. La classe des moyens propriétaires paraît être la plus éprouvée par les crises qui affectent la situation agricole. La raison en est simple. Ce mode moyen de propriété participe sous certains rapports sans doute des avantages des deux autres, il a aussi les inconvénients des situations intermédiaires. Pour faire face aux épreuves, la grande propriété a ordinairement un capital assez fort pour la mettre en mesure d'attendre les compensations apportées par les bonnes années. Telle n'est pas la condition des moyens propriétaires. Ils ne sont pas en général très bien pourvus de capitaux, et ils sont tenus à une certaine représentation, sujets parfois à des goûts dispendieux. La petite propriété se défend par la vigueur de son travail, par une économie sévère. Le moyen propriétaire ne porte pas au même degré les ressources de la main-d'œuvre, l'emploi de labeur personnel; il fait beaucoup moins par lui-même, s'entend moins à tirer du sol tout ce qui lui peut être arraché, à profiter de tout ce qui est utilisable. Cette demi-richesse, ces besoins et ces habitudes qui tendent parfois à excéder les moyens, ne sont pas les conditions les meilleures pour résister à des épreuves qui exigent pour ainsi dire la tension de toutes les ressources de fortune, d'intelligence et d'énergie personnelle.

IV

L'EXPLOITATION DIRECTE DES PROPRIETAIRES EN NORMANDIE LE FERMAGE

La propriété implique des devoirs comme elle a des droits. L'opinion publique ne s'y est jamais méprise. Elle ne saurait comprendre que le propriétaire se désintéressât en quelque sorte de la terre. Elle jugeait avec une sévérité légitime les propriétaires nobles qui désertaient leurs domaines, et l'histoire ne s'est pas montrée moins sévère que l'opinion. Un mot a même été créé pour désigner cette absence habituelle de propriétaire, c'est le mot d'*absentéisme*. Est-ce à dire que cette question ait aujourd'hui la même importance qu'autrefois? Non évidemment, en raison même de l'immense étendue couverte par la petite propriété. Il n'y a pas à craindre que celle-ci abandonne le sol sur lequel elle s'acharne et qui la fait vivre. Quant aux grands possesseurs de terres eux-mêmes, comment ne pas reconnaître qu'entre le grand propriétaire noble qui vivait loin de ses domaines et le propriétaire d'aujourd'hui, il n'y a point de parité à établir? Le noble propriétaire se rendait à la cour, où il dépensait souvent en profusion et en luxe le revenu de ses domaines. Il laissait le soin d'exploiter à des intermédiaires souvent durs, avides, portés à pressurer les populations, car ils étaient chargés de réclamer des redevances, d'exercer certains droits, qui, pour être devenus moins odieux que par le passé, n'en étaient pas moins pénibles à supporter et impopulaires. Ce propriétaire noble prenait à la terre, prenait aux populations dont il était le protecteur-né, souvent au delà de ce qu'il leur rendait. La non-résidence ne crée aujourd'hui ni des torts égaux, ni les mêmes préjudices. Nos propriétaires ont moins d'influence pour le mal comme pour le bien. Leurs origines et leur vie ont cessé de se confondre avec la terre. Ils peuvent s'en détacher jusqu'à un certain point sans lui retirer sa substance, sans qu'il en résulte un de ces déchirements d'un lien naturel qui équivaut pour la société à un trouble profond, à une souffrance aiguë. De même qu'il n'y a plus d'oppression féodale, il n'y a plus de patronage aristocratique et seigneurial. Le dommage est donc moindre, mais il peut se produire et se produit en effet lorsque la désertion est trop complète. Nous ne saurions faire un reproche sérieux à la plupart des grands propriétaires normands de ne pas exploiter leurs terres par eux-mêmes. Ils remplissent à la ville presque toujours une fonction utile. Tous n'ont pas les aptitudes qui font les excellents agriculteurs. Ils obéissent au principe moderne qui gouverne toutes les sphères de l'industrie, de l'activité humaine, le principe de la spécialité, la division de travail, en confiant l'exploitation à des mains habiles, expérimentées, n'ayant nul intérêt à pressurer les populations, ayant tout intérêt à faire rendre au sol tout ce qu'il peut rendre. Mais ils doivent, ce qu'au reste font la plupart d'entre eux, venir habiter leurs terres une partie de l'année, ils doivent y paraître non comme des hôtes passagers, indifférents et inconnus aux gens du pays, mais avoir soin et souci des populations.

Non, la propriété foncière, même dans les conditions modernes, n'abdique pas tout patronage, toute obligation de contact suffisamment fréquent et prolongé avec la terre, avec les habitants du pays. N'y a-t-il pas ici plus d'une lacune regrettable à signaler? Les séjours sont-ils assez longs, toujours assez marqués par une influence suffisamment salutaire, efficace? Nous avons déjà répondu à cette question en traitant de l'état moral. Nous pourrions y rentrer en parlant du développement économique, de l'avancement de l'agriculture, du bien-être des habitants de la campagne, qui réclament des exemples et un concours, qu'il est possible de leur prêter sous plus d'une forme. Nous ne voulons pas dire encore une fois que ce genre d'obligations n'est pas rempli par la majorité, mais il n'est pas suffisamment pratiqué par une minorité encore assez nombreuse pour qu'elle ne doive pas être rappelée au sentiment de ses obligations.

On peut poser en fait qu'en Normandie, le nombre des propriétaires exploitants est en raison inverse de l'étendue des domaines. Ce qui revient à dire que les plus nombreux exploitants sont sans comparaison les petits propriétaires; cela se comprend du reste, puisqu'ils ont trop peu de capital et de terre pour s'en remettre à un autre du soin de les faire valoir; ils ne pourraient sans grand dommage pour eux se dessaisir d'une partie du revenu au profit d'un intermédiaire. Dans l'Eure, une des dernières statistiques indiquait le chiffre de 31 084 propriétaires ne cultivant pas eux-mêmes. Ce sont, non seulement de grands, mais de moyens propriétaires. En effet les moyens propriétaires sont loin d'exploiter toujours eux-mêmes. Dans telle région la moitié seulement font valoir, plus souvent peut-être ce n'est que le tiers. Cela tient à ce que ce sont aussi des hommes occupés autrement et ailleurs, des fonctionnaires, des officiers publics, des employés dans les compagnies, etc. La ville les enlève à la campagne. Cela doit arriver particulièrement dans les départements où l'on trouve de grandes villes à proximité comme Paris.

Une division importante est à établir aussi parmi les petits propriétaires qui font valoir. Les uns cultivent pour eux seuls. On en trouve dans l'Eure 18 945. Les autres cultivent à la fois pour eux-mêmes et pour d'autres. Ceux-ci forment la majorité. L'Eure n'en compte pas moins de 21 210. On peut évaluer dans la Seine-Inférieure à 15 pour 100 seulement les domaines de quelque importance exploités directement par les propriétaires. Les autres départements donneraient avec quelques différences des résultats analogues pour le rapport à établir entre l'exploitation personnelle et la dimension de la propriété. Dans l'Orne 27 000 propriétaires ruraux ne cultivent que pour eux-mêmes; 16 000 cultivent ou cultivaient récemment pour eux-mêmes et pour le compte d'autrui; ce chiffre s'est encore accru. Si l'on peut citer dans l'Orne de grands propriétaires qui figurent au nombre des plus grands agriculteurs de notre pays, il n'est pas vrai que la grande propriété y est surtout représentée par les 13 500 fermiers à prix d'argent. Dans le Calvados, il y a quelques années, les régisseurs et les fermiers au nombre de près de 54 000 représentaient aussi la majeure partie de la grande propriété et plus de la moitié de la moyenne. La Manche ne donne pas des résultats différents.

Voilà les faits constatés; sont-ils suffisamment expliqués? Nous avons dit que la grande propriété, en renonçant le plus souvent à l'exploitation directe, fait entendre des raisons qui sont loin d'être toujours sans valeur, comme par exemple un emploi utile à remplir, plus conforme à leurs aptitudes, motif que ne sauraient invoquer d'ailleurs ceux qui reculent simplement devant une vie sérieuse et devant un travail trop absorbant. Mais, si l'exploitation directe est rare dans la grande propriété, cette abstention ne s'explique-t-elle pas aussi par des motifs moins généraux, qui tiennent à des difficultés en quelque sorte contemporaines? Nous avons pu recueillir là-dessus des aveux précieux, instructifs, qui éclairent la situation de la propriété dans ses rapports avec les populations et en montrent les difficultés en plus d'un cas. Je reproduis ici le langage d'hommes d'un esprit très éclairé, très élevé, qui se déclarent près de renoncer à l'exploitation, ou qui déjà y avaient renoncé après plusieurs années d'essai. « Oui, on a raison de recommander aux propriétaires fonciers, lorsqu'ils le peuvent, lorsqu'ils savent s'y prendre, l'exploitation de leurs domaines. Il existe en effet un certain nombre d'hommes qui ont le droit de s'y croire aptes, et qui n'ont aucune tâche sociale plus utile à remplir. Nous pensions être de ce nombre. Nous voyions dans l'exploitation un profit pour nous et une sorte de service public rendu à l'agriculture et aux populations par les bons exemples, par les perfectionnements, par le bien accompli sous toutes les formes. De telles considérations peuvent entrer dans les déterminations d'un honnête homme, d'un bon citoyen, sans qu'il soit pour cela autorisé à s'en vanter comme d'un acte de grand dévouement, puisqu'il espère y trouver une récompense matérielle et morale. Mais, lorsqu'on forme de telles résolutions, après y avoir mûrement réfléchi, lorsqu'on a fait le sacrifice des relations de la ville et des distractions mondaines, lorsqu'on a supputé sous le rapport soit moral soit économique les avantages et les inconvénients, on s'aperçoit qu'il y a une considération avec laquelle on n'a pas suffisamment compté. La situation du propriétaire foncier, s'il est ce qu'on appelle un riche, s'il habite un château, rencontre des difficultés de tout genre dans ses relations avec les populations agricoles. A ces difficultés un fermier est bien mieux en état de faire face avec avantage. On n'admet pas de la part de ce propriétaire qui vit largement, qui paye tribut au luxe, ces discussions sur le salaire, sur la nourriture, ces sévérités de la discipline, ces exigences sur les heures de travail, ces exclusions des paresseux et des ivrognes, qu'on pardonne à peine au fermier, mais que l'on comprend de sa part; on trouve naturel qu'il veuille gagner; on dit qu'il fait son métier; rude paysan qu'il est lui-même le plus souvent par ses origines, ce métier il peut s'en acquitter en effet sans faiblesse comme sans vergogne. Le fermier prêche d'exemple par le travail manuel, la simplicité des habitudes; le paysan a beaucoup de peine au contraire à comprendre qu'un propriétaire qui passe pour être un homme de loisir, ou pour ne travailler que parce que cela lui convient, qu'un riche dont la table est toujours bien garnie, et qui se permet une foule de dépenses réputées inutiles, dispute au pauvre ouvrier rural quelques centimes de plus sur la paye quotidienne, qu'il lui chicane quelques litres de cidre, et les vivres en suffisante abondance. Les exigences de l'ouvrier agricole, du journalier, du valet de ferme, étant aujourd'hui bien plus grandes, elles tendent à s'accroître au delà de toutes limites raisonnables, lorsque les conditions du travail sont discutées avec le propriétaire ou avec tel intermédiaire qu'il se substitue et qu'on sait absolument dans sa dépendance. Or, que représentent ces sacrifices qu'on nous demande comme une sorte de dette, ces appels incessants à une générosité inépuisable, à une indulgence débonnaire? Ce que cela représente, c'est pour la propriété elle-même, la gêne, la ruine peut-être. Quel revenu y suffirait? Quelle bonne administration y résisterait? S'armer de courage, résister, refuser, comment le faire sans luttes perpétuelles, au bout desquelles se trouve la haine des populations? Quant à ces perfectionnements dont se flatte tout propriétaire qui commence à exploiter, et qui rencontrent souvent bien des obstacles dans la nature des choses, eh bien! quand on en a réalisé quelques-uns, qu'il a fallu plus d'une fois solder par des sacrifices, pense-t-on qu'ils nous assurent la reconnaissance de nos voisins? Combien de fois au contraire on nous les a reprochés en alléguant que c'est l'exploitation riche qui écrase la propriété pauvre par la concurrence d'un capital supérieur! Nos primes d'honneur elles-mêmes, elles nous causent fréquemment plus d'ennui que de satisfaction. Que ne dit-on pas? Nous l'avons emporté par la faveur; de plus méritants ont dû céder à de plus hauts placés. Le bien même devient un grief, est tourné contre nous. Le fermage nous décharge de ces responsabilités accablantes, de ces difficultés sous lesquelles nous succombons. Comprenez donc que la plupart y aient recours tout d'abord et pardonnez à ceux qui y reviennent. »

Bon nombre de propriétaires en Normandie ont pris et prennent tous les jours un parti moins absolu. Ils transforment la nature de leur propriété pour avoir des points de contact moins nombreux et moins pénibles avec la main-d'œuvre, et pour s'épargner une foule de soins et de soucis inhérents à la culture arable. Ces raisons ne sont nullement étrangères à la détermination que prennent assez souvent les propriétaires de terres de labour de les convertir en pâturages et en prairies. Curieuse, profonde métamorphose! Le retour aux grands pâturages, comme à Rome, mais dans des conditions de travail libre toutes différentes. Ce mouvement commence, il ira loin. Nous le voyons se déclarer en Normandie, ailleurs aussi. Ce mode de propriété, le pacage, la prairie aussi, a aux yeux des propriétaires découragés auxquels j'ai fait allusion un mérite qui les décide quelquefois à ne pas abandonner l'exploitation. Il réduit le personnel employé. Il supprime des froissements pénibles, des points de contact trop fréquents avec le travail et ses exigences. Il est plus simple, plus commode, et, circonstance plus décisive encore qui entraîne les propriétaires faisant valoir ou affermant, il est souvent plus lucratif dans ces terres humides de la Normandie. Mettre en prairies, et, comme disent les Normands, « coucher en herbe » des terres cultivées en céréales, est une opération trop fréquemment conforme aux indications du climat pour ne pas s'imposer à d'intelligents calculs. On nous signale nombre de terres qui ont, grâce à cette transformation, augmenté de valeur du tiers et même du double. Le mouvement, nous devons le dire, irait plus vite sans la routine de certains fermiers et propriétaires qui cèdent au préjugé, et même au plus singulier amour-propre, ne pouvant se faire à l'idée de ne plus porter de blé au marché. Vendre du blé est leur point d'honneur. Ne plus en vendre pour porter autre chose au marché c'est déroger. Quelques-uns paraissent même regarder comme imprudent d'attendre leur nourriture de leurs achats, au lieu de la produire eux-mêmes. Raisonnement plausible, il y a cent ans, cinquante peut-être, lorsque les voies de communication faisaient défaut, lorsque les entraves mises au commerce intérieur du blé se présentaient sous toutes les formes, mais que vaut-il aujourd'hui ? Les moyens de circulation et d'échange manquent-ils? Et voit-on que les régions, situées dans de telles conditions de proximité des plaines à céréales et des ports de mer, desservies par des chemins de fer presque partout, manquent de pain, lorsqu'elles ne le produisent pas directement?

Nous venons de signaler l'état, les tendances de la propriété en Normandie, la condition générale des propriétaires. Passons maintenant à la situation économique que présente la classe des fermiers.

CHAPITRE VIII

CONDITION ÉCONOMIQUE DES FERMIERS EN NORMANDIE

I

PROGRÈS DE LA SITUATION DES FERMIERS — DURÉE DES BAUX ÉTAT ET DIVISIONS DES CULTURES

La situation des fermiers doit être examinée, soit en elle-même, soit dans ses rapports avec les propriétaires qui stipulent avec eux des engagements.

Dans l'état des populations agricoles, cela est sensible en Normandie, la condition de fermier est loin d'impliquer toujours une situation inférieure à celle de propriétaire, à moins qu'il ne s'agisse de la très grande propriété. La classe des fermiers renferme dans les cinq départements normands une quantité de cultivateurs instruits, qui ont fait des études dans les lycées ou collèges des villes les plus voisines, qui ont reçu une éducation libérale dans divers établissements d'instruction publique. C'est là une minorité, mais elle ne laisse pas d'être assez nombreuse. Entre elle et le fermier ignorant et rustique, on passe par bien des intermédiaires. On peut dire qu'une telle classe rurale forme une sorte de bourgeoisie solide, réfléchie, ayant des manières simples sans grossièreté, souvent avenantes, cordiales, qui se témoignent fréquemment par une hospitalité polie sans obséquiosité comme sans rudesse. Les fermiers de condition supérieure ou moyenne sont souvent au-dessus des petits propriétaires paysans par l'éducation comme par la richesse. La distinction entre les propriétaires et les fermiers n'est pas d'ailleurs toujours fondée comme classe. Beaucoup de fermiers sont propriétaires eux-mêmes. Tels possèdent à eux 100 hectares, en louent 200 ou 500 et plus. Ceux-là sont de vrais entrepreneurs. C'est d'eux que l'agriculture attend le plus de progrès. Souhaitons qu'ils se multiplient, se recrutent dans la classe aisée et éclairée.

Jusqu'à ces derniers temps les fermiers normands ont eu à se louer de leur situation, quoiqu'ils se plaignent aussi, tantôt avec raison, tantôt non sans quelque excès. Ils payaient des baux élevés, mais réalisaient de bons bénéfices, achetaient des terres, faisaient des placements, ou pour le moins, pouvaient vivre avec aisance. Les grands fermiers trouvaient au besoin le crédit, accordé plus difficilement à des propriétaires dans une position moins avantageuse.

Ce n'est pas d'aujourd'hui qu'on se plaint en Normandie, que, pour les terres, le capital d'installation et le capital de roulement sont insuffisants. L'agriculteur, plus d'une fois, se voit forcé de recourir à l'emprunt;

trop souvent il ne peut le faire qu'à des conditions très onéreuses. Le propriétaire trouve moyen, non toujours, mais assez souvent, d'emprunter sur hypothèque à 5 pour 100 une somme qui, avec les frais accessoires et les renouvellements, lui revient de 6 à 7 pour 100; mais le fermier, s'il n'a que son crédit personnel, et un mobilier grevé du privilège de propriétaire, ne peut trouver d'argent qu'à 8 ou 9 pour 100, tout compris. Dans telles régions, la position du cultivateur sera encore plus difficile; les prêts se feront sur simples billets et presque toujours à un taux usuraire. C'est là, on le sait, pour les propriétaires ruraux d'ailleurs aussi bien que pour les cultivateurs qui louent à bail, un des côtés fâcheux de la situation à laquelle nous avons reconnu tant d'aspects favorables dont on aurait tort d'atténuer l'importance. Ce côté fâcheux doit être constaté chez les fermiers comme chez les propriétaires sans être davantage présenté sous les plus sombres couleurs. La dette pèse sur les campagnes normandes plus qu'il ne faudrait. Il est faux qu'elle ronge, mine la propriété. Ce sont là fort heureusement des exceptions. La dette s'est-elle donc aggravée depuis trente ans? Loin de là, nous l'avons dit déjà pour la petite propriété, elle a sensiblement diminué. L'usure fait moins de victimes, et moins de gens y ont recours. Cela tient-il à ce que la Normandie a profité dans une certaine mesure des institutions et moyens de crédit destinés à venir en aide à la propriété foncière et à l'agriculture? Oui, sans doute, mais bien plus encore à un accroissement réel de prospérité. Aujourd'hui, les propriétaires ruraux et fermiers en Normandie comprennent un peu mieux qu'autrefois — puissent-ils le comprendre de plus en plus! — certaines prescriptions élémentaires de prudence qui se placent au-dessus même de toutes les institutions de crédit foncier et agricole. Pour l'acheteur de terres, nulle règle plus sûre que de ne pas acheter au delà de ce qu'il peut cultiver. Pour le preneur à bail, une règle non moins bonne est de ne pas se charger d'une exploitation au delà de ses forces.

On parle de la nécessité du crédit en certaines circonstances. Elle est réelle, mais interrogez les hommes compétents et sincères en Normandie; ils vous diront que rarement les emprunts sont consacrés à l'amélioration du sol, mais aux nécessités pressantes d'une situation déjà obérée ou à des exigences d'aisance, de luxe même, accrues parfois hors de raison.

Outre les observations qui se rapportent à leur condition prise en elle-même, il y a lieu d'examiner aussi quelles sont les relations des fermiers avec les propriétaires, et qui influent nécessairement sur cette condition même. C'est là un sujet qui offre, à vrai dire, selon les provinces, des particularités variées et parfois assez curieuses. Les obligations réciproques des propriétaires et des fermiers, leurs arrangements, non seulement légaux, mais particuliers, et qui relèvent de la coutume, gardent encore en plusieurs pays un caractère d'originalité dont témoignent certaines dispositions dignes d'être mises en lumière. On ne rencontre ici que peu de ces dispositions toutes spéciales. Tout dans le fermage s'y présente selon les formes les plus consacrées, les plus officielles pour ainsi dire, du Code civil. Le fermage est presque toujours réalisé sous les formes les plus simples, et dans sa totalité payable en argent. A peine est-il nécessaire en conséquence de rappeler ici ce qui fait le fond essentiel et habituel de ces sortes de contrats en Normandie. L'usage, comme la loi, y établit que les fermiers, indépendamment du payement du prix du bail, acquittent les impôts ; qu'ils soient chargés d'entretenir les couvertures, de charrier les matériaux pour la construction et la réparation de bâtiments, de laisser une certaine quantité de pailles pour le fermier entrant, et souvent une étendue déterminée de prairies artificielles. Les redevances en volailles, œufs, beurre, fruits, céréales, foin, paille, etc., qui étaient stipulées dans les baux, ont presque complètement disparu ; il n'en reste quelques vestiges que dans la moyenne et dans la petite culture. L'usage des *pots-de-vin*, autrefois demandés à l'entrée en jouissance d'un fermage, a aussi complètement cessé.

Le fermage, dans toute la pureté et toute la fixité de ce régime, voilà ce qui forme en Normandie la règle générale des contrats entre la propriété et celui qui l'exploite. C'est le régime des pays agricoles les plus avancés. Même dans les régions où la Normandie ne mérite pas cette dernière qualification, il règne seul et sans partage. A peine trouve-t-on aujourd'hui quelques traces de métayage dans cette province. On signalait encore il y a peu d'années 400 colons partiaires dans l'Eure, presque tous dans l'arrondissement de Bernay. Le nombre s'en est sensiblement réduit. Le métayage se rencontre à un faible degré dans les arrondissements de Coutances et d'Avranches, on peut en prévoir aussi la fin. On trouve quelquefois dans l'arrondissement de Cherbourg l'exploitation par cheptel. Il consiste dans l'achat, par des domestiques de fermes ou des journaliers, de bêtes à cornes et surtout de brebis, qu'ils donnent à de petits propriétaires pour les nourrir et partager par moitié la laine, le croît et les agneaux, pour le petit bétail : le lait, la moitié du veau et du croît pour le bétail à cornes. Sans s'arrêter à ces particularités, on peut maintenir cette conclusion que le bail à ferme a succédé aux diverses combinaisons dont nous avons eu l'occasion de donner une idée pour le passé de la Normandie.

La durée de ces baux varie selon la richesse des régions et l'état plus ou moins avancé des cultures. Les plus longs sont aussi en général les plus favorables aux fermiers dont ils confondent les intérêts avec ceux de la terre. Mais il faut qu'eux-mêmes soient en mesure de prendre de longs engagements. En Normandie les baux dépassent rarement douze ou quinze ans. De tels baux sont plus nombreux qu'autrefois, mais de l'aveu général, ils sont loin encore d'être aussi fréquents qu'on pourrait le désirer. A plus forte raison ceux de 18 ans, de 21 ans, de 24 ans, sont-ils fort rares. On nous en a signalé pourtant de tels, dans la Seine-Inférieure, et dans quelques parties bien cultivées des autres départements. La durée de neuf années est en définitive celle qui prévaut; quoique insuffisante fréquemment, elle constitue un réel progrès. Les baux de six ans, de trois ans même, sont communs pourtant dans la petite ou moyenne culture, et, quoique justifiés par les circonstances dans plus d'un cas, on s'accorde à trouver cette durée généralement insuffisante pour les progrès de l'agriculture même dans ces conditions moyennes.

Les esprits éclairés appellent de ce côté la réforme des usages. On s'étonne de voir que les baux n'aient pas une durée plus longue, beaucoup plus longue que six, même neuf années, dans des pays de culture avancée où les perfectionnements demandent à la fois des avances aux fermiers et du temps. On nous en faisait la remarque dans le Bessin, où les entreprises de longue haleine pour la transformation du sol par le drainage et pour l'engraissement du bétail exigent une durée comme des avances qui dépassent de beaucoup ce que demandent d'autres travaux agricoles. Dans de telles conditions, le fermier est particulièrement autorisé à dire qu'il a le temps à peine, avec des baux trop courts, de retirer le fruit de ses dépenses et de ses peines. Il en résulte que le *fermier sortant*, c'est-à-dire ce fermier qui en est aux dernières années de sa jouissance, ne se croit tenu à rien pour son successeur éventuel. Cette mobilité, ce travail à échéance trop courte, qui est un mal commun à plus d'une de nos régions agricoles, on comprend qu'il paraisse surtout préjudiciable avec la nature du sol et des cultures que présente la Normandie, contrée si fertile souvent, mais qui exige presque toujours des efforts prolongés et un capital toujours en mouvement.

Assurément on l'a fait observer avec raison : un propriétaire ne peut pas aliéner pour un laps de temps indéfini, pour la vie d'un homme, le domaine qu'il possède. Le propriétaire perdrait, avec un tel engagement, les justes accroissements du fermage qu'il est en droit d'attendre de l'augmentation continue de la richesse publique et du développement de fécondité qu'une bonne culture doit imprimer à sa terre. Toutefois, entre le bail de trois, six ou neuf ans, et le bail emphythéotique, il y a une large marge ouverte. Tout fermier qui ne dispose pas d'une quinzaine d'années au moins ne peut rien entreprendre de sérieux. La durée du bail peut même s'élever à vingt ou vingt-cinq ans dans plusieurs circonstances pour le mutuel avantage des deux parties; toutefois le propriétaire qui se dépossède pour une aussi longue période a droit à quelques compensations. N'est-il pas équitable en effet que ses intérêts suivent, avec ceux du fermier dont il facilite la prospérité, une marche progressive[1] ? De tels arrangements sont contractés en effet entre les propriétaires et les fermiers normands : on ne leur adresse qu'un reproche, celui de ne pas être fréquents, de ne pas se prêter dans une mesure suffisante au développement du perfectionnement agricole.

L'étendue des cultures appelle aussi de notre part quelques remarques. On rencontre en Normandie la grande, la moyenne et la petite culture à des degrés divers, qui, bien entendu, modifient aussi la condition des popula-

[1] V. là-dessus une excellente étude de M. Louis Villermé sur la propriété rurale (*Revue des Deux Mondes*, 15 mars 1861).

tions. Ces modes de culture ne sont pas toujours, on le sait, en rapport avec les dimensions de propriété qui correspondent à ces expressions. On a vu en Europe telle vaste contrée, comme l'Irlande, livrée à la grande propriété et à la culture morcelée. Ces contrastes ne sont pas très fréquents en Normandie, mais j'ai déjà constaté qu'on les y rencontre parfois. Ces expressions de grands, moyens, petits cultivateurs, s'appliquent d'ailleurs indifféremment aux propriétaires faisant valoir et aux fermiers. Nous avons signalé l'existence en grande majorité des moyens et petits fermiers dans l'Eure. Mais dans tel arrondissement, celui des Andelys, par exemple, les grands fermiers exploitent environ la moitié du sol. L'étendue moyenne des fermes du pays de Caux est de 60 hectares; il y en a peu de 100 hectares et au-dessus, tandis qu'il existe beaucoup de petites exploitations de 10 à 25 hectares. Dans l'Orne, où j'ai fait déjà des réserves en faveur de la grande culture, on remarque aussi le morcellement des fermes, et l'on compte en grand nombre les petits fermiers, même sur les grands domaines. On y voit d'ailleurs des exploitations par milliers qui n'atteignent pas 5 hectares; celles de 10 hectares sont fort nombreuses; on les désigne sous le nom de bordages ou closeries. Le Calvados et la Manche donnent, pour les dimensions des cultures, à peu près les mêmes proportions que pour la propriété. Dans les riches plaines, on rencontre les exploitations de 100, de 200 ou de 300 hectares même. Là aussi les grands fermiers occupent une place considérable.

Il est de toute évidence que les grands fermiers tiennent, avec les grands propriétaires qui font valoir, la tête de l'agriculture en Normandie. Grâce à leurs exploitations plus étendues et à l'aiguillon des récompenses agricoles, comme à leurs calculs plus larges, les uns et les autres se sont montrés depuis trente ans les principaux auteurs des perfectionnements qui par suite ont profité à l'ensemble des classes rurales. C'est aux grands agriculteurs qu'on est surtout redevable des applications de la mécanique les plus fécondes et de l'introduction des principaux engrais.

Non qu'il faille nier ici la part des moyens et petits fermiers. Les engrais à bon marché, les engrais maritimes ont trouvé en eux des partisans, des promoteurs déclarés. Ils ont employé le fumier dans des proportions considérables. Mais les fermiers qui exploitent de vastes domaines avaient seuls en général assez de capitaux pour se procurer les engrais chers, le guano et des préparations artificielles très coûteuses. C'est aux grands cultivateurs que la Normandie a dû l'introduction des principaux engins mécaniques, appliqués à l'agriculture et au battage des grains. Là seulement figure, et dans une proportion bien faible encore, le labourage à vapeur. Si on a vu s'introduire peu à peu dans des fermes qui ne sont pas de première importance la machine à battre qui, avec un cheval et deux personnes, peut battre 180 bottes dans la matinée; si par ce procédé, outre l'économie si considérable de la main-d'œuvre, on a obtenu l'avantage de faciliter la surveillance, presque impossible avec le battage au fléau; si le blé aussi est non seulement battu plus vite mais beaucoup mieux, c'est à l'exemple des grands fermiers que ces bienfaits sont dus. Nous pourrions prendre pour exemple les autres mécanismes agricoles, moissonneuse, faneuse, etc. L'initiative est venue de la grande ferme et ne pouvait le plus souvent venir que de là en raison de la cherté des mécanismes, de la hardiesse parfois des essais, et des quantités plus grandes sur lesquelles on pouvait opérer.

Est-il donc vrai que ces fermiers, nos fermiers normands, soient si au-dessous qu'on veut bien le dire parfois des fermiers anglais? Ne faudrait-il pas faire ici des distinctions qu'on néglige? Supériorité sur quelques points, non pas sur tous, notamment sur certains, qui ont aussi une très grande importance? « On est assez disposé depuis quelque temps à comparer l'état des populations rurales en France et en Angleterre, et à faire tourner le parallèle au profit de l'Angleterre. Il est certain que les rangs supérieurs de la société agricole sont remplis en Angleterre par tout ce qu'il y a de plus grand par la naissance ou par la fortune, et que la vie rurale est aussi développée chez nos voisins qu'elle semble dédaignée chez nous. En outre, les fermiers anglais sont en quelque façon supérieurs aux fermiers français. Le fermier français est un homme de pratique; il travaille lui-même, laboure, charrie et moissonne; le fermier anglais fait travailler et surveille. Celui-ci vaut par son intelligence et son courage, celui-là par son instruction et ses capitaux. Pour peu qu'on fasse revivre en sa mémoire les riants aspects des campagnes anglaises, la noble hospitalité du grand seigneur et des riches fermiers, on se laisse aller à dire que la condition des journaliers et des laboureurs anglais doit être plus heureuse et plus morale que la condition des journaliers et des paysans français. Il n'en est rien... Le fermier anglais ne s'occupe presque jamais du bien-être ou de l'instruction de ses ouvriers... Le journalier est bouvier, laboureur, berger de profession, il le sera jusqu'à sa mort. Les mœurs, la constitution de la propriété et de la culture lui interdisent toute ambition d'avenir. Quel contraste avec la France[1] ! »

II

AUTRES PROGRÈS DANS L'ÉTAT DES FERMIERS
COTÉS ARRIÉRÉS ET LACUNES DANS LA TENUE DES FERMES
CONSTRUCTIONS RURALES
VÊTEMENT ET NOURRITURE DANS LA CLASSE MOYENNE DES CULTIVATEURS

Nous avons rendu justice en Normandie aux efforts méritoires de la grande ferme et de la grande culture pour contribuer au progrès. Nous n'éprouvons qu'un regret, celui de ne pouvoir citer celles qu'on trouve tant de profit, de plaisir, de légitime orgueil pour notre pays, à visiter, à se faire expliquer dans leur organisation habile, savante, et dans leurs innovations fécondes. Les heures passent vite dans ces intéressantes visites.

Le recueil si instructif publié par l'Association nor-

[1] Nous empruntons ces lignes à un article de M. Louis Passy sur les populations rurales (*Revue des Deux Mondes*, 1er août 1859), en nous nous y associant de grand cœur.

mande sous le nom d'*Annuaire* renferme nombre de ces descriptions pour les cinq départements; elles sont faites pour intéresser vivement, non seulement les agronomes, mais les économistes et quiconque n'est pas indifférent au développement de la richesse agricole, au progrès des populations rurales dans notre pays.

Mais, une belle part faite à la grande ferme, à la culture, nous pouvons maintenant répartir entre tous les modes, entre toutes les dimensions de culture, les progrès accomplis dans l'agriculture normande et dans les améliorations réalisées au profit de la masse rurale. C'est partout que les terres sont mieux labourées, mieux engraissées, mieux nettoyées de plantes nuisibles. Les jachères ont à peu près disparu partout aussi, et par suite, la somme de récoltes a augmenté. Les prairies artificielles occupent une plus grande superficie, et par conséquent, on peut élever un plus grand nombre de bestiaux. Les herbages sont beaucoup mieux tenus. Les alentours des fossés sont soigneusement débarrassés des ronces improductives qui y occupaient la place de l'herbe. On a tiré un heureux parti de l'introduction du colza et de la betterave. Les procédés agricoles se sont également perfectionnés. Le drainage s'est développé aussi sous les auspices pour ainsi dire de la grande ferme, mais il s'est étendu au delà. Les encouragements donnés à cette excellente pratique par l'Association normande et par les Sociétés d'agriculture, ont engagé un assez grand nombre de propriétaires à drainer celles de leurs terres qui réclamaient ce moyen d'assainissement. Le fermier, après avoir expérimenté les effets de cette opération, a été le premier à la solliciter de son propriétaire, et à lui proposer de lui tenir compte, à raison de 5 pour 100, de l'argent exigé par les travaux. Les irrigations ont reçu également une extension et des améliorations qui exigeaient les avances de la grande culture, mais dont les autres modes ont su profiter aussi par un progrès qu'on peut trouver trop lent, mais qui ne s'est pas moins presque partout déclaré.

Nous avons pourtant aussi le regret de signaler certains côtés arriérés quant à la tenue des fermes, et il faut bien avouer que c'est surtout aux moyens et petits cultivateurs que ces reproches s'adressent.

Nous ne sommes pas les seuls dont les yeux aient été blessés par la malpropreté de beaucoup de ces cours et basses-cours, de ces espaces entiers encombrés d'immondices, et nous n'avons pas à craindre de donner seulement ici la preuve de sens trop délicats. Nous avons entendu la même plainte chez les hommes les plus éclairés du pays, les moins prompts à tenir compte dans les choses agricoles de ce qui peut offusquer les yeux ou importuner l'odorat. Outre qu'il faut bannir la malpropreté inutile, qui devient si facilement nuisible sous le rapport de la salubrité, c'est une affaire aussi d'économie domestique. Dans ces amas immondes, dans ces liquides infects qui ne circulent pas, les agronomes déplorent une des causes sensibles des pertes de fumier et de purin. D'autres imperfections doivent être signalées aussi. Les couvertures en chaume, dans une quantité de bâtiments de fermes, attestent aussi une persistance trop enracinée dans les vieilles habitudes. Outre les risques d'incendie, c'est une quantité considérable de paille absorbée chaque année d'autant plus inutilement qu'à l'heure présente une couverture en ardoise ne coûte pas plus cher qu'une couverture en paille.

Certes, les maisons bien construites de simples cultivateurs ne manquent pas. L'œil en est quelquefois ravi. Mais, dans les parties arriérées, « l'art des constructions rurales, » ce sont les termes mêmes dont se sert un inspecteur général de l'agriculture, M. Malo, « est resté dans l'enfance sur beaucoup de points. Nul choix dans leur situation, nul goût dans leur distribution. La majorité de ces cultivateurs ne semble même pas se douter de l'importance d'une installation mieux entendue.

« La plupart de leurs habitations sont étroites et basses, incommodes, malsaines. Elles sont bâties en pierre, en brique, et le plus souvent en bois garni de torchis, suivant les ressources locales, bien qu'on trouve partout de la terre propre à faire des briques, il ne s'agirait que de multiplier les fours, ce qui faciliterait la construction des bâtiments utiles. »

Le même témoin ajoute ces lignes qui confirment, en y ajoutant, ce que nous venons de constater nous-même : « Les cours et les abords des exploitations sont souvent mal nivelés et inabordables, les étables manquent d'air et de pente, elles deviennent insalubres par suite de l'accumulation prolongée des animaux. Les fumiers ne sont enlevés des écuries où ils séjournent fort longtemps, que pour être entassés devant la porte des habitations. Les maisons sont ordinairement placées en contre-bas du sol des cours, de sorte que l'eau et le purin s'y rendent en abondance et les baignent, contrairement aux lois de l'hygiène la plus élémentaire. »

C'est particulièrement à l'Orne qu'adresse ces remarques critiques l'observateur auquel nous empruntons ce tableau. Il souffre là même bien des exceptions, mais il reste trop fidèle quand on entre dans les moyennes et petites fermes ou exploitations des propriétaires faisant valoir. Lorsqu'on pénètre dans l'intérieur des campagnes, au lieu de s'en tenir aux habitations propres et gracieuses qui bordent souvent les grandes routes, on s'aperçoit que la même peinture peut être appliquée dans la plupart des cas au reste de la Normandie. Le progrès est grand, très grand même sous le rapport du logement, de manière à justifier d'agréables descriptions, mais il y a encore beaucoup à faire de ce côté soit pour les maisons d'habitations, soit pour les constructions rurales. Il est évident que le petit cultivateur ne fait pas ici tout ce qu'il pourrait. On comprend que dans ces modestes habitations les repas soient pris dans la cuisine. On admet moins facilement qu'on y couche, et que les personnes de la famille s'y entassent dans des chambres où l'air et l'espace font défaut. Lorsque la nécessité s'impose, il n'y a rien à dire; lorsque des dépenses superflues attestent trop qu'il pourrait en être autrement, on regrette que le goût du bien-être ne se porte pas vers ces améliorations qui ajoutent aux jouissances du foyer et contribuent à la santé des individus comme à la dignité des familles.

Le vêtement a évidemment gagné dans la classe des petits cultivateurs. Il est presque toujours solide, salubre, confortable. Ce n'est pas là, je l'ai dit, un fait absolument nouveau en Normandie. La consommation des vêtements de laine, sortis de ses propres fabriques, y était abondante au seizième siècle, et présentait une assez grande étendue toutes les fois que la situation était prospère et tolérable. La consommation de la laine a augmenté, et il s'y est joint des étoffes plus variées qui permettent de renouveler le vêtement plus fréquemment qu'autrefois. Il en est de même du linge; le coton a pris une large place à côté de la toile. Les ménagères attachent beaucoup d'importance à la possession d'un linge abondant, tenu avec soin, et elles en font volontiers étalage. Rien n'est plus ancien que ce trait de mœurs dans cette vieille province. Mais on aime à voir qu'il a persisté dans les fermes, et qu'il s'est répandu avec le nombre plus grand des cultivateurs aisés.

On attache une juste importance à la manière dont sont nourris les ouvriers ruraux. Constatatons d'abord l'amélioration qui s'est produite pour la partie si nombreuse de la classe rurale qui se compose de fermiers modestes. Il y a sans doute d'assez nombreux journaliers qui connaissent l'usage presque quotidien de la viande, au moins de la viande de porc, mais nous verrons qu'il s'en faut encore de beaucoup que ce soit là un fait général. Il est le plus habituel dans cette classe qui a pour vivre autre chose que ses bras. Ce qui s'est accru dans les proportions les plus considérables, dans la ferme normande, c'est la consommation de la viande de boucherie, facilitée non plus seulement par les marchés plus fréquents où elle se débite, mais par des établissements permanents, infiniment plus nombreux dans les villages. L'alimentation animale et végétale est représentée sur ces modestes tables sous presque toutes les formes, grâce à la diversité des productions et aux progrès de l'horticulture comme à la multiplication des potagers.

On peut aujourd'hui considérer comme générale dans la classe qui nous occupe en Normandie l'augmentation de la consommation de lait, de beurre, d'œufs, de lapins, de volailles, de pommes de terre, de légumes secs et frais, de fruits de toute espèce. La Normandie a certainement un peu plus que sa part moyenne dans les résultats généraux qu'on a constatés relativement à l'accroissement de la consommation nationale. M. Léonce de Lavergne signalait ce dernier résultat, dans une lecture faite devant cette Académie, en prenant pour point de comparaison les années 1789 et 1848, résultats encore accrus depuis trente ans. En 1789, pour 26 millions et demi d'habitants, la ration moyenne et annuelle de tous les Français était un hectolitre un quart de froment, un hectolitre trois quarts de seigle et autres grains, dix-huit kilos de viande : en 1815, elle devint, pour 29 millions d'habitants, d'un hectolitre et demi de froment, d'un hectolitre et demi de seigle et autres grains, de dix-huit kilos de viande : en 1848, pour 36 millions d'habitants, elle atteignait deux hectolitres de froment, un hectolitre de seigle et d'autres grains, vingt-huit kilos de viande. Assurément il faut forcer cette moyenne pour les villes, et la restreindre pour les campagnes, du moins pour la viande. Mais on peut mettre en fait que la Normandie est une des contrées où on se rapproche le plus de la forte moyenne. Ajoutons que les mets plus variés sont mieux accommodés aussi. Le service est convenable et propre dans les exploitations qui ne sont pas trop pauvres. Chez les plus aisés, l'ordinaire est tel qu'un citadin pourrait s'en contenter sans trop de sacrifices pour le goût et peut-être avec avantage pour sa santé. Chez les fermiers moins aisés, le pain laisse encore à désirer. Certes, on n'en est plus au pain d'avoine que les cultivateurs normands mangeaient au dix-huitième siècle. Mais dans l'Orne, dans la Manche, et dans quelques localités plus rares du Calvados, le méteil et le seigle sont consommés dans les ménages; l'orge entre aussi dans la fabrication du pain pour bon nombre de localités pauvres. Le sarrasin est d'un emploi général dans certaines parties. Nous avons signalé l'usage fréquent qui en est fait dans l'Avranchin et dans quelques autres régions. La qualité saine et substantielle de l'alimentation n'en reste pas moins le fait le plus général attesté par la vigueur de la race. Nous allons la retrouver très prononcée aussi pour la masse des ouvriers ruraux, quoique avec quelques exceptions sur certains points de territoire normand, où la nourriture et la boisson habituelles ne nous ont pas paru entretenir suffisamment les forces. C'est de la condition de ces travailleurs et du taux de leurs salaires qu'il nous reste à nous occuper pour avoir terminé cette étude sur la Normandie.

CHAPITRE IX

CONDITION ÉCONOMIQUE DES OUVRIERS AGRICOLES EN NORMANDIE

Nous avons consacré une partie de ces études à l'état moral des populations agricoles de la Normandie. Cet état doit sans doute être considéré comme une des principales causes qui influent en bien ou en mal sur la situation économique des travailleurs ruraux, la condition de toutes les classes qui vivent au jour le jour de leur travail étant de trouver la récompense immédiate de leurs efforts quotidiens et de leurs bonnes habitudes, de même aussi que le châtiment le plus prompt de leur incurie dans les privations et les souffrances. C'est leur lot de ne pouvoir obtenir l'accroissement de leur bien-être que par l'épargne. Tout sacrifice fait à la paresse et au désordre les retarde et ne donne aux jouissances qui résultent d'un salaire plus élevé qu'un caractère éphémère. Les habitudes de travail sont, on l'a vu, générales en Normandie. Sans doute elles sont plus ou moins énergiques, plus ou moins intermittentes selon les régions et les individus. Mais, si elles n'avaient pas prédominé, l'accroissement du bien-être dont nous allons essayer de mesurer l'importance dans l'état des ouvriers ruraux ne se serait pas maintenu. Nous avons signalé le vice le plus fréquent et le plus désastreux, l'ivrognerie, mais il n'est pas assez général, assez développé chez tous pour avoir empêché les progrès matériels; tout ce qu'on peut dire, c'est qu'il leur a beaucoup nui, et que, sans ce vice, le nombre des ménages et des individus placés dans une situation satisfaisante offrant des garanties de durée serait plus grand encore d'une manière très sensible.

Outre ces causes morales qui engagent la responsabilité et qui donnent à l'aisance un caractère de rémunération pour des efforts méritoires, à la misère un caractère pour ainsi dire pénal pour les défauts et les vices individuels, il y a des causes très puissantes, indépendantes des volontés. Si disposé qu'on soit à attribuer à leur mérite les développements de l'aisance chez ces populations souvent si dignes d'estime, on ne saurait dire que l'accroissement de l'aisance ait été dans tous les cas le prix d'un surcroît de travail et que la vertu individuelle y ait eu la principale part. L'accroissement de la richesse générale, le développement des travaux agricoles, la rareté de la main-d'œuvre, telles ont été, la vérité oblige à le reconnaître, les causes les plus habituelles de l'élévation des salaires, point de départ pour le plus grand nombre d'un accroissement définitif du bien-être; mais, pour un grand nombre aussi, elles ont amené des dépenses qui, faites au jour le jour, ne leur ont pas permis suffisamment d'assurer leur avenir. La situation qui ressort avec force n'en est pas moins celle-ci : une amélioration remarquable de la condition des ouvriers agricoles.

A cette situation des ouvriers ruraux se rattachent les questions de population, d'émigration et d'immigration, celles de la main-d'œuvre et des salaires, du régime de vie et des moyens d'assistance. Nous allons jeter un coup d'œil successivement sur chacune de ces questions importantes.

I

POPULATION, ÉMIGRATION, IMMIGRATION, ETC.

Il résulte des observations précédentes que le ralentissement et même la diminution de la population en Normandie est un fait d'une réelle gravité. Nous l'avons envisagé par ses côtés moraux : nous avons à en parler sous le rapport économique. Il est nécessaire pourtant que nous insistions sur la réalité des causes volontaires que nous avons attribuées à cette diminution en présence des autres explications qu'on en donne, et qui, sans être sans valeur, ne sont ni les seules, ni, selon nous, les plus décisives.

La Normandie a perdu de 1872 à 1876 10 175 âmes. Dans cette même période, les cinq départements de la Bretagne en gagnaient 66 470.

Comment se rendre compte d'un écart aussi énorme ?

La réponse à faire à cette question se rattache de près

à l'état moral et matériel des populations en Normandie.

On a allégué[1] pour expliquer la diminution de la population en Normandie l'élément manufacturier qui y est très considérable. On a paru penser que ces classes urbaines ont moins d'enfants, et qu'ils y sont exposés à une mortalité plus fréquente en raison particulièrement du nombre des individus rachitiques, maladifs qui naissent dans les villes. On a dit aussi que la culture herbagère en Normandie diminue le nombre des hommes. En effet, deux ou trois personnes suffisent pour exploiter 100 hectares d'herbages, tandis qu'il en faudrait plus de 25, si ces espaces se couvraient de plantes industrielles, telles que le colza, la betterave, le lin, etc. Il suit de là que c'est parce qu'ils ne trouveraient plus à s'occuper dans ces herbages que les hommes émigreraient. Voilà pour la Normandie. L'augmentation de la population pour la Bretagne s'expliquerait par les causes inverses. Elle devrait son excédant à ce qu'elle a peu de manufactures et à l'accroissement de son agriculture très sensible depuis quelques années dans les terres arables.

Tout n'est pas exact, selon nous, dans ces allégations et, même exactes, elles nous paraîtraient insuffisantes pour expliquer la diminution de la population en Normandie, aussi bien que son accroissement dans la province voisine qu'on lui oppose. Comment les causes

[1] V. le *Journal des Économistes*, septembre 1873, art. de M. Jacques Valserres.

qu'on indique auraient-elles pu avoir une telle efficacité dans l'espace de si peu d'années? La mortalité des villes manufacturières n'est pas telle et la tendance des ouvriers à restreindre le nombre des enfants ne nous frappe pas à ce point : loin de là. Ce n'est pas non plus en quatre années que l'on a pu éprouver les effets bien sensibles pour la Normandie de la transformation d'un certain nombre d'hectares en pâturages, et pour la Bretagne du développement de la culture à bras. Il n'y a pas de proportion entre ces causes si lentes et de tels effets, qui ne font qu'accuser de plus en plus fortement depuis quelques années une situation déjà ancienne.

Nous n'hésitons pas à la rapporter pour la Normandie, premièrement, à la volonté de n'avoir que peu d'enfants pour ne pas diminuer l'héritage et de réserver à soi et aux enfants vivants une plus grande part de bien-être : secondement à l'émigration qu'explique pour une faible part le changement très lentement opéré du labourage en herbages et en prairies. On ne doit pas oublier que, même en Normandie, ces dernières cultures sont en infériorité très considérable par comparaison avec les terres de labour. Cela ressort de l'examen de la superficie occupée par les différentes sortes de cultures dans les divers départements. Le Calvados, qui présente des pâturages étendus, offre pourtant beaucoup plus de terres labourables; seuls les arrondissements de Pont-l'Évêque et de Lisieux donnent aux prairies une supériorité marquée. Dans l'arrondissement de Caen, elles n'occupaient, d'après les dernières statistiques, qu'un septième; dans celui de Falaise un neuvième; dans celui de Vire un cinquième. De même dans la Manche les statistiques donnent pour les prairies et pâturages 92 000 hectares en chiffres ronds, et 588 000 hectares en terres arables, auxquels on ajoute environ 44 000 hectares de vergers, jardins, oseraies, etc.

La Normandie est dans son immense majorité un peuple de laboureurs, non d'herbagers. Il n'y a donc pas lieu de faire à la nature herbagère du sol une pareille part dans l'émigration qui tient surtout à l'appât des villes. C'est pour changer d'état que le paysan émigre. Telles sont les raisons qui ont dépeuplé les campagnes dans une certaine mesure.

Enfin il faut y joindre pour les quatre années précitées un surcroît exceptionnel de mortalité.

Quant à la Bretagne, nous trouvons l'explication de l'accroissement numérique, qui fait d'autant plus ressortir le ralentissement en Normandie, principalement dans la disposition morale qui est favorable aux familles nombreuses. Assurément la multiplication des naissances offre un lien direct avec le progrès de la culture et de l'aisance. Mais la cause principale est que dans ce pays encore fortement attaché à ses traditions, on ne craint pas d'avoir beaucoup d'enfants. Le frein religieux s'oppose à certains obstacles préventifs, et la prévoyance est poussée beaucoup moins loin. On a aussi moins de raisons d'émigrer vers les villes, qui n'offrent que rarement aux émigrants le débouché des occupations industrielles. Au contraire, la statistique atteste combien en Normandie les villes sont des centres puissants d'attraction. Ainsi un seul département a gagné, il s'est enrichi au préjudice des campagnes; c'est un département industriel, la Seine-Inférieure, accrue de 8592 habitants au profit surtout de Rouen et du Havre.

En réalité la perte, dans le dénombrement de 1876, ressort pour le Calvados à 3792; pour l'Eure à 4245; pour l'Orne à 5724; pour la Manche à 9806.

Tous ces vides se sont faits par l'insuffisance des naissances, par une mortalité qui s'est sensiblement accrue, et par l'émigration [1].

Le développement de l'émigration se constate dans les quatre départements qu'on vient de signaler avec des proportions quelquefois très fortes, et il prête aussi à des remarques importantes. On ne fixe pas dan l'Eure le nombre des bras enlevés par l'émigration aux travaux agricoles, depuis une vingtaine d'années, à

[1] J'ai déjà signalé la dépopulation très appréciable dans l'Eure. En vingt ou vingt-cinq ans, on trouve une diminution d'environ un cinquième. M. Antoine Passy, consulté lors de l'enquête de 1866, donne des chiffres qui attestent cette diminution manifestement volontaire du nombre des naissances pour le canton de Gisors, qui sont dans un rapport assez exact avec le reste du département. En 1846, on comptait 3345 enfants jusqu'à quinze ans dans les couples mariés; en 1866, on en trouvait 2947; différence 398. Les couples mariés n'ayant pas d'enfants étaient, en 1846, au nombre de 978, on en comptait 1050 en 1866; différence 77. Le recensement de 1866 signalait une diminution de 4194 habitants dans le département. Pendant les dix dernières années, le nombre des décès avait été de 2546 et celui des naissances de 2296; les décès l'emportaient donc sur les naissances de 240. Nous venons de citer des chiffres décisifs pour la dernière période. Dans le pays de Caux, la population agricole est restée stationnaire depuis 1806, tandis que la population des villes y a énormément augmenté. En 1806 elle était dans les campagnes de 280 379 habitants, et n'était, il y a peu d'années, que de 280 707, c'est-à-dire à peu près la même, mais elle avait diminué d'environ 13 000 depuis 1831. Cer-

moins du tiers pour les hommes, et il s'élève encore plus pour les filles. Cette diminution du personnel s'est produite d'une manière d'autant plus dommageable que le nombre existant des ouvriers agricoles aurait dû être augmenté peut-être d'un quart pour être mis en rapport avec les nouveaux besoins de la culture. Distinguons d'ailleurs l'émigration qui se manifeste d'une manière permanente, et celle qui a lieu momentanément. La dernière est loin d'être aussi préjudiciable, lors même qu'elle l'est dans une certaine mesure. Lorsque l'ouvrier agricole quitte définitivement le champ natal, il est rare que ce ne soit pas une circonstance fâcheuse pour l'agriculture, un malheur pour les campagnes. Lorsqu'il loue ses bras au dehors pour un temps déterminé, il y a lieu de peser les avantages et les inconvénients de cette émigration toute temporaire. Dans l'Orne, neuf ou dix mille habitants abandonnent le départe-

tains cantons, situés dans les arrondissements de Dieppe et d'Yvetot, avaient résisté plus longtemps à la dépopulation. La double cause est ici la diminution des naissances et l'émigration. Dans l'Orne, un relevé fait avec soin, de 1831 à 1865, donnait, pour la première année, 9778 naissances, et pour la seconde, 7706 : La diminution était de 2072. On trouvait en 1855, un excédant de 1432 décès sur les naissances. Le nombre des mariages avait aussi diminué sensiblement. C'était, en 1831, un nombre de 3235 mariages, et, en 1865, de 2994 seulement ; diminution 241. Ce chiffre toutefois subit des oscillations ; la différence s'abaisse ou s'élève alternativement. Mais on a vu comment il s'aggrave dans la dernière période. Dans la Manche, la population, après s'être accrue d'une manière sensible de 1836 à 1846, diminue depuis lors jusqu'en 1851, époque du recensement, qui y compte 602 882 habitants, ou 10 127 par kilomètre carré. Dans ce chiffre la population rurale entrait pour 220 695, ou 36,66 pour 100. En définitive, la Manche a gagné en nombre d'habitants, si on remonte au commencement du siècle ; mais après des oscillations de perte et de gain, elle perd depuis quelques années.

ment pendant la belle saison, soit pour exercer à Paris un petit commerce de détail, soit pour parcourir les contrées voisines, comme taupiers, colporteurs, etc. Un grand nombre d'ouvriers ruraux quittent aussi, au printemps, les cantons du centre et de l'ouest, pour aller entreprendre des façons d'entretien et des travaux de récolte dans les fermes des environs de Paris ; ce sont des ouvriers laborieux et en général assez robustes. Cette émigration ne saurait être regrettable, puisqu'elle fait refluer des salaires et des épargnes dans le pays ; mais elle a aussi ses côtés fâcheux. Elle nuit aux fermiers forcés de faire appel à des bras étrangers, et elle n'est pas sans inconvénient au point de vue de la famille par la tendance à substituer des mœurs nomades à ces mœurs stables qui sont une condition de moralité et de bien-être dans les campagnes. Dans le Calvados, l'émigration des campagnes n'agit pas non plus avec la même force et d'une manière aussi nuisible dans toutes les parties du département. On nous fournit pour l'arrondissement de Bayeux, des chiffres empruntés à la statistique scolaire qui jettent du jour sur la question. Les 869 enfants qui ont quitté définitivement l'école en 1875 pour prendre rang dans la vie sociale se répartissent de la façon suivante :

Entrés à l'école normale de Caen.		8
Entré aux cours normaux de Lisieux.		1
Entrés dans les petits séminaires, collèges et lycées. . .		62
Entrés dans un bureau.		20
Entrés dans des fabriques		7
Entrés dans l'industrie.	Garçons.	65
	Filles. .	70

Entrés dans la famille aux travaux des champs.	Garçons.	168
	Filles. .	216
Domestiques	Garçons.	125
	Filles. .	121
Passés de la campagne à la ville.	Garçons.	3
	Filles. .	3

L'année précédente, ce dernier chiffre avait été de 8 (3 garçons et 5 filles).

Dans la Manche, l'émigration se présente aussi sous les deux formes temporaire ou définitive, mais trop souvent elles causent des pertes, qui présentent peu de compensations pareilles à celles que nous venons de signaler.

Il est donc avéré que la population rurale a décru dans les départements les mieux faits pour offrir à l'activité et au bien-être des travailleurs agricoles une carrière étendue. Ce n'est pas non plus le manque d'ouvrage qui détermine un certain nombre de paysans à abandonner les campagnes. Les mécanismes agricoles ne sauraient être allégués davantage. Ils ne suppriment pas plus que les mécanismes industriels l'emploi des hommes, malgré l'apparence. La consommation, en augmentant partout, développe la production, et oblige à faire de nouveaux appels au travail. La terre peut occuper plus de bras encore, et la culture perfectionnée nourrir beaucoup plus d'hommes : elle est loin, de l'aveu de tous les juges compétents, d'avoir dit son dernier mot sous le rapport de la fécondité.

Nous devons distinguer dans cette masse rurale qui vit du travail de ses bras, des catégories trop diverses pour être confondues ensemble. Ainsi les gagistes, employés à la ferme, et les salariés, qui se louent au jour le jour ou seulement pour un temps très limité, forment comme deux classes. Mais nulle distinction n'est plus importante que celle des journaliers qui n'ont que leurs bras et des travailleurs ruraux qui ont à eux quelques lots de terre. Quelques renseignements d'un haut intérêt m'ont été fournis sur ce sujet. On a vu déjà combien les travailleurs ruraux possédant des lots de terre sont nombreux dans le département de l'Eure. Mais la proportion en varie extrêmement sur les différents points. La Société libre d'agriculture l'évalue à environ 50 pour 100 pour l'arrondissement d'Évreux; c'est à peu près la proportion qui a été indiquée pour le canton de Gisors; dans le canton de Pont-Audemer, la chambre consultative en signale un huitième ; on n'en trouve presque point dans l'arrondissement des Andelys. On a constaté plus haut combien les travailleurs petits propriétaires sont nombreux aussi dans la Seine-Inférieure et dans l'Orne. Quant au Calvados, la proportion, parmi les ouvriers agricoles, de ceux qui travaillent alternativement pour eux et pour les autres, est d'environ un dixième pour tout le département, excepté dans l'arrondissement de Caen, où les ouvriers ne possèdent pas de lots de terre appréciables. Enfin, dans la Manche également, un certain nombre d'ouvriers agricoles, soit qu'ils exercent un métier particulier, soit qu'ils vivent de leurs salaires comme simples journaliers, exploitent une petite étendue de terrain. Ceux-ci, possédant rarement les animaux et le matériel nécessaires pour opérer leurs labours et leurs transports, ont le plus souvent recours aux cultivateurs pour lesquels ils travaillent, et qui leur payent en nature une partie de leurs dettes; la proportion de ces ouvriers peut être évaluée à un dixième.

En terminant ces remarques sur la population, une question se pose à nous, qui intéresse l'avenir. Est-il à croire que le mouvement d'émigration se modère? On peut espérer que les progrès de l'instruction agricole ne seront pas à cet égard sans effet. Nous devons pourtant avouer qu'une partie du problème échappe à nos prévisions; il est lié tout entier à des circonstances sociales et politiques qu'il nous est impossible de connaître à l'avance, la paix et la guerre, la sécurité ou les troubles intérieurs, le plus ou moins de tendance des capitaux à se porter vers la terre. Nul doute pourtant qu'il n'y ait eu dans cette attraction si puissante des villes une cause factice, le développement excessif des travaux des villes. Si ceux-ci se modèrent, si la démocratie ne cède pas trop à la pente qui la porte à créer du travail à tout prix pour les ouvriers urbains, ce genre d'attraction diminuera.

On peut en attendant essayer d'agir sur l'esprit des populations rurales, leur mieux faire comprendre les inconvénients de ce qu'elles vont chercher et les avantages de leur sort, et les rattacher à la terre par un accroissement de leur capacité qui peut seul augmenter leur bien-être. L'émigration dont nous parlons ici est seulement l'émigration urbaine. Quant à la grande émigration colonisatrice, il n'en saurait être question avec une population en décroissance, et la Normandie qui *exportait* autrefois tant d'hommes est réduite souvent à en *importer* pour les travaux les plus nécessaires par une part constante faite à l'immigration qui comble en partie les lacunes.

C'est ce que fait l'immigration, en effet; mais, nous le répétons, elle le fait *en partie* seulement. Lorsque, dans le département de l'Orne par exemple, nous voyons 57 000 chefs de famille, par position attachés à l'exploitation du sol, et le nombre des ouvriers ruraux des deux sexes atteindre à peine 200 000 travailleurs, il est évident que les bras sont insuffisants pour la mise en valeur des fermes, et il serait bien difficile que l'immigration comblât de tels vides. En outre, il est remarquable que les ouvriers nomades viennent en nombre moindre qu'autrefois, ils ont même cessé de venir dans certains cantons en vertu de circonstances particulières. Dans l'arrondissement de Domfront, un certain nombre d'ouvriers se rendent aux environs de Paris pour y travailler aux moissons. Nous trouvons un excédant de l'émigration sur l'immigration pour l'Eure, constaté dans un savant travail de M. Londet, professeur d'agriculture à l'école de Grand-Jouan, qui établit que, le nombre d'ouvriers mâles adultes, âgés de 18 à 65 ans, étant du sixième de la population, on a, pour le département, environ 55000 individus s'occupant des travaux des champs. Cette quantité ne suffit pas. Aussi y a-t-il, aux époques des grands travaux, immigration de 5400 ouvriers venant de la Basse-Normandie et de la Bretagne. Mais c'est à peine si l'équilibre est rétabli par là, sans compter que ce travail nomade n'est pas toujours facile à retenir et présente dans sa qualité des inégalités assez grandes. Nous avons vu des fermiers, dans l'Eure, appeler de loin leurs auxiliaires, quelquefois les ramener eux-mêmes de Belgique. L'un d'eux, au moment où nous visitions sa belle exploitation à quelque distance d'Évreux, se disposait à en aller chercher du côté de Bruges, s'il ne réussissait pas à réunir un personnel suffisant dans l'espace de cinq ou six jours pour des travaux urgents. Il y a lieu aussi pour le cultivateur de se demander si ces ouvriers étrangers valent les ouvriers indigènes. Ces ouvriers belges sont de bons travailleurs ; ils se contentent d'un salaire moindre d'un tiers, et sont beaucoup moins exigeants pour la nourriture que nos Normands, mais ils sont encore plus ivrognes, et ils ont assez souvent mauvaise tête. On emploie aussi des Suisses. Dans l'arrondissement de Neufchâtel consacré à la culture arable, on fait travailler des Cauchois, tisserands sans ouvrage, des ouvriers de l'Artois, qui s'engagent pour quinze jours, etc. L'usage des machines nouvelles facilite l'emploi de ces travailleurs souvent peu expérimentés. Les mécanismes pour le battage et la fauchaison peuvent se passer en effet du concours d'une intelligence bien exercée. Ils réduisent souvent la tâche de l'homme à un effort purement musculaire, et rendent l'apprentissage moins nécessaire. C'est ce qui a permis et multiplié dans les tâches agricoles l'emploi des soldats souvent peu exercés à ce genre de travaux.

II

TRAVAUX DE LA CLASSE RURALE OUVRIÈRE — DIFFICULTÉS DE LA MAIN-D'ŒUVRE — QUESTION DE LIVRET AGRICOLE

J'ai observé les effets sur l'état moral du mélange de tâches industrielles et des occupations agricoles qu'on rencontre dans un certain nombre de cas au sein des campagnes normandes. Il y a aussi à en signaler les avantages économiques. Ce serait ici le cas de parler du travail des femmes, notamment de ces travaux à l'aiguille qu'un grand nombre de femmes accomplissent à domicile au sein des familles rurales. C'est ou plutôt c'était surtout la broderie sur tulle qui occupait ces doigts si pleins de dextérité. Ai-je assez dit combien cette industrie est aujourd'hui atteinte? Ai-je assez montré à quel point succombe avec elle la ressource supplémentaire qui permettait aux femmes et aux filles de rester au village? Faudra-t-il n'en parler bientôt qu'au passé, ou bien le travail à la main reprendra-t-il sa place, la mode aura-t-elle quelque retour favorable à ce point de vue? Cette pauvre broderie sur tulle, comme on la vantait! Comme on faisait l'éloge des femmes qui se livraient à cette délicate besogne! Combien de villages florissants ou de maisons situées en pleine campagne, en étaient le modeste théâtre! Avec quelle perfection elle était exécutée et combien elle répandait d'abondants salaires! A Grandcamp, il n'y a pas longtemps encore, elle occupait 145 jeunes filles de 12 à 22 ans, et produisait plus de 30 000 francs. Assises par groupes, en été, devant leurs maisons, elles se livraient avec ardeur au travail, dans l'hiver elles se réunissaient pour la veillée. Là, comme dans d'autres localités dont nous avons parlé avec plus de détail, près de Bayeux par exemple, les témoins de ce travail ont été frappés de leur assiduité, de leur bonne tenue, de leur émulation. Là aussi des personnes honorables du pays s'occupaient à moraliser ces jeunes ouvrières que leur aisance même mettait à l'abri de bien des tentations.

Quelles que soient les causes qui aient porté atteinte à cette gracieuse et lucrative industrie, comment ne pas la regretter? Le travail manque plus d'une fois à ces mêmes femmes qui restent souvent désœuvrées et sans salaire. La fabrication des filets ne les occupe pas toutes, et comment remplacerait-elle ce travail distingué et avantageux? L'émigration trouve là un aiguillon nouveau. Elles vont se placer comme servantes dans les villes ou y chercher quelque autre travail, mais c'est au préjudice de la campagne et trop souvent aux dépens des mœurs.

La question de la main-d'œuvre avec les difficultés qu'elle soulève n'est pas aujourd'hui spéciale à la Normandie, mais nous l'y avons trouvée à l'état aigu. En une certaine mesure, ces difficultés sont de tous les temps, sous le régime de la liberté des transactions qui, au lieu de régler la part du travail sur la base immuable de conventions perpétuelles ou d'une façon arbitraire, la détermine selon l'état variable du marché. Cette liberté qui conduit à l'équité par la lutte, est achetée, comme toute liberté, au prix de difficultés et de conflits que la servitude supprime. Dans l'agriculture aussi bien que dans l'industrie manufacturière, le capital et le travail sont étroitement unis, leur intérêt est au fond le même, mais ils se heurtent dans le règlement de la part afférente aux profits et aux salaires, jusqu'à ce que la concurrence termine le différend. Si le propriétaire, si le fermier ne se décident à augmenter les salaires que sous l'empire d'une nécessité qui les y contraint, d'un autre côté la rareté de la main-d'œuvre rend les travailleurs très exigeants. Qu'ils demandent la meilleure paye possible, cela est dans la nature des choses, mais le manque à leurs engagements constitue un abus inexcusable. Il n'est pas rare que, au mépris de leur parole, les ouvriers quittent les travaux entrepris à la première offre de paye supérieure et même au moindre caprice, ce qui porte l'atteinte la plus grave aux intérêts des entrepreneurs de culture arrêtés en pleine moisson, ou obligés de subir les conditions les plus onéreuses, ou encore de faire appel aux ouvriers les plus médiocres, souvent à des aventuriers qui courent les chemins et n'offrent de sécurité sous aucun rapport.

Certains fermiers ne voient de garanties que dans le livret obligatoire pour les ouvriers agricoles, tandis qu'il n'est que purement facultatif et rarement en usage. Il ne s'agit pas, disent-ils, de certificats de conduite ni de mesures humiliantes ou prétendues telles pour les ouvriers ruraux. Nous voulons seulement savoir ce qu'ils sont et d'où ils viennent. Le livret est la constalation pure et simple des engagements antérieurs de l'ouvrier, des dates d'entrée et de sortie dans telle ou telle ferme, sans aucune qualification qui porte atteinte à l'honneur de l'ouvrier. La plupart des propriétaires et des fermiers de Normandie, il faudrait dire la presque totalité, se montrent les partisans déclarés de ce livret obligatoire.

Les conseils généraux en Normandie en ont émis le vœu à plusieurs reprises, sans aucune acception des opinions politiques qu'on voudrait à tort mêler dans cette question, sous le prétexte assez peu sérieux que le livret n'est pas conforme aux idées démocratiques. Le conseil général de la Seine-Inférieure émettait récemment encore un vote unanime ou peu s'en faut en faveur du livret agricole obligatoire. Le conseil général du Calvados a réitéré le même vœu dans plusieurs de ses sessions. Une société indépendante, l'*Association normande*, l'a émis de même plusieurs fois. Nous constatons le fait, laissant à d'autres le soin de le discuter et d'en tirer les conclusions pratiques.

III

TAUX DES SALAIRES AGRICOLES — LEUR ACCROISSEMENT DANS LES DIFFÉRENTES RÉGIONS

Les circonstances que nous avons retracées devaient aboutir à une hausse de salaires, qui s'est produite d'une manière générale et dans des proportions considérables. Les salaires des journaliers, les gages des domestiques, valets de ferme, bergers, charretiers, etc., etc., ont reçu dans ces riches régions une augmentation croissante. Cette augmentation de salaires agricoles est un fait général en France : mais nulle part peut-être il n'est plus marqué qu'en Normandie. Déjà l'enquête agricole de 1867 constatait une augmentation très notable, du tiers ou du double ; elle s'est encore accrue surtout en temps de moisson. Nous avons vu dans la Seine-Inférieure des ouvriers engagés à 2 fr. 50 et 3 fr. par jour et nourris ; c'étaient pourtant des ouvriers médiocres. La nourriture est le plus souvent aujourd'hui ajoutée au salaire en argent. Il faut tenir compte pour les gagistes de la dépense qu'elle peut éviter au fermier. Dans l'Eure, pour les employés à gages fixes, la nourriture à la ferme est évaluée au plus bas mot à 1 fr. pour les hommes, à 75 cent. pour les femmes. Les gages d'un charretier et d'un berger sont annuellement de 350 à 400 fr. ; ceux d'une servante de 150 à 200 fr. ; mais ce taux s'est encore élevé. Les journaliers, presque tous nourris, reçoivent, en outre 1 fr. 25 à 1 fr. 50 suivant les saisons. Les prix des tâcherons sont établis de manière qu'ils gagnent, dans les jours les plus courts, 1 fr. 75 à 2 fr. ; 2 fr. 50 à 3 fr. dans les jours les plus longs. Les faucheurs gagnent de 3 à 4 fr. par jour, et les moissonneurs 5 fr. 50 à 6 fr. ; mais alors la journée est de 13 à 14 heures de travail.

Pour le salaire des hommes il ne faut pas omettre non plus en certain cas le mélange des travaux industriels et des travaux agricoles dont il a été question précédemment. Cette circonstance produit pour ces travailleurs un notable surcroît de salaires au temps de la moisson. Nous en avons été frappé dans l'arrondissement de Bernay. L'industrie des tisserands et celles qui s'y rapportent, très développées dans les vallées, ne l'est pas moins dans les campagnes. Les ouvriers abandonnent généralement leurs métiers l'été pour prèter leurs bras aux travaux de la récolte; dans les circonstances pressantes, ils imposent parfois d'assez dures conditions à ceux qui les emploient; il n'est pas rare par exemple de voir la journée de l'ouvrier portée à 7 ou 8 fr., quelquefois à 10 même, nourriture comprise, pendant la fenaison ou la moisson.

Continuons à signaler cette augmentation des salaires agricoles qui peut être évaluée souvent avec une assez grande exactitude, et qui est un des signes les plus remarquables de la situation depuis une trentaine d'années surtout. Prenez par exemple une ferme de la Seine-Inférieure, de 70 hectares; on n'évalue pas à moins de 600 fr. l'augmentation de main-d'œuvre[1]. Vingt-cinq années auparavant, le premier charretier avait 240 fr.; il avait, en 1866, de 320 à 350 fr.; le second charretier avait passé de 220 fr. à 300. La première fille de basse-cour, au lieu de 160 à 180 fr., en avait 240; la seconde était restée à 80. Le berger, de 240 fr. avait monté à 380, et recevait en outre 30 centimes par moutons gras. Les moissonneurs, autrefois rétribués au taux de 50 fr., étaient payés 70 ou 75; on les payait

[1] Déposition de M. A. La Querrière, fermier à Morville, canton de Clèves.

pour cinq semaines, et ils étaient nourris. On fixe en définitive dans ce même département l'augmentation de la main-d'œuvre depuis une trentaine d'années entre le tiers et la moitié ; le tiers est dépassé certainement.

Cette augmentation était encore plus grande dans l'Orne en raison des circonstances que nous avons signalées. Elle était des deux tiers sur le prix de tous les travaux. Par contre les fermiers se plaignaient que le travail eût diminué d'un quart. Dans ces hausses de salaires il faut faire entrer sans doute celle du prix des vivres, et pour une part moindre la dépréciation monétaire que la hausse du prix des choses ne fait au reste que traduire. Mais l'accroissement n'en ressort pas moins considérable d'une manière absolue. Nous avons des chiffres qui remontent à l'an IX. Eh bien, quelle était la paye d'un journalier nourri à la campagne ? 57 cent. Et d'un journalier non nourri ? 87 cent. Un domestique avait dans la ferme de 80 à 90 francs, une femme de 40 à 50.

On constatait, en 1866, que, dans le Calvados, le salaire des ouvriers de la culture s'était élevé dans la proportion de 1 fr. à 1 fr. 50; celui des domestiques de la ferme avait presque doublé, il avait été de même du salaire des domestiques de maison. Le premier domestique de ferme touchait 450 francs au lieu de 300, et avait plus de bénéfices, indépendamment de ses gages; le deuxième domestique dépassait souvent 300 francs et le troisième 150. Ils étaient aussi plus difficiles sur la nourriture. Une bonne servante n'était pas payée moins de 300 francs.

Une telle situation devait attacher les domestiques à la ferme. Il n'en est pas toujours ainsi.

« Comme le contrat de louage ne dure qu'un an, écrit M. d'Osseville à propos du Calvados, et qu'il se fait dans de grandes assemblées annuelles qui avoisinent la fête de Sainte-Claire, au mois d'août, tout ce monde quitte souvent le fermier au moment même où il en a le plus besoin. Par un manque de foi trop ordinaire, tel domestique ne se tient pour définitivement engagé qu'après la première assemblée, quand il n'y a plus d'espoir de trouver mieux. »

Nous constaterons enfin l'augmentation sensible des salaires dans la Manche où ils n'atteignent pourtant pas le maximum de la Normandie. Les salaires des ouvriers de la culture ont augmenté d'un tiers pour les journaliers et de la moitié pour les domestiques depuis trente ans, dans l'arrondissement de Saint-Lô, où les salaires des hommes sont en moyenne de 1 fr. 25 l'hiver et de 2 fr. 25 l'été, leur nourriture restant à leur charge. Cependant les faucheurs gagnent de 2 à 4 francs selon les besoins qu'on en a, suivant l'époque de la saison et les exigences du temps. Lorsque le temps est beau, la pénurie se fait sentir, et la journée monte à 4 francs. Pour les autres travaux, et dans les saisons autres que l'époque de la moisson, ces prix oscillent entre 1 fr. 50 et 0 fr. 75. Les femmes et les enfants ne sont employés que pour le fanage et le sarclage. Les femmes sont rémunérées selon la saison et leur aptitude ; elles gagnent depuis 75 cent. jusqu'à 1 fr. 50 avec la nourriture prise à la ferme. Quelquefois même, leur salaire peut s'élever jusqu'à 3 francs, si c'est pour scier et récolter les grains dans un cas pressant. Pour les enfants les prix varient de 25 à 60 cent.

IV

NOURRITURE DE LA CLASSE RURALE OUVRIÈRE EN NORMANDIE

Nous trouvons pour la nourriture de la classe rurale un progrès remarquable partout, mais d'assez grandes inégalités selon les régions. Le niveau le plus élevé des besoins, et, il faut bien le dire aussi en plus d'un cas, des exigences, paraît marqué par le département de l'Eure. Voici ce qu'écrit à ce sujet le savant professeur d'agriculture M. Londet : « La nourriture, distribuée aux ouvriers en trois repas pendant l'hiver, et en quatre repas pendant l'été, est toujours très abondante. Elle se compose de pain, de viande de porc, de légumes ; pommes de terre, choux, carottes, navets, haricots ; de beurre, de fromage, d'œufs, de fruits, etc. On sert de la viande deux fois par jour. Aux époques des grands travaux, la viande de porc est remplacée par de la viande de boucherie. Le cidre est donné à discrétion. La population est active, mais elle est exigeante sous le rapport de la nourriture. Les cultivateurs qui nourrissent mal leurs ouvriers trouvent difficilement à se faire servir. »

Le tableau devient beaucoup plus modeste pour certaines parties montagneuses que nous avons signalées dans le Calvados, dans quelques régions de l'Orne, dans la Manche ou du moins dans certaines circonscriptions de l'Avranchin et des environs de Cherbourg. On y est assez bien nourri, c'est-à-dire suffisamment, mais d'une manière moins variée et parfois moins substantielle. Dans les fermes de la Hague, arrondissement de Beaumont, près de Cherbourg, les hommes employés à la ferme ont pour principale nourriture un mets fort apprécié et qui est presque national dans le Calvados et dans la Manche sous le nom de *soupe à la graisse;* cette soupe, où les légumes sont cuits à petit feu, forme un mets apprécié en Normandie même par les gens aisés. Un tel ordinaire appellerait certains compléments, les œufs, la viande.

La boisson présente de grandes inégalités en Normandie. Le cidre que boivent les fermiers a des qualités savoureuses et nutritives. Celui qui est distribué aux ouvriers agricoles varie beaucoup en force selon les départements et, dans le même département, selon les localités. En des cas trop nombreux il est trop faible et d'une acidité qui n'est pas sans inconvénient. Un tel breuvage n'a rien de réparateur et peut agir même d'une façon débilitante. Telle eau très pure vaudrait mieux que tel de ces cidres. L'abus que font les ouvriers agricoles, même dans ces régions plus pauvres, du café et de l'alcool, loin de réparer le mal, l'aggrave beaucoup au contraire. Le café, s'il ne servait pas de prétexte aux nombreuses libations d'eau-de-vie, pourrait à dose modérée présenter quelque avantage comme complément et correctif d'une boisson si peu tonique.

Dans les grandes fermes, les repas se font dans les conditions les plus satisfaisantes. De vastes réfectoires reçoivent les ouvriers aux heures des repas en présence du chef de culture, qui exerce une sorte de surveillance pour prévenir les disputes. Le repas est copieux, très sain, assez varié; le cidre est de bonne qualité.

Il y a en définitive des lacunes encore à signaler pour l'alimentation de la classe ouvrière agricole en Normandie; mais, de même que pour le logement, l'amélioration est partout sensible, et presque toujours très considérable; dans certaines régions elle ne laisse pour ainsi dire rien à désirer.

V

INDIGENCE — ASSISTANCE PUBLIQUE, ETC. — INSTITUTIONS DE CRÉDIT POPULAIRE, CAISSES D'ÉPARGNE

La situation que nous avons décrite laisse une place habituellement peu étendue à l'indigence dans les campagnes de la Normandie. Elle existe pourtant, ici disséminée, là plus agglomérée dans certains villages[1]. L'assistance publique est trop imparfaite, malgré les bureaux de bienfaisance. Nous regrettons notamment l'absence des Sociétés de secours mutuels dans ces campagnes, comme d'ailleurs dans presque toutes les autres. Les Sociétés de secours pourraient être un puissant moyen d'empêcher l'émigration des ouvriers; elles remplaceraient en grande partie l'assistance publique qui n'est

[1] On consultera avec fruit, sur le paupérisme des villes et le paupérisme agricole comparés, le livre de M. Victor Modeste sur le *Paupérisme en France* (Guillaumin, 1 vol. in-8°).

que faiblement organisée dans nos communes rurales, et dont elles n'auraient pas les inconvénients. Ces institutions ont dans les villes des effets si salutaires qu'on ne saurait trop désirer les voir se propager[1]. Ce qui manque le plus aux campagnes en général, aux campagnes normandes en particulier, c'est l'esprit d'association. A peine est-il de temps à autre appliqué au louage de quelques instruments perfectionnés d'agriculture.

La mendicité est encore une plaie dans certaines contrées. Elle avait pris dans l'Orne un caractère plus général et plus menaçant, il y a une vingtaine d'années, et nous ne pouvons oublier ici que les réformes accomplies par le préfet de ce département, M. Magnitot, ont reçu l'approbation et les encouragements de l'Académie des sciences morales et politiques qui a décerné un prix à leur auteur. C'était un service signalé que l'extinction de la mendicité, dans un département où elle avait pris une étendue extraordinaire. On ne comptait pas moins de 10 000 mendiants dans l'Orne en 1863. 5000 étrangers, et 5000 appartenant au département, prélevaient en moyenne chacun 1 fr. par jour, soit collectivement, 10 000 fr. par jour, 300 000 par mois, et 3 600 000 fr. par an, c'est-à-dire un chiffre de beaucoup supérieur à l'impôt foncier qui ne s'élevait dans l'Orne, qu'à 2 400 499 fr. Cette somme considérable ne profitait qu'à un petit nombre de pauvres dignes d'intérêt. Pour

[1] V. sur cette question les études de M. Émile Laurent sur le *Paupérisme et les Sociétés de secours mutuels* (2 vol. in-8°, même librairie).

les autres, paresseux, ivrognes, imbus des vices les plus grossiers, la mendicité constituait une industrie, une spéculation, dont les moyens d'action étaient la ruse, la menace et au besoin la violence. Il fallait donner à la charité une forme plus efficace, plus morale, que cette aumône faite aux portes, qui distribuait au hasard 3 600 000 fr. par année. La question a été résolue par des souscriptions volontaires organisées dans les communes, consenties pour cinq ans, versées dans une caisse commune, et distribuées en secours à domicile par les délégués des souscripteurs et sous leurs yeux. Un fonds commun de secours, inscrit au budget départemental complétait ces dons volontaires. L'interdiction de la mendicité put dès lors être mise en pratique. Le souvenir non plus que les effets de cette mesure ne se sont effacés dans cette partie de la Normandie. On s'applaudit d'avoir vu une charge pesante et une immoralité honteuse disparaître, ainsi qu'un redoutable péril pour les populations. Le nombre des enfants assistés a diminué avec la cessation du vagabondage et de la mendicité. La morale se félicite aussi de la disparition de cette cause de honteuse promiscuité. La criminalité s'est abaissée. Enfin l'agriculture reste soulagée d'un impôt qui se produisait sous les formes les plus multiples, comme dons volontaires ou arrachés par la crainte, vols, déprédations de tout genre dans les champs, les jardins et les basses-cours, hospitalité presque obligatoire et toujours inquiétante donnée dans les fermes.

Constatons aussi ce qui manque aux secours donnés aux malades, à l'assistance médicale. Ces réformes et d'autres sont indiquées dans un ensemble très étudié, très complet de réponses, faites au questionnaire de la commission législative de l'assistance publique, par la commission départementale du Calvados, sur le rapport et la proposition de son président, M. Niobey.

On ne saurait trop le redire : le côté faible de ces campagnes, c'est l'association. Il y a là pour l'avenir un sujet d'études, une matière à solutions, à peine ébauchées dans la vie rurale, dont les habitudes s'y montrent jusqu'ici réfractaires. L'expérience enseigne pourtant qu'elle peut y recevoir des applications partielles fort heureuses dans la culture pour certains procédés, engrais, productions spéciales.

Il serait urgent de mettre au moins sous la main de ces populations portées à l'économie, les institutions de crédit populaire les plus élémentaires, comme les caisses d'épargne. Si l'on songe au bien que ce genre d'établissements a fait dans les villes, si l'on se dit en outre qu'elles peuvent devenir un des moyens de rattacher les populations au sol où elles trouveront à vivre en s'aidant de leurs économies, on s'associera au vœu qui s'est fait plus d'une fois entendre dans les comices de la Normandie, c'est à savoir que chaque chef-lieu de canton puisse avoir sa caisse d'épargne. Le gouvernement a autorisé les percepteurs à recevoir les dépôts pour en faire le versement à la caisse établie au chef-lieu d'arrondissement mais cette mesure très louable et très utile n'est pas suffisante; les habitants des campagnes ont des rapports plus fréquents avec le chef-lieu de canton où ils se rendent toutes les semaines, le jour du marché, qu'avec la résidence parfois un peu éloignée du percepteur. On a eu l'heureuse inspiration d'introduire la caisse d'épargne dans les écoles. L'arrondissement de Bayeux a été un des premiers à comprendre l'importance de ce genre d'innovation qui donnait des résultats déjà assez sérieux; il y a trois ou quatre ans, la caisse d'épargne fonctionnait dans 27 écoles; il y avait 275 garçons déposants, et 79 filles; le total des dépôts était de 7580 fr. 60. D'autres départements sont entrés dans la même voie, et y marchent avec succès.

Tel est, dans son ensemble, le tableau historique, moral, économique des populations agricoles qui vivent sur le sol de la Normandie. Nous avons constaté les progrès, signalé les lacunes, dit le bien avec joie, le mal sans découragement. La Normandie a traversé de bien autres crises que celle du moment; elle en est sortie plus forte et plus riche. Il reste sans doute à faire beaucoup encore relativement aux mœurs, aux habitudes, à l'instruction, aux perfectionnements de la culture, aux institutions de secours, de crédit, de charité, d'association. Mais nous sommes ici en présence d'un fonds si fécond de raison saine, de volonté forte, de calcul patient, enfin de ressources matérielles, qu'on peut espérer ou plutôt pronostiquer sûrement pour cette vieille et vivace province une carrière presque indéfinie de nouvelles améliorations.

FIN

OBSERVATIONS

PRÉSENTÉES

A L'ACADÉMIE DES SCIENCES MORALES ET POLITIQUES

APRÈS LA LECTURE DE M. H. BAUDRILLART

SUR LA NORMANDIE AU MOYEN AGE

(Extrait du *Compte rendu des séances et travaux de l'Académie.*)

M. Hippolyte Passy, à la suite de la lecture de son savant confrère M. Baudrillart, présente sur la population de la Normandie et de la France en général, au moyen âge, quelques observations qui lui semblent, attendu les opinions émises à ce sujet, dans bon nombre de publications, ne pas devoir être sans utilité.

On a supposé et affirmé, dit-il, que, durant les trois siècles qui ont précédé la guerre de Cent-Ans, entre la France et l'Angleterre, la France était tout aussi peuplée qu'elle l'est de nos jours. Quelques écrivains ont été même jusqu'à admettre qu'elle l'était davantage; d'autres se sont bornés à lui attribuer trente millions d'habitants au commencement du quatorzième siècle. Sur quelles données reposent ces assertions? Sur deux données, d'une inexactitude facile à démontrer : l'une, le nombre d'individus qu'on croit avoir dû appartenir à un même feu ou ménage, l'autre, la quantité même de feux qu'on croit avoir dû exister dans le royaume.

Aujourd'hui, ainsi qu'en fait foi la statistique officielle, on compte en moyenne, en France, 3,8 têtes par ménage. En comptait-on beaucoup plus au moyen âge? Il est permis d'en douter. Sans contredit, il naissait alors plus d'enfants par mariage, mais il en mourait aussi bien davantage avant qu'ils eussent achevé leur croissance, et les familles ,si elles étaient plus nombreuses ne pouvaient l'être que peu. D'un autre côté alors, comme à présent, il y avait des célibataires, des veufs et des veuves, des époux sans enfants, et ce dont il faut tenir grand compte, un intérêt constant à multiplier les feux dans toutes les paroisses rurales. A chaque feu revenait un lot du bois coupé annuellement dans les forêts et des droits plus précieux encore, celui d'envoyer à la pâture sur les terres vagues, alors d'une très grande étendue, un certain nombre de têtes de bétail. Quelques seigneurs, il est vrai, réclamaient une légère redevance, mais ce ne fut que sous le règne de Charles V, vers l'an 1370, que fut établi un impôt général par feux, impôt qui suscita de nombreuses révoltes et ne fut qu'irrégulièrement perçu. Avant cette époque, les jouissances inhérentes au feu produisaient assez d'avantages pour décider à se séparer des familles qui auraient pu demeurer sous le même toit.

Une autre cause d'erreur dans la supputation de la population de la France, au moyen âge, c'est d'avoir jugé par l'état particulier de communes ou paroisses situées dans le voisinage de Paris, de Pontoise et de quelques riches abbayes, de l'état des autres paroisses.

On a retrouvé quelques anciens polyptiques ou pouillés, celui de Palaiseau entre autres; ils attestent une population locale très dense, et l'on en a conclu qu'il devait en avoir été de même partout ailleurs. On se trompait beaucoup. A l'époque dont il s'agit, il n'existait que peu ou point de voies de communication; les denrées agricoles ne pouvaient être transportées qu'à de courtes distances, et comme les villes n'en tiraient guère que du sol qui les environnait. autour d'elles, les villages devenaient d'autant plus populeux que leurs habitants recueillaient largement l'avantage d'être à peu près seuls à les approvisionuer. En revanche, les campagnes éloignées des villes, ne travaillant guères que pour leur propre consommation restaient pauvres et peu peuplées, et les paroisses rurales ne contenaient qu'un très petit nombre de feux ou ménages.

Au reste, pour se faire une juste idée de ce que devait être la population de la France avant le quinzième siècle, il faut examiner la situation agricole de l'époque; car enfin, le chiffre de toute population a une infranchissable limite dans celui des moyens d'alimentation dont elle dispose. Or, sur ce point, les informations ne manquent pas. Ce qu'on sait, c'est que les forêts occupaient beaucoup plus d'espace qu'aujourd'hui, qu'il en était de même des marais, des terres en friches, et que la surface en culture était de bien moindre étendue. D'autre part, les modes d'exploitation en usage ne soumettaient les terres au labour et à l'ensemencement, que par portions successives, en en laissant chaque année au moins la moitié en jachères, et de là, des récoltes de quantité, à superficie égale, inférieures de beaucoup à celles qu'on obtient maintenant. Il faut remarquer en outre que ces récoltes consistaient principalement en seigle et en orge, grains fournissant moins de substance alimentaire que le froment dont alors ils tenaient presque toute la place.

Un autre fait avec l'importance duquel on n'a pas compté, c'est l'énorme infériorité de l'art de la mouture au moyen âge. A l'époque où Louis XIV fit élever l'hôtel des Invalides, cet art était encore si arriéré, qu'il fallait, ainsi que l'attestent les comptes afférents aux premières années du service, cent livres de blé pour obtenir moins de soixante livres de pain.

Il se peut, il est probable même, que la part des bénéfices laissés aux fournisseurs était considérable; mais ce qui est certain, c'est qu'aujourd'hui, grâce au perfectionnement graduel des procédés de la monture, cent livres de blé rendent autant de livres de pain, attendu que l'eau employée à lier la pâte compense par son poids celui du son dans lequel il ne reste plus de farine.

Certes, la population de la France du moyen âge moins bien pourvue que celle d'à présent, consommait moins et, dans les campagnes surtout, elle se contentait d'aliments plus grossiers et moins substantiels; mais encore fallait-il qu'elle en eût assez pour vivre; et, quand on examine quel pouvait être, d'une part, le produit des cultures de l'époque, de l'autre, l'état de la mouture des grains, il devient évident que les moyens de nutrition dont elle disposait ne devaient guère excéder le cinquième de ceux que le sol livre de nos jours.

Il n'existe aucun document authentique à l'aide duquel on puisse sortir du domaine des conjectures au sujet du chiffre général de la population de la France durant les siècles passées; mais il est un pays voisin dans lequel ont eu lieu des dénombrements dont il est possible de tirer des informations d'autant plus sûres qu'en réalité la population y était moins asservie et moins pauvre que celle de la France. Ce pays, c'est l'Angleterre. Un recensement, sinon d'une exactitude qu'on n'a pu obtenir que beaucoup plus tard, mais du moins assez approximatif pour exclure de grosses erreurs, assigne à l'Angleterre et au pays de Galles 2 535 000 habitants à l'époque où Edouard III commence son règne; et un autre recensement, qui eut lieu deux siècles et demi après, sous la reine Élisabeth, porte cette même population au chiffre rond de cinq millions. Eh bien, en admettant qu'elle fût aussi peuplée que l'Angleterre, lors de ces dénombrements et, compte tenu de la différence des étendues territoriales, la France aurait eu, vers le milieu du quatorzième siècle, avant les souffrances dues aux ravages de la guerre de Cent-Ans, environ huit millions d'habitants a la fin du seizième siècle, elle en aurait eu environ quinze. Telle a dû être la réalité; car, aux dates précitées, déjà l'Angleterre l'emportait sensiblement sur la France en sécurité, en activité productive et par conséquent en moyens de subsistance et de bien-être.

Maintenant, ainsi que cela ressort de l'excellent travail de M. Baudrillart, la Normandie avant la guerre de Cent-Ans, était-elle particulièrement florissante et peuplée? Ce qui n'est pas douteux, c'est qu'elle l'était beaucoup plus que le reste de la France. Il y avait pour qu'il en fût ainsi des raisons faciles à dicerner. Dès que Rollon eut pris possession de la Normandie, à ses compagnons vinrent se joindre grand nombre de leurs compatriotes, et, durant plus d'un demi-siècle, l'immigration continua. Ces hommes étaient libres et les terres qui leur furent distribuées demeurèrent libres comme eux. De là, une population différente de celle des autres provinces, non seulement par la composition, mais par les institutions ou coutumes qui les régissaient. Rollon, selon le dire du temps, était un grand justicier. Accoutumé à être obéi par ceux qui l'avaient suivi dans ses expéditions guerrières, il voulut l'être comme chef de l'État; aussi maintint-il dans son duché une discipline auparavant inconnue, et en effet jamais le cri de haro n'y fut inutilement poussé par ceux qui réclamaient justice et protection. De là en Normandie une sécurité qui y attira une foule de laboureurs et d'artisans nés hors de ses frontières et venant grossir le chiffre des habitants. Ainsi se multiplièrent des hommes dont le mélange à l'ancienne population opéra de telle sorte sur la condition de célle-ci que, comme l'a remarqué M. Léopold Delisle, les anciennes servitudes avaient disparu à la fin du onzième siècle.

Une autre cause de prospérité pour la Normandie ce fut le caractère même des compagnons de Rollon et de ceux de leurs compatriotes qui accoururent partager avec eux les bénéfices de la conquête. Ces hommes étaient d'une audace qui se manifestait dans toutes leurs entreprises. Ils avaient conservé le goût des expéditions lointaines et ce goût qui les conduisit à fonder en Sicile, dans la Pouille, en Calabre, des dominations puissantes, subsista si longtemps, qu'en 1410, le sire de Bethencourt put encore rassembler la troupe d'aventuriers à la tête de laquelle il alla découvrir et conquérir les îles de Canaries. Or, ce besoin d'activité, cette énergie dans l'emploi de leurs facultés et de leurs forces, les Normands les portèrent dans leurs œuvres, sur le sol même dont ils étaient devenus les maîtres, et leurs qualités contribuèrent largement à en accroître rapidement la fécondité.

En 1204, la Normandie fut de nouveau réunie à la France. Le changement diminua peu les avantages qu'elle avait acquis, Philippe-Auguste ayant eu grand intérêt à la ménager. La guerre de Cent-Ans la soumit à de funestes ravages; elle les répara cependant, et Louis XI, en confirmant avec la charte normande les droits qui en dérivaient, lui rouvrit une nouvelle ère de prospérité. La véritable date d'une déchéance dont elle eut peine à se relever, ce fut la fatale révocation de l'édit de Nantes. Alors, grand nombre des familles nobles et presque tous les principaux industriels étaient protestants; il leur fallait fuir une terre où sur eux pesaient d'odieuses persécutions : ils transportèrent en Angleterre leurs capitaux et leur savoir; de nombreux ateliers se fermèrent, le travail manqua aux ouvriers, et l'indigence et la dépopulation marchèrent de concert. Bientôt, la guerre de la succession d'Espagne, en amenant de nouveaux impôts, vint aggraver la situation, et, comme en font foi les documents officiels de l'époque ainsi que la correspondance de Le Pesant de Bois-Guillebert avec les contrôleurs généraux, le mal atteignit son comble. Le dix-huitième siècle tout en entier ne suffit pas pour en effacer les dernières traces.

La conclusion à tirer des considérations que je viens d'émettre, c'est qu'au moyen âge, loin d'atteindre le chiffre qu'on lui a attribué, la population en France ne s'élevait pas au-dessus du quart de son chiffre actuel; mais que conformément à ce qui ressort des recherches de M. Baudrillart, elle était en Normandie beaucoup plus prospère et plus nombreuse que dans les autres parties du territoire.

Au reste, à la fin du dix-septième siècle, le duc de Bourgogne demanda aux intendants du royaume, des mémoires détaillés sur l'état des diverses portions du territoire soumises à leur administration. M. le comte de Boulainvilliers a reproduit, dans son livre sur l'état de la France, publié en 1727, de nombreux extraits de ces mémoires, et voici ce que contient sur la population de la généralité de Rouen en 1697, le mémoire de l'intendant M. de la Bourdonnais.

La généralité de Rouen comprenait alors tout le territoire qui aujourd'hui appartient aux deux départements de la Seine-Inférieure et de l'Eure, et de plus les anciennes élections de Magny et de Pont-l'Évêque. Le nombre des paroisses s'y élevait à 1850 et celui des feux à 164-240. Quel était le nombre des têtes par feu? Le mémoire ne le dit pas; mais si l'on s'en rapporte aux quelques mémoires d'autres intendants faisant connaître à la fois et le chiffre de la population totale et celui des feux de leur intendance, il ne pouvait guère excéder quatre : car tel est le nombre ordinaire, un peu inférieur même dans l'élection de Niort. Ainsi en 1697, la généralité de Rouen n'aurait pas contenu plus de 670 000 habitants.

Aujourd'hui, les deux départements de la Seine-Inférieure et de l'Eure renferment à eux seuls, d'après le dernier dénombrement, 549 841 ménages ou feux, et 1 247 896 âmes, chiffres qu'il faudrait augmenter d'environ 100 000 si l'on y faisait figurer la population des anciennes élections de Magny et de Pont-l'Évêque. Sans doute, la Normandie avait beaucoup souffert de la révocation de l'édit de Nantes; mais quelque nombre d'habitants qu'elle eût perdu, la différence entre le chiffre de la population actuelle et celui de la population en 1697 n'en est pas moins énorme puisqu'elle est d'environ cent pour cent. Au reste, ainsi que nous l'avons fait remarquer, le département de la Seine-Inférieure est de tous ceux de l'ancienne Normandie celui où la population s'est le plus fortement accrue. Les autres sont loin d'avoir marché du même pas.

M. Ch. Giraud croit que la Normandie devait être très peuplée au moyen âge. La race normande est une des plus intelligentes, des plus hardies, des plus vigoureuses parmi les tribus germaniques qui s'établirent en France aux premiers siècles de notre ère. Elle excellait dans les arts, dans l'industrie, dans l'agriculture et dans la navigation, et elle acquit, ou plutôt s'appropria de bonne heure de grandes richesses. La cour des ducs de Normandie était plus opulente et plus brillante que celle des Capétiens. Les Normands ont créé la langue française, leur littérature au moyen âge est un titre d'honneur pour notre histoire littéraire. La noblesse normande demeura indépendante jusqu'au règne de Philippe-Auguste. Elle avait étendu ses conquêtes, non seulement en Angleterre et en France, mais en Italie, en Syrie et sur plusieurs points de l'Europe septentrionale. Pendant la guerre de Cent-Ans, les Normands de France donnèrent la main aux Anglais, et la mort de Godefroi d'Harcourt, qui avait favorisé la descente d'Édouard III sur le continent, est un des épisodes héroïques de cette guerre où périrent une foule de guerriers normands. La guerre de Cent-Ans, qui, comme l'a remarqué Macaulay, profita à l'Angleterre, en l'obligeant à se concentrer en elle-même, à développer ses institutions et sa richesse, fut au contraire funeste pour la Normandie dont le déclin date de cette époque. Elle perdit alors une partie de son originalité primitive; mais sa population, en se répandant sur les provinces voisines, n'en conserva pas moins ses facultés et son génie indépendant. Processifs, les Normands l'étaient comme l'avaient été les Romains : ils avaient beaucoup des aptitudes juridiques de ceux-ci, et la coutume de Normandie est un des monuments les plus remarquables de la civilisation du moyen âge.

M. Kœnigswarter. — Les signes d'assentiment que M. Giraud a bien voulu remarquer de ma part, je ne les ai point faits comme jurisconsulte, je m'en garderais bien vis-à-vis d'une autorité aussi incontestée que celle de M. l'inspecteur général des Facultés de droit; c'est comme habitant de la Basse-Normandie et notamment des lieux mentionnés par M. Baudrillart, que j'ai dû remarquer l'exactitude de ses observations.

Toutefois, l'existence au quatorzième siècle des débits de vin, de café et de bière dans les localités de Putot-en-Auge et de Médizon, ne prouve pas que ces boissons étaient déjà très répandues à cette époque parmi les populations rurales de la Basse-Normandie, par cette raison que Putot-en-Auge, canton de Dozulé, aujourd'hui commune d'à peine 60 feux, et Médizon, chef-lieu d'un canton limitrophe, mais bourg peu peuplé (quoique station importante de la ligne de fer de Paris à Cherbourg qui s'y relie vers le sud à Tours et vers le nord au bord de la mer), étaient jadis des agglomérations bien plus considérables. Putot-en-Auge est citée comme une ville dans les chroniques du pays, qui fut assiégée et incendiée; son église date du douzième siècle, et ce qui en reste prouve qu'elle n'avait pas été bâtie pour un village.

Il en est de même de la ville de *Troarn*, chef-lieu d'un autre canton limitrophe, qui porte tous les vestiges d'une grande ville, et faisait autrefois un commerce très actif de denrées agricoles. On y retrouve des restes d'anciennes constructions, mais jusqu'à ce jour les antiquaires ne se sont pas mis d'accord à quel peuple il faut les attribuer, ni pour déterminer l'origine du nom même de Troarn.

Un commerce important de transit se faisait autrefois entre Rouen et Caen, les capitales respectives de la Haute et de la Basse-Normandie; les nouvelles voies de communication et les changements survenus dans les industries de cette contrée, sont les causes principales de la déchéance des localités situées entre ces deux grands centres.

M. Hippolyte Passy. — A toutes les époques, la répartition des populations dans un même pays a été sujette à des changements. Ce qui opère à cet égard, ce sont les déplacements que subit le travail toutes les fois qu'il est plus ou moins demandé là où il est exercé. Certains genres d'industrie se développent et appellent plus de bras; d'autres au contraire en réclament moins, et de là des localités qui gagnent ou perdent en population. Il se peut que Bayeux et ses environs soient aujourd'hui moins peuplés qu'autrefois; en revanche, d'autres coins de la Normandie le sont bien davantage : ainsi, le Havre, Bolbec sont devenus de grandes villes, et bon nombre de petits hameaux se sont transformés en villages considérables, dans le voisinage de Rouen surtout.

Sans nul doute, la Normandie, au moyen âge, a été plus florissante et plus peuplée que les autres provinces de la France; mais elle l'était moins que nos jours. C'est le degré de capacité productive d'une population qui décide du nombre auquel elle peut s'élever, et de quelque avantage que les Normands aient joui, quelque actifs et laborieux qu'ils aient été, ils étaient bien loin de pouvoir tirer de leur sol et de leurs fabrications les moyens de nutrition et de bien-être qu'en obtiennent leurs descendants, grâce à la grande et incontestable supériorité des arts et connaissances que ceux-ci maintenant mettent en œuvre.

A la séance suivante, M. Passy a ajouté ce qui suit :

M. Hippolyte Passy dit que, comme son savant confrère, M. Baudrillart, vient de l'affirmer, il est certain qu'aussitôt après la guerre de Cent-Ans, l'agriculture prit en Normandie un essor d'une rapidité auparavant inconnu ; mais le fait ne fut pas particulier à la Normandie ; car on le vit se produire également dans d'autres provinces, et cela par des raisons dont il a été fait mention plus d'une fois, notamment par notre correspondant M. Doniol dans son histoire des classes rurales en France.

Durant la guerre de Cent-Ans, la gentilhommerie française, appelée et retenue longtemps sur les champs de bataille, y périt en grande partie, et l'autorité seigneuriale alla s'affaiblissant de plus en plus dans des campagnes qu'elle ne pouvait plus préserver de ravages presque incessants. Dénués de toute protection, les serfs quittaient leurs champs dévastés, sans qu'on pût les en empêcher, et d'ordinaire, c'était sur les domaines de l'Église, plus respectés que les autres, qu'ils se réfugiaient. Les évêques et les dignitaires des abbayes de l'Est et du Nord surtout les accueillaient en grand nombre, et, sachant utiliser leurs bras, leur assuraient des conditions de tenure et d'existence meilleures que celles dont ils avaient joui jusqu'alors. Cet exemple, force fut de l'imiter dans les domaines seigneuriaux. C'était le seul moyen d'y conserver la population qui y résidait encore et de l'attacher au sol qu'elle cultivait en lui en rendant le séjour moins dur et moins oppressif. Ainsi, par l'effet même des calamités auxquelles la France était en proie, changea et s'améliora le régime sous lequel vivait la masse agricole, et quand la paix revint, des hommes affranchis d'une partie des anciennes servitudes, pouvant retirer plus ample part des fruits de leurs labeurs, déployèrent une activité nouvelle, plus hardie et plus féconde. C'est là ce qui eut lieu en Normandie; mais ce qui eut lieu aussi dans le reste de la France et notamment en Picardie, en Bourgogne et dans le Berri.

APPENDICE

ENSEIGNEMENT DE L'AGRICULTURE

PROPOSITION DE LOI

Relative à l'Enseignement départemental de l'Agriculture

PRÉSENTÉE PAR

MM. E. DE PARIEU, LE COMTE DE BOUILLÉ, DE RAISMES,
TAILLEFERT, SOUBIGOU, SALMON,
TOUPET DES VIGNES, LE COMTE DE CORNULIER, DUPASQUIER, MAYRAN,
PAGÉZY, GAUDINEAU, JOUBERT, HOUSSARD, DE VENTAVON,
ESPINASSE, HUBERT-DELISLE, FOUCHER DE CAREIL, XAVIER BLANC
ET DE CHANTEMERLE

Sénateurs.

EXPOSÉ DES MOTIFS

L'agriculture n'a été longtemps qu'un art empirique, et comme telle elle ne pouvait guère donner lieu qu'à une sorte d'apprentissage. A mesure qu'elle a été mise en contact avec diverses sciences telles que la physiologie végétale, la météorologie, la chimie, la minéralogie, la mécanique, l'agriculture est devenue scientifique et constitue aujourd'hui, elle-même, une science *sérieuse* suivant les expressions de l'un des hommes de notre temps qui l'ont le mieux connue et le plus honorée[1].

[1] Gasparin.

Sous cette forme nouvelle, un enseignement véritable doit lui appartenir, à côté des centres principalement consacrés à l'apprentissage qui lui sont réservés sous le nom de Fermes-Écoles et d'Écoles pratiques.

L'agriculture a ses principes, ses observations fondamentales, ses expériences et ses résultats comparés.

Et tant qu'il se rattache à la profession de la majorité des citoyens français, à leur profession natale et souvent nécessaire, l'enseignement de l'agriculture peut être, s'il est bien dirigé, un véritable bienfait national. Son étude s'impose aux législateurs comme un devoir.

Nous venons vous proposer les dispositions qui nous paraissent les plus conformes à ce but.

Des essais nombreux pour fonder l'enseignement agricole ont honoré la législation française de notre siècle, mais n'ont encore abouti qu'à des résultats fort incomplets.

Un Institut agronomique au sommet, et au-dessous trois écoles seulement à Grignon, Grand-Jouan et Montpellier, qu'on peut considérer comme régionales, forment la partie supérieure des institutions de l'enseignement agricole.

Les applications de l'histoire naturelle à l'agriculture sont mentionnées dans le programme de l'enseignement secondaire spécial; et l'économie rurale y a aussi sa petite place[1].

A la base, les *instructions élémentaires sur l'agriculture* sont comprises dans la partie *purement facultative* des matières de l'enseignement primaire aux termes de l'article 20 de la loi du 15 mars 1850.

Cette place donnée à l'agriculture, et à l'horticulture qui en est une branche, dans notre enseignement primaire, est-elle suffisante? Cet art dont l'application couvre notre terri-

[1] Article 1er de la loi de 1865.

toire, et qui peut étendre avec profit ses améliorations depuis le jardin compris dans l'enceinte des villes jusqu'aux pâturages élevés dont le climat est inhospitalier à l'homme, ne doit-il pas être rattaché à la partie obligatoire de l'enseignement primaire? Pour plusieurs de ceux qui suivent nos écoles rurales, l'agriculture ne forme-t-elle pas l'horizon entier de l'existence et de l'activité viriles?

Expliquer, féconder, embellir cet horizon par les leçons de la science, y faire descendre le progrès au sein de la routine, fille de la présomption et de l'aveuglement[1], n'est-ce pas donner à l'intelligence de nos agriculteurs l'aliment à la fois le plus utile et le plus élevé? N'est-ce pas les attacher par des liens nouveaux et moralisateurs au sol de leur patrie? N'est-ce pas leur montrer, en dehors de l'atmosphère souvent épuisante des villes, une carrière de jouissances et de labeurs vivifiants pour eux autant qu'utiles à la fortune du pays?

En mûrissant ces considérations, nous avons pensé que la véritable place des instructions relatives à l'agriculture et à l'horticulture n'était pas dans le cadre facultatif, mais dans le cadre des matières obligatoires de l'enseignement primaire.

Mais comment distribuer cet enseignement aux instituteurs chargés de le transmettre et de le propager?

Certaines chaires d'agriculture ont été instituées depuis longtemps en France sans aucune d'idée d'ensemble; certaines remontent à 1837 et à 1838.

Depuis 1867 des travaux plus approfondis ont eu pour objet l'organisation et le développement de l'enseignement

[1] V. à cet égard la 15e Conférence *sur les devoirs des instituteurs* de M. Salmon notre collègue.

agricole dans les écoles normales et les écoles primaires rurales[1].

Une Commission, instituée à cette époque, a proposé de créer dans chaque département un emploi de professeur d'agriculture chargé tout à la fois de l'enseignement dans l'école normale, le lycée ou le collège, et des conférences qui pourront être faites aux instituteurs et aux cultivateurs.

Un très petit nombre seulement de créations de ce genre paraissent avoir eu lieu, en vertu de la circulaire de 1868, malgré les études sérieuses qui l'ont accompagnée.

Cette entreprise utile a été sanctionnée itérativement, reprise et en quelque sorte régénérée par les travaux d'une Commission plus récente instituée au ministère de l'instruction publique, suivant arrêté du 18 janvier 1874, pour l'examen de toutes les questions relatives à l'enseignement agricole et horticole dans les écoles normales primaires et dans les écoles primaires rurales.

Cette Commission, présidée par notre honorable collègue le comte de Bouillé, a fait appel au concours pécuniaire des Conseils généraux pour l'allocation des frais de tournée ajoutés aux subventions des ministères de l'Instruction publique et de l'Agriculture; et la circulaire du ministre de l'Instruction publique qui, au mois d'octobre 1874, a fait suite aux délibérations de cette Commission a produit dans plusieurs départements des effets utiles.

Lorsque la circulaire de 1874 a été lancée, sept départements (Calvados, Doubs, Haute-Garonne, Gironde, Nord, Oise, Somme) ont fait connaître que l'enseignement agricole et horticole était assuré chez eux par créations antérieures de chaires fondées sur des types divers.

[1] V. la circulaire de M. Duruy, ministre de l'instruction publique aux préfets, en date du 25 janvier 1868.

Un certain nombre de chaires ont été ajoutées à ce nombre depuis 1874, par le concours éclairé des ministres compétents, sur les bases de la circulaire de M. de Cumont[1]. Dans quelques départements on s'est borné à établir des chaires dans les écoles normales primaires.

Tant que l'agriculture et l'horticulture ne sont pas comprises dans les matières obligatoires de l'enseignement primaire, et, par suite, dans les matières sur lesquelles l'examen précédant le brevet simple de capacité devra porter, les créations isolées de chaires départementales ne peuvent avoir ces résultats parfaitement et généralement assurés qui sont la condition nécessaire pour permettre aux candidats au professorat de s'y préparer, dans tous les départements dépourvus de cet enseignement. Sans attribuer dans toutes les écoles la même importance relative à l'enseignement agricole, il ne faut plus qu'on puisse obtenir désormais le titre d'instituteur sans avoir prouvé sa capacité dans cette branche de l'enseignement primaire.

Des chaires départementales peuvent-elles avoir une organisation régulière et une extension certaine, nécessaires pour de grands résultats, sans l'intervention du pouvoir législatif?

N'est-on pas exposé, d'un autre côté, si l'on procède sans plan fixe et sans vue d'ensemble, à voir des disproportions se glisser dans les situations faites aux professeurs?

Si le concours s'est généralement imposé aux nominations récentes, n'y a-t-il pas lieu tout à la fois d'affermir, de légaliser ce mode de nomination et en même temps de l'entourer de garanties salutaires et uniformes pour assurer à l'enseignement son vrai caractère?

Sans méconnaître les lumières de nos Conseils généraux

[1] V. le budget du Ministère de l'agriculture de 1878, énonçant (p. 346) vingt et un départements dotés de chaires subventionnées.

et leur intelligence de tous les besoins, serait-il superflu de rendre au besoin obligatoire pour eux, après qu'ils auront été consultés, une part très modérée dans une dépense dont les départements doivent recueillir directement le fruit, et qui touche à un intérêt général?

Telles sont les pensées qui se sont imposées à nos réflexions sur ce sujet, et nous avons cru qu'un ensemble de dispositions destinées à rendre régulières et obligatoires les créations de chaires départementales d'agriculture et d'horticulture était un objet digne de la sollicitude des Chambres législatives et du Sénat en particulier.

C'est à la lumière de ces considérations que nous soumettons à votre examen le projet de loi suivant, qui n'a pas seulement pour but le développement de l'enseignement agricole dans notre patrie, mais qui peut être nécessaire pour le tenir au niveau des efforts tentés dans ce sens par d'autres pays[1].

Le Sénat a eu à sanctionner le premier le projet de loi relatif à l'Institut agronomique, qui pare aux besoins de l'enseignement de l'agriculture le plus élevé. Il s'honorera en fondant aussi les bases de l'enseignement agricole dans ses

1. D'après une publication récente « outre 174 écoles de degrés divers : fermes-écoles, écoles moyennes pratiques, académies ou écoles régionales (dont une seule, celle de Proskow, possède un domaine de six mille hectares de forêts), écoles spéciales d'horticulture, arboriculture, drainage, culture maraîchère, etc., l'Empire (allemand) renferme dix facultés ou instituts supérieurs à Berlin, Halle, Gœttingen, Kœnigsberg, Kehl, Munich, Leipzig, Heidelberg, Giessen et Iéna. » (*Revue des Deux Mondes*, du 15 novembre 1876.)

Le gouvernement d'Alsace-Lorraine vient de fonder une école d'agriculture à Rouffach. (*Économiste français* de février 1877.)

Le ministre de l'intérieur de Belgique vient aussi d'adresser une circulaire aux gouverneurs de province dans le but de multiplier les conférences agricoles dans les campagnes.

rapports avec l'intérêt de la jeunesse laborieuse dans nos campagnes.

Si le projet que nous soumettons à votre examen était revêtu de l'approbation législative, l'enseignement agricole serait parfaitement organisé en France dans son couronnement national comme dans les circonscriptions départementales et communales. S'il manquait quelque chose au degré intermédiaire que représentent les écoles régionales, le temps et l'expérience indiqueraient les bases et les moyens d'y pourvoir.

PROPOSITION DE LOI

ARTICLE 1er. — Les notions élémentaires d'agriculture et d'horticulture seront à l'avenir comprises dans les matières obligatoires de l'enseignement primaire. Les programmes de l'enseignement dans chaque département seront arrêtés, après avis du Conseil départemental de l'instruction publique.

ART. 2. — Dans le délai de six ans au plus tard, à partir de la promulgation de la présente loi, il sera établi une chaire d'agriculture et d'horticulture d'après les règles ci-après, dans les départements non dotés déjà de cet enseignement.

ART. 3. — Les professeurs départementaux d'agriculture et d'horticulture seront choisis au concours, sur le rapport d'un jury composé par le ministre de l'agriculture. Ils seront nommés par décrets rendus sur la double présentation des ministres de l'agriculture et de l'instruction publique.

ART. 4. — Le concours portera sur les principes généraux de l'agriculture et de l'horticulture et sur leur application à la situation, à la production et au climat du département.

Un tiers au moins des membres du jury sera pris parmi les propriétaires ou agriculteurs du département.

Art. 5. — Le programme du concours sera rédigé et la liste des candidats admis au concours sera dressée par le préfet sur l'avis du conseil départemental de l'instruction publique.

Art. 6. — Les professeurs départementaux d'agriculture et d'horticulture seront chargés de leçons à l'École normale primaire, près de laquelle ils auront leur résidence, aux autres établissements d'instruction publique du département, s'il y a lieu, et de conférences aux instituteurs et aux agriculteurs des différentes parties du département.

Art. 7. — Le traitement du professeur départemental d'agriculture et d'horticulture sera payé par portions égales sur les fonds du budget du ministère de l'instruction publique et sur ceux du budget du ministère de l'agriculture. Les frais de tournées seront à la charge des départements.

Art. 8. — Les attributions, les conditions d'admissibilité au concours et de révocation des professeurs d'agriculture et d'horticulture départementaux seront déterminées par un règlement d'administration publique.

Le même règlement déterminera la résidence, le traitement et le minimum des frais de tournées des professeurs d'agriculture et d'horticulture par rapport à chaque département, après avis du conseil général du département.

Les dispositions nouvelles relatives aux traitements et aux frais de tournées des professeurs d'agriculture et d'horticulture ne s'appliqueront qu'au fur et à mesure des vacances dans les départements où des chaires de cette nature sont déjà instituées.

Art. 9. — Dans les départements où il existe des chaires suffisant partiellement au but de la présente loi, la mise en vigueur des dispositions ci-dessus pourra être différée jusqu'à l'extinction des titulaires.

RAPPORT SOMMAIRE

FAIT

AU NOM DE LA QUATRIÈME COMMISSION D'INITIATIVE PARLEMENTAIRE
(SESSION 1877)
CHARGÉE D'EXAMINER LA PROPOSITION DE LOI DE M. PARIEU
ET DE PLUSIEURS DE SES COLLÈGUES

Relative à l'Enseignement départemental de l'Agriculture

PAR M. ROBERT-DEHAULT
Sénateur

Messieurs,

Dès 1874, une commission instituée près du ministère de l'instruction publique, par arrêté du 18 janvier de cette même année, pour l'examen de toutes les questions relatives à l'enseignement agricole et horticole dans les écoles normales primaires et dans les écoles primaires rurales, demandait la création de professeurs départementaux spéciaux. Elle y voyait le moyen d'assurer un enseignement fructueux de l'agriculture aux élèves-maîtres et d'accomplir une œuvre éminemment utile et moralisatrice en favorisant la diffusion des connaissances agricoles dans nos campagnes.

[1] Cette Commission est composée de MM. Sacase, *Président;* Fournier (Henri), *Secrétaire;* Laboulaye, de Voisins-Lavernière, baron de Ravignan, Lacomme, Brunet, comte de Malherbe, Boffinton, vicomte de Rodez-Bénavent, vicomte de Pelleport-Burète, Arbel, Robert-Dehault, Dauphin, Batbie, baron Leguay, baron de Lareinty, Béraldi.

C'est la même pensée qui a inspiré les auteurs de la proposition dont votre 4e commission est saisie.

D'art empirique ne donnant lieu qu'à une sorte d'apprentissage, comme le dit avec raison l'exposé des motifs, l'agriculture est devenue une science positive dont les principes et les théories sont malheureusement encore ou ignorés ou tenus en défiance dans la petite culture.

Cet état de choses s'explique par deux motifs :

Le premier tient à notre système d'instruction. Dans nos communes l'enfant ne trouve à l'école aucun élément de cette science agricole si indispensable à la vie des champs, qu'il est naturellement destiné à mener. L'école s'efforce de l'initier à toutes les sciences, hormis à celle qui doit lui donner son pain et celui de sa famille. Comment concevoir qu'une fois le manche de la charrue à la main, livré à ce labeur fatiguant, il pourra seul se rendre compte de ces mystères de la nature si décevants parfois pour qui n'en a pas le secret.

Le second motif qui a trait à la défiance du cultivateur pour toute innovation, tient à la difficulté où il est de réaliser des économies. Tremblant pour son épargne, il laisse à d'autres le soin des expériences et n'accepte les améliorations les plus profitables qu'avec la plus extrême réserve.

Les comices agricoles, les sociétés d'agriculture, les écoles de Grignon, de Grand-Jouan, de Montpellier, l'Institut agronomique sont des institutions dont les services sont incontestables; mais leur action est restreinte à une classe privilégiée d'agriculteurs. Et cependant quel intérêt pour la société tout entière n'y aurait-il pas à ce qu'il en fût autrement?

S'il connaissait les plus simples éléments de la science agricole, le laboureur ne chercherait-il pas, en retournant la terre, à en étudier la composition, à se demander comment il pourrait l'améliorer, la rendre plus fertile, et, dans cette étude intéressée, dans cette étude de toute son existence, n'aurait-il pas l'occasion de ces découvertes utiles que seule peut amener une pratique éclairée?

Si, d'autre part, on se rappelle la préoccupation à laquelle a souvent donné lieu l'émigration du campagnard vers la ville, ne serait-ce pas aussi un moyen de l'attacher davantage à la terre qu'il doit cultiver, que de donner au travail des champs, en mettant à la portée de tous l'application raisonnée des principes de la science, l'attrait d'un travail plus intelligent et plus rémunérateur?

Pénétrés de ces sentiments, les honorables auteurs de la proposition de loi veulent faire comprendre dans les matières obligatoires de l'enseignement primaire les notions élémentaires d'agriculture et d'horticulture. Pour atteindre ce résultat, ils demandent que, dans chaque département, une chaire spéciale soit établie. Les professeurs feraient des cours dans les écoles normales, et, sur différents points du territoire, des conférences inspirées, pensons-nous, par le caractère régional de la culture. Les maîtres-élèves répandraient ensuite dans leurs communes les notions qu'ils auraient ainsi reçues à des sources sûres.

Le vœu émis par la commission instituée en 1874 n'est point d'ailleurs demeuré sans effet.

Quelques départements, l'Aveyron, la Corse, les Côtes-du-Nord, le Doubs, le Finistère, la Haute-Garonne, la Gironde, l'Oise, la Somme, la Seine-Inférieure avaient déjà alors créé des chaires établies dans des conditions diverses, payées sur les fonds du ministère de l'agriculture; le vœu de la commission provoqua une circulaire du ministre de l'instruction publique à tous les conseils généraux pour les inviter à prendre l'initiative de créations analogues.

Les Pyrénées-Orientales, l'Yonne, le Cher, la Marne, la

Haute-Marne, la Mayenne, les Basses-Pyrénées, le Vaucluse, l'Indre-et-Loire, la Côte-d'Or, le Jura, le Loiret, la Seine-et-Marne, la Vienne, la Haute-Vienne, la Vendée, les Landes ne tardèrent pas à répondre à cet appel et à suivre l'exemple des départements précités.

Aujourd'hui la nécessité de la diffusion de l'enseignement agricole et horticole commence à être universellement reconnue. Dans certaines communes rurales même des instituteurs en ont pris l'initiative, et, là où dans un temps on manifestait quelque répugnance pour cet enseignement, il est accepté maintenant avec empressement; il a suffi pour cela de quelques récompenses intelligemment accordées par les comices cantonaux.

L'objet de la proposition de loi qui vous est soumise n'est donc point, à proprement parler, une innovation, c'est la régularisation et la généralisation de l'enseignement d'une science positive que son utilité doit faire classer parmi les plus importantes de celles que comporte notre enseignement primaire.

Notre mission, messieurs, n'est pas d'entrer dans l'examen critique de la proposition qui vous est faite. Ce sera l'œuvre de la Commission qui sera nommée pour en faire l'étude définitive. Votre Commission d'initiative n'a à se prononcer que sur la prise en considération; à l'unanimité de ses membres, elle n'hésite pas à vous demander de prendre en considération un projet qu'elle regarde comme éminemment utile.

SOCIÉTÉ NATIONALE D'AGRICULTURE DE FRANCE

RAPPORT

SUR

L'ENSEIGNEMENT DÉPARTEMENTAL ET COMMUNAL

DE L'AGRICULTURE[1]

Messieurs,

Notre honorable confrère, M. de Parieu, d'accord avec dix-huit de ses collègues, a présenté, l'année dernière au Sénat, un projet de loi relatif à l'enseignement départemental et communal de l'agriculture. M. Victor Borie, au nom de la Section d'économie, de statistique et de législation agricoles, vous a fait, à son sujet, un Rapport dont vous avez accueilli les conclusions dans votre séance du 3 avril dernier. Elles tendaient à vous approprier ce projet de loi, et à le transmettre, avec vos vœux, à M. le Ministre de l'agriculture et du

[1] Rapport fait au nom d'une Commission spéciale composée de MM. Tisserand, désigné par la Section de grande culture; Lavallée, par celle des cultures spéciales; des Cars, par celle de sylviculture; Gareau, par celle d'économie des animaux; de Parieu, par celle d'économie, de statistique et de législation agricoles; Barral, par celle des sciences physico-chimiques agricoles; Milne-Edwards, par celle d'histoire naturelle agricole; général Morin, par celle de mécanique agricole et des irrigations. — M. Lavallée a été nommé *Rapporteur* par la Commission après une discussion qui a duré plusieurs séances.

commerce, ainsi qu'à M. le Ministre de l'instruction publique.

Le projet de loi, dû à l'initiative du Sénat, a été l'objet de la sollicitude de M. le Ministre de l'agriculture, qui a désiré connaître l'avis de la Société nationale d'agriculture, avant la discussion du projet à la Chambre des députés. M. le Ministre vous a transmis un questionnaire, en vous demandant de répondre aux diverses questions qui y sont formulées.

Vous avez, dans une précédente séance, nommé une Commission de huit membres chargée de faire l'étude des questions adressées par M. le Ministre. C'est le résultat de ses travaux que nous avons l'honneur de vous exposer.

Toutefois, avant d'étudier chacune des propositions qui sont soumises à votre examen, il est utile de vous rappeler brièvement les phases qu'a déjà subies la question de l'enseignement agricole primaire. Il convient d'autant plus de la résoudre, que notre agriculture est enfin tout à la fois dotée d'un enseignement supérieur et d'un enseignement secondaire professionnel.

Quoique deux départements aient institué des chaires d'agriculture, dès 1837 et 1838, ces essais, tentés sans aucune idée d'ensemble, restaient isolés, et ce n'est qu'à la suite du décret en date du 3 octobre 1848, relatif à l'enseignement professionnel, qu'eut lieu une enquête sur l'enseignement agronomique à tous les degrés.

Bien avant cette époque, l'Angleterre et l'Irlande avaient des cours publics d'agriculture, et, à peu près à cette date, des institutions d'enseignement agricole furent fondées par les gouvernements des divers États de l'Allemagne.

La Belgique possédait déjà alors une école d'horticulture. Quant à la France, elle avait, il est vrai, des asiles ruraux, des colonies et des pénitenciers agricoles; mais ces établissements étaient, à quelques exceptions près, dans une situation assez peu prospère, pour avoir attiré, en 1845, l'attention du Conseil général de l'agriculture, qui, par l'organe d'une Commission spéciale, admit les Instituts comme des sortes d'Écoles secondaires, et les fermes-écoles comme le premier degré de cette instruction et le seul mode d'enseignement agricole inférieur. C'est à cette même commission qu'est due l'initiative d'une demande de création d'un établissement d'enseignement supérieur. Elle provoqua la fondation de l'Institut agronomique de Versailles. Parmi ses membres, plusieurs se préoccupaient de ne trouver aucun moyen de faire participer les filles[1] aux travaux des fermes-écoles; d'autres avaient exprimé la pensée qu'il fallait, avant tout, propager de bons livres relatifs à l'agriculture et provoquer la publication de ces ouvrages par des récompenses et des distinctions accordées aux auteurs. Ils voulaient mettre ces livres à la portée de tous, en créant des bibliothèques rurales. Nous apercevons là, en quelque sorte, pour la première fois, la pensée d'un enseignement communal de l'agriculture.

Un premier projet de loi sur l'enseignement professionnel de l'agriculture, dû à l'initiative de M. Tourret, fut discuté à l'Assemblée nationale en 1848, et donna lieu à d'intéressants débats, qui permirent de bien comprendre l'insuffisance des fermes-écoles pour faire pénétrer les premières notions de l'agriculture chez les enfants de la campagne.

Un des orateurs[2] proposa même, déjà, d'imposer aux instituteurs l'obligation de faire des cours du soir, où l'enfant sorti de l'école primaire, après s'être livré, le jour, aux travaux des champs, viendrait recevoir une instruction agri-

[1] Enquête, p. 51.
[2] Séance du 23 septembre.

cole complémentaire. La loi du 15 mars 1850 autorisait des instructions élémentaires sur l'agriculture dans les écoles primaires, mais à titre purement facultatif.

Lors de l'enquête sur l'enseignement professionnel ouverte en 1864, à la suite des traités de commerce, par le Ministre de l'agriculture, on put constater, dans le rapport auquel elle donna lieu, que la pensée d'introduire l'enseignement agricole dans les écoles primaires préoccupait certains esprits progressifs [1].

Ils voulaient organiser, dans chaque école, des sortes de conférences, et que l'instituteur entreprît, chaque jeudi, avec ses élèves, des promenades instructives, en les conduisant dans les exploitations les mieux entendues des environs, et en leur expliquant ainsi, par des exemples, les procédés du cultivateur. Cette méthode est appliquée avec succès dans certains comtés de l'Angleterre, pour des études de morale ou de philosophie religieuse. Les SUNDAY SCHOOLS, *écoles du Dimanche,* réunissent autant d'enfants que dans la semaine ; mais au lieu de l'instituteur, la chaire est occupée par un notable de l'endroit, un marchand, un fonctionnaire, la femme du ministre, etc.

Le Dimanche, un mode d'enseignement analogue se pratique en Prusse pour le dessin, la géométrie, la physique ou la chimie, et en Saxe pour l'agriculture. Dans ce dernier pays, des cours ambulants furent essayés par M. Stœchardt, de Thorrenth, à son retour d'un voyage en France. Cet agronome avait été frappé des résultats remarquables obtenus par M. Girardin dans la Seine-Inférieure, puis, peu après par M. Bonnet dans le Doubs. C'est donc à la France que revient l'honneur de cet enseignement; il est intéressant de

[1] Séance du 21 décembre 1863.

le reconnaître, au moment de l'établir définitivement dans tout le pays.

L'inauguration des cours nomades d'agriculture en Saxe, fut bientôt suivie de celle de sortes d'écoles techniques, les *Winther Schule*, destinées à compléter, l'hiver, les connaissances de la culture acquises précédemment par l'enfant à l'école primaire.

Ces écoles existent aussi dans le grand-duché de Bade. En outre, les instituteurs sont astreints à donner, en dehors de l'instruction élémentaire proprement dite, et surtout aux séances du Dimanche, des notions de culture.

C'est, du reste, ce qui a lieu dans presque toute l'Allemagne où fonctionnent encore les *Forbildungs-Schule*[1], écoles où l'enseignement agricole est donné, le soir et le Dimanche, à la fois aux enfants et aux adultes : 689 de ces écoles obligatoires du soir existaient déjà en 1874, en dehors des écoles du Dimanche et des cours d'agriculture.

En Autriche, on a essayé d'annexer des écoles élémentaires d'agriculture à un certain nombre d'écoles populaires, mais la décroissance du nombre des enfants qui les fréquentent, indique très clairement combien ce système est défectueux.

L'enseignement agricole figure, au contraire, dans les programmes de 15 466 autres écoles populaires ; l'agriculture générale est professée dans 2126, l'arboriculture fruitière dans 4034, la séricículture dans 862, enfin l'apiculture dans 1486 autres.

En 1875, les jardins d'école étaient déjà au nombre de 4032, et celui des jardins fruitiers, organisés spécialement pour l'enseignement des écoles populaires, de 3215 ; 384 ma-

[1] Enquête de l'enseignement professionnel, 1864, t. I, p. 265.

gnaneries avaient une même affectation, ainsi que 538 ruchers.

Mais il ne faut pas craindre de le dire, l'enseignement agricole, dans les écoles populaires de l'Autriche, précipitamment organisé, n'a pas eu partout un complet succès. Chaque jour amène des améliorations et des résultats utiles. Au début, les fonds avaient manqué pour accorder aux instituteurs une allocation supplémentaire justifiée par le surcroît d'occupations qui leur était imposé; les livres faisaient défaut, ainsi que le matériel le plus élémentaire de cet enseignement; enfin les jardins n'existaient qu'à l'état de projet.

En Belgique, aucune loi n'a encore imposé cet enseignement, mais le Ministre, par une circulaire en date de janvier 1877, a invité les municipalités à multiplier les conférences agricoles dans les campagnes, et à chercher à donner aux instituteurs l'aptitude nécessaire; il invite ceux-ci à initier leurs élèves aux notions des sciences naturelles appliquées à l'agriculture.

Le nombre des écoles primaires auxquelles sont joints, en Italie, des jardins d'étude augmente chaque année. C'est le point de départ de l'enseignement agricole, en voie d'organisation.

L'enseignement agricole élémentaire fonctionne déjà dans un certain nombre de nos départements; mais, organisé en dehors de toute sanction législative, il manque d'unité et de méthode. La proposition due à l'initiative de M. de Parieu, et de plusieurs membres du Sénat, tend à le rendre obligatoire et à en réglementer partout l'application.

Cette importante question soulevée déjà comme nous l'avons vu, lors de l'enquête agricole, en 1848, et reprise en 1867, avait déjà, à cette date, été soumise à une Commission chargée d'étudier et de proposer les mesures nécessaires, pour développer les connaissances agricoles dans les écoles primaires de nos campagnes et dans les cours d'adultes des écoles communales. MM. Dumas, de Monny, de Mornay, de Kergorlay et Wolowski, membres de notre Société, la représentaient avec l'autorité qui s'attache à de pareils noms.

En 1870, M. le maréchal Vaillant appela de nouveau l'attention du gouvernement sur la nécessité de créer un enseignement agricole complet ; mais il réduisait, dans sa pensée, la part faite aux écoles primaires à des notions d'horticulture, ou mieux d'arboriculture fruitière.

Enfin, une Commission fut instituée au ministère de l'instruction publique, suivant arrêté du 18 janvier 1874, pour l'examen de toutes les questions relatives à l'enseignement agricole et horticole dans les écoles normales et dans les écoles primaires rurales. Elle était présidée par M. le comte de Bouillé. On se souvient que cette commission fit un appel pressant aux conseils généraux pour l'allocation de frais de tournée aux professeurs d'agriculture. Elle avait adopté, à l'unanimité, le principe de l'enseignement agricole dans les écoles rurales. Un vœu analogue a été exprimé par la Société des agriculteurs au Congrès international de l'agriculture, dans sa séance du 14 juin dernier, sur la proposition de M. Gossin.

Nous ne devons pas terminer sans rappeler l'essai tenté par M. Duruy, alors ministre de l'instruction publique, qui institua, par décret du 16 mars 1869, un enseignement agronomique au Muséum d'histoire naturelle, en faveur des élèves choisis parmi ceux « qui sortent, chaque année, des « écoles normales départementales, dans la pensée, dit « M. Chevreul (Notice sur l'enseignement agricole), qu'après

« deux ans d'études, ils seront aptes à répandre dans « les campagnes des notions *positives* d'agriculture[1] ».

Ces jeunes gens étaient destinés à l'enseignement, c'est-à-dire à contribuer à propager dans les campagnes, comme instituteurs, des notions justes d'agriculture, et nullement à exploiter une ferme.

« L'habitude que ces élèves devenus instituteurs ont « contracté, dit encore notre vénérable Président[2], de la « méthode scientifique, les horizons nouveaux que les sciences « naturelles ne manquent jamais de découvrir aux jeunes « intelligences, et avec des charmes incomparablement supé- « rieurs aux mirages de l'imagination passionnée, seront, si « je ne m'abuse pas, une source de plaisirs pour eux, bien « différents de ces plaisirs que l'oisif des provinces vient « chercher à Paris, lequel, une fois hors de la grande ville, « est réduit à des regrets sans compensation. »

Vingt-quatre jeunes gens sortis des écoles normales étaient venus à Paris, et, quoique non préparés à suivre les cours si variés du Muséum, ils s'identifièrent vite à ces études scientifiques. Ce premier essai avait fait espérer les plus heureux résultats ; mais, après six mois, il fut abandonné, par suite d'un changement de ministère, avant même une expérience complète, et malgré le succès certain qui devait couronner la nouvelle création par la propagation des connaissances scientifiques, si utiles à l'agricuture.

L'instruction primaire agricole recevait en effet un développement fécond, si les premiers sujets de nos écoles normales étaient, chaque année, admis à faire de fortes études

[1] M. Chevreul. — Considérations sur l'enseignement agricole en général et sur l'enseignement agronomique au Muséum d'histoire naturelle en particulier. — Imprimerie nationale, 1869.

[2] Id.

agronomiques dans notre grand établissement scientifique. Ce serait là le complément nécessaire à la loi proposée par notre digne confrère, M. de Parieu.

Avant d'examiner les questions qui sont posées par M. le ministre de l'agriculture, il est instructif de jeter un coup d'œil sur l'état de l'enseignement agricole déjà organisé dans trente départements.

Quoique les chaires restent soumises depuis 1875 à un même régime, en conformité des instructions ministérielles de la circulaire du 17 octobre 1874, émanée du ministère de l'instruction publique, mais élaborée de concert avec l'administration de l'agriculture, il est facile de se convaincre que les résultats obtenus sont loin d'être partout les mêmes; ils sont remarquables dans plusieurs départements, satisfaisants dans quelques autres et n'ont été négatifs dans aucun. M. Gossin, dans l'Oise, M. Gaillard, dans la Dordogne, M. Isidore Pierre, à Caen, M. d'Hédouville, dans la Haute-Marne, et quelques autres sont parvenus à fonder un enseignement excellent sous tous les rapports. Leurs programmes peuvent être consultés avec fruit lorsqu'on établira un plan général de l'enseignement agricole dans tous les départements. Quant aux ouvrages propres à être mis dans les mains des élèves des écoles primaires, ils sont en réalité peu nombreux, malgré le nombre incroyable de catéchismes agricoles et de petits traités déjà parus. Le questionnaire fort bien conçu, dû à M. Ed. Teisserenc de Bort, les lectures et dictées de M. Heuzé, les traités de M. Gossin, seront à tous égards très bien placés dans nos écoles primaires; les enfants y trouveront des idées justes et précises sur les points principaux de l'agriculture.

Après cet examen rapide des conditions de l'enseignement agricole, départemental et communal, nous devons vous soumettre successivement les questions adressées à la Société nationale d'agriculture et les réponses que votre Commission vous propose de faire.

1° *La Société croit-elle qu'il soit utile et urgent d'organiser l'enseignement agricole dans les départements et dans les communes?*

La Société nationale d'agriculture est profondément convaincue que l'organisation d'un enseignement agricole, à la fois départemental et communal, bien entendu et sagement imité, peut donner d'excellents résultats et contribuer à la prospérité publique. Elle tient toutefois à exposer à M. le ministre, sa pensée tout entière.

Cet enseignement doit être, tout d'abord, professé dans les écoles normales, dont les jeunes gens se destinent aux fonctions d'instituteurs primaires; mais, en définitive, l'instruction agricole des enfants de nos écoles rurales est le but que l'on cherche à atteindre. Pour y parvenir, il est donc nécessaire que les matières à enseigner dans les écoles primaires de nos campagnes soient rigoureusement déterminées dans chaque département, et que le programme n'en soit arrêté qu'après mûr examen.

La Société verrait, en effet, de graves inconvénients à trop étendre le champ des études agricoles devant de jeunes élèves qui cessent de se présenter à l'école, pour la plupart, dès leur douzième année. Ils ne sauraient retirer aucun profit de matières abstraites, hors de la portée de leur âge et de leur instruction sommaire.

M. Chevreul, dans une communication sur l'enseignement agricole [1], dit expressément « que l'art, comprenant les pra-

[1] Séance du 10 juillet 1867.

« tiques, les procédés, peut être enseigné partout, même, à « la rigueur, dans les institutions primaires, où le maître se « bornera à mettre les résultats de la pratique sous les yeux « de ses élèves en les leur appliquant, sans en appeler à la « science proprement dite ».

Le but du nouvel enseignement est de faire pénétrer dans l'esprit des enfants, pendant les quelques années qu'ils passent à l'école primaire, des notions précises et très élémentaires. Ce sont, en quelque sorte, des leçons de choses qui, résumant ces notions en un petit nombre de formules et d'exemples, conviennent à d'aussi jeunes intelligences. Il est très important de les soustraire aux matières abstraites, aux termes techniques, et de les dispenser de toutes les études scientifiques qui seraient sans profit et même dangereuses, puisqu'il s'agit d'enfants de douze à treize ans au plus, ne pouvant recevoir, à l'école de la commune, qu'une instruction primaire des plus élémentaires.

L'instituteur trouverait des exemples précieux à placer sous les yeux de ses élèves, en leur faisant faire le jeudi ou le dimanche, des promenades instructives, dirigées spécialement en vue du nouvel enseignement.

2° *Le délai de six années accordé aux départements pour voter les fonds nécessaires à l'organisation de l'enseignement lui semble-t-il trop considérable?*

Quelque intéressante que soit la création dans toute la France d'un enseignement agricole départemental, il paraît difficile de l'organiser plus rapidement.

On peut parvenir, dans ce délai, à doter les écoles normales de chaires d'agriculture, à instituer des conférences sur divers points de chaque département. Mais on ne peut espérer que les instituteurs seront de suite et, dans toutes les communes, à même de donner cet enseignement agricole.

Les jeunes gens qui sortent chaque année des écoles normales primaires sont peu nombreux ; la nouvelle loi ne sera complètement applicable qu'après avoir mis tous les instituteurs à même d'acquérir les connaissances qu'ils auront à enseigner. Leurs occupations quotidiennes, l'absence d'ouvrages spéciaux, l'inertie même de quelques-uns, sont des obstacles que l'on ne saurait surmonter immédiatement.

5° *Convient-il d'obliger le professeur à prendre sa résidence près de l'École normale?*

La résidence près de l'École normale, imposée à chaque professeur départemental, offre, à divers points de vue, beaucoup d'avantages. Il paraît néanmoins difficile d'exiger impérieusement une telle condition, car il faut que chaque titulaire puisse parcourir le département, visiter les exploitations, continuer à s'instruire et à se tenir au courant des cultures. Le voisinage d'une bibliothèque publique, de fabriques d'instruments aratoires, de pépinières ou de jardins, de cours spéciaux même, peuvent légitimement entraîner quelques-uns à fixer leur résidence dans un quartier éloigné de l'École normale primaire, ou dans une autre localité.

N'est-il pas possible, d'ailleurs, qu'un praticien établi, un exploitant, ne brigue la nouvelle position ? Il est donc fort utile de ne pas éliminer, par des règlements trop absolus, des professeurs dont l'enseignement serait probablement d'autant meilleur qu'ils seraient à même de placer incessamment sous les yeux de leurs élèves des exemples variés empruntés à leur propre pratique.

La Société nationale d'agriculture croit donc suffisant

d'inviter les professeurs départementaux à choisir leur domicile de préférence dans le voisinage de l'École normale primaire, sans toutefois les y astreindre.

4° *Est-il nécessaire d'imposer aux candidats aux fonctions de professeur d'agriculture, en dehors des conditions d'âge et de nationalité, l'obligation d'être muni d'un diplôme de bachelier ès sciences, ou celle d'avoir suivi les cours d'une école d'agriculture?*

La Société nationale d'agriculture ne pense pas qu'il soit nécessaire d'exiger les titres sus-mentionnés. Il est certain que le jury d'admission devra tenir compte, dans une large part, des diplômes qui constatent les connaissances scientifiques de chaque candidat ; mais on risquerait de se priver des services d'hommes formés à l'école de la pratique, et suffisamment instruits néanmoins, pour subir avec succès les épreuves d'un concours, en limitant le choix parmi ceux ayant déjà conquis le diplôme universitaire ou celui d'une école d'agriculture.

On doit toutefois désirer que les examens constatent d'une façon précise, non seulement à quel point chaque candidat possède les connaissances inscrites au programme, mais même le degré de l'esprit scientifique de chacun d'eux.

5° *La Société croit-elle que la loi doive indiquer un programme d'examen?*

Il paraîtrait difficile qu'une loi indiquât un programme d'examen. C'est là une attribution essentielle à réserver à l'administration.

Il serait néanmoins intéressant que, dans chaque département, l'on traçât tout à la fois le programme du nouvel enseignement primaire pour chaque commune ou groupe de communes placées dans des conditions similaires, ainsi que celui du cours qui devra être professé à l'École normale. Ces programmes seraient arrêtés après avis du Conseil départemental de l'Instruction publique, et serviraient tout naturellement à établir les conditions d'examen qu'auront à subir les professeurs départementaux d'agriculture. Telle paraît être la marche la plus logique à suivre pour obtenir avec quelque certitude les résultats désirés.

6° *Croit-elle que le concours doive avoir lieu pour un seul, pour plusieurs ou pour tous les départements de la France à la fois?*

L'intérêt départemental étant prédominant dans la question, le concours ne peut être que départemental. Le programme, tout en comprenant l'agriculture dans son ensemble, et les diverses sciences qui s'y rapportent, devra être étendu sur tel ou tel point, suivant l'agriculture propre à chaque région naturelle.

7° *Pense-t-elle qu'il faille soumettre les professeurs actuellement en exercice aux épreuves d'un nouveau concours?*

La nouvelle loi ne saurait, sans de grands inconvénients, avoir un effet rétroactif. Quelque incertitude que l'on puisse avoir sur la valeur professionnelle de tous les titulaires actuels des chaires d'agriculture, il est certain que plusieurs d'entre eux ont donné des témoignages incontestables de leur mérite, en créant un enseignement bien entendu, parfois remarquable même à tous égards. Il serait donc très regrettable de les astreindre à un nouveau concours, car d'excellents professeurs peuvent n'être plus aptes à subir des épreuves, auxquelles des jeunes gens semblent mieux préparés.

8° *Déterminer de quelle manière doit être composé le jury.*

Le concours étant départemental, il faut chercher dans le département même les éléments nécessaires à la composition du jury, dont toutefois la présidence appartiendrait à l'inspecteur de l'agriculture de la région. Il devrait être choisi en nombre restreint parmi les conseillers généraux, les membres des Sociétés d'agriculture, du Conseil d'hygiène, des chambres consultatives d'agriculture, les professeurs d'histoire naturelle de l'enseignement supérieur ou secondaire, enfin les propriétaires-agriculteurs. L'inspecteur d'Académie et le directeur de l'École normale sont aussi naturellement indiqués pour faire partie de ce jury, qui offrirait ainsi une parfaite compétence et aurait, dès lors, la plus grande autorité pour dresser une liste de présentation[1].

[1] Depuis la lecture de mes Rapports à l'Académie des sciences morales, le projet de M. de Parieu, adopté par le Sénat, a subi quelques modifications à la Chambre des députés. La nouvelle loi porte établissement d'une chaire d'agriculture pour chaque département dans le délai de six ans. Les professeurs sont choisis au concours sur le rapport d'un jury où entreront notamment trois agriculteurs du pays. Les professeurs seront chargés de leçons à l'école normale primaire, et de conférences aux instituteurs, aux agriculteurs, etc. Enfin, trois ans après l'organisation du dit enseignement dans les écoles normales primaires, les notions élémentaires d'agriculture seront comprises dans les matières obligatoires de l'enseignement primaire. (*Note de l'auteur.*)

L'AGRICULTURE ET LES AGRICULTEURS

DANS LE PAYS DE CAUX

Voici comment s'exprime M. Eugène Marchand dans son savant ouvrage sur l'agriculture et les agriculteurs du pays de Caux[1] : « La révolution qui s'accomplit dans les procédés de culture et les perfectionnements que subit l'outillage agricole, ne laissent pas les cultivateurs cauchois indifférents au mouvement qui modifie la situation relative des différents États. L'Angleterre, si avancée dans l'application de la mécanique à l'agriculture, a su placer déjà dans un certain nombre de fermes du pays de Caux ces engins puissants, ces semoirs, ces rouleaux, ces râteaux en fer, etc., qui allègent le travail des hommes. Cependant les machines à faucher, à moissonner, à faner, essayées sous la direction des sociétés d'agriculture, n'ont point encore été reconnues aptes à rendre les services que l'on peut obtenir de leur emploi dans des contrées offrant des champs mieux nivelés. La vapeur, dont la puissance active (et intelligente dans les mains de l'homme) est si précieuse pour l'industrie, ne rend de services que dans les fermes où l'on a établi des distilleries : là elle met en activité les différents appareils de l'usine, et tous ces ins-

[1] Ouvrage couronné par l'Académie des sciences que j'ai cité dans le cours de ce volume.

truments, — les machines à battre, les moulins à mouture, les concasseurs, les hache-paille, les coupe-racines, etc., qui pénètrent même chez les petits cultivateurs, où ils sont mûs par la force musculaire des hommes, quand ils ne le sont pas par celle des chevaux.

« A cet égard il serait à désirer que le perfectionnement de l'outillage, en accélérant les travaux de la ferme et les procédés de la culture, diminuât la nécessité de l'intervention des hommes pour en assurer le prompt accomplissement, car on se plaint généralement dans la contrée de ne pas trouver facilement des bras pour exécuter les travaux de la moisson, et l'on s'accorde à attribuer cette situation à l'émigration des habitants des campagnes vers les villes.

« Cette opinion est sans doute fondée jusqu'à un certain point, car les renseignements donnés précédemment sur les mouvements de la population, depuis 1806, dans nos différents cantons, semblent la justifier. Cependant cette influence n'est pas la seule agissante, et, d'ailleurs, la plainte formulée ne date pas seulement d'aujourd'hui.

« En effet, les bras sont rares, dit-on, mais ils l'étaient déjà au siècle dernier! Voici ce que dit Lépecq à ce sujet :

« Cette contrée, — le pays de Caux, — ne donne pas autant « de production en denrées qu'il y en pourrait croître avec « une meilleure culture. Et, par une augmentation d'abus, « les habitants deviennent plus indifférents et négligents à « faire la récolte de leurs grains; ils en laissent perdre quel- « quefois une portion en les engrangeant mal récoltés, n'ayant « pas assez de bras occupés de ce travail, et n'en voulant pas « appeler d'étrangers, comme on fait dans plusieurs de nos « contrées. »

« Arthur Young, que l'on a accusé, avec juste raison peut-être, d'avoir mal jugé le pays de Caux, et qui, dans tous les cas, paraît l'avoir jugé avec trop de sévérité, — Arthur Young semble avoir entrevu la cause du mal, quoiqu'il l'ait déplacée. Pour lui, c'est à l'influence des manufactures que l'on doit attribuer la situation précaire qu'il trouvait faite à notre agriculture. Voici comment il s'exprime en parlant de nos départements septentrionaux :

« J'ai visité toutes les manufactures ; j'ai examiné l'agri-
« culture du voisinage, qui est en général si détestable qu'on
« serait plutôt porté à croire qu'il y a quelque chose de pes-
« tilentiel pour l'agriculture dans le voisinage d'une manu-
« facture que de les regarder comme un moyen d'encourage-
« ment.

« Le pays de Caux, qui possède un des meilleurs sols du
« monde avec des manufactures dans chaque chaumière, offre
« une scène continuelle de mauvaises herbes, d'ordures et de
« misères ; son sol est si mal administré, que, s'il n'était pas
« naturellement d'une fertilité inépuisable, il y aurait long-
« temps qu'il serait entièrement ruiné. » Et plus loin il
« ajoute encore : « Les fermiers Cauchois sont non-seulement
« manufacturiers, mais encore négociants... C'est une circon-
« stance très pernicieuse, etc. »

« Il est facile de justifier les manufactures de ce reproche à elles adressé par le célèbre observateur anglais ; il suffit, pour cela, d'envisager les progrès si remarquables accomplis depuis soixante ans par la manufacturière Angleterre dans la culture et l'exploitation de son sol ; il suffit de parcourir les riches cantons du pays de Caux, constellés aujourd'hui de manufactures importantes, et ornés de champs cultivés ne ressemblant plus aux tristes tableaux tracés par Lépecq de la clôture et par Arthur Young lui-même, pour reconnaître que l'industrie et l'agriculture peuvent marcher parallèlement, qu'elles peuvent se coudoyer, sans que la première de ces sœurs jumelles nuise à la seconde, et surtout sans qu'elle soit pestilentielle pour elle.

« Mais pourtant, il faut bien le reconnaître, l'insuffisance des bras dont on se plaint depuis un siècle, est bien légitimement due à l'influence exercée par l'industrie sur les êtres humains qui, dans chaque village, se mettent à son service, et que l'agriculture peut réclamer. »

EXPLOITATIONS AGRICOLES

Nous avons visité un assez grand nombre d'exploitations en Normandie. Nous n'avons pas à en rendre compte au point de vue technique, l'enquête que nous publions n'étant pas un livre d'agronomie, mais d'économie sociale et agricole ayant rapport aux populations et non aux procédés culturaux. Pourtant il ne nous a pas paru sans intérêt pour un certain nombre de lecteurs, et comme complément de renseignements, de publier ici quelques notes sur plusieurs importantes exploitations, et sur l'état des fermes, dans quelques-unes des régions que nous avons visitées. Nous ne prétendons ni suivre un ordre régulier, ni indiquer même sommairement ce qu'il y aurait à signaler. Nous notons au passage telle exploitation là où il y aurait lieu d'en nommer cent. Aussi notre but n'est-il pas de faire une énumération, mais de citer quelques exemples, pour ainsi dire, au hasard de nos excursions, qui puissent donner l'idée plus générale de ce qu'est une exploitation, une ferme normande.

C'est ainsi que dans la Seine-Inférieure nous avons pu apprécier, par un séjour qui nous a été très profitable, à Montérolier, canton de Saint-Saëns, les exploitations d'un cultivateur distingué, M. Rasset fils, qui afferme le domaine de M. Bouquetot. Les mérites de M. Rasset, reconnus par de nombreuses distinctions, sont d'autant plus dignes d'estime. qu'il a eu à lutter contre un terrain souvent ingrat, qu'il a en quelque sorte transformé. Dans cette partie pierreuse du Bray, qui appartient au labour, on n'a ni la fertilité des parties herbagères si abondantes dans cette région, ni celle, il s'en faut bien, des terres à céréales du pays de Caux.

Nous ne parlerons pas d'autres exploitations vues plus rapidement dans la Seine-Inférieure. Dans l'Eure, nous visitons avec plus de soin et un grand intérêt celle d'un agriculteur très connu, M. Dumoutier, qui exploite, à Claville, deux fermes d'une contenance de 220 hectares environ. Il est propriétaire et cultivateur de l'une, qui est une terre de famille ; il est seulement fermier de l'autre. Les terres y sont fortes et bonnes, bien entretenues de fumier et de marne. La moyenne du rendement des terres de Claville est de 700 gerbes environ à l'hectare, et de 400 gerbes environ pour l'avoine. On trouve là l'emploi des instruments perfectionnés, des semoirs Smith, des moissonneuses Samuelson ; les bâtiments sont bien disposés et bien tenus. La culture de Claville est tout à fait industrielle et se décompose ainsi : production considérable de fromages vendus de tous côtés ; culture considérable de betteraves, dont les pulpes sont retirées pour engraisser des bestiaux ; joignez-y l'élève et l'engraissement de bœufs, de génisses, de porcs, dans des proportions assez étendues. M. Dumoutier est tout à fait entré dans la voie nouvelle qui exige, à vrai dire, des aptitudes spéciales, et la Société des agriculteurs de France a récompensé ce cultivateur par une de ces médailles qu'elle n'accorde qu'à un mérite exceptionnel.

Nous regrettons de ne pouvoir trouver le temps suffisant pour visiter dans le Vexin les belles exploitations de M. M. Hébert, de M. Bénard, etc., avec qui nous nous trouvons en relation et dont les renseignements nous ont été très utiles. Nous signalerons, près de Bayeux, la ferme de Beaussy, à

Longueville, appartenant à M. le comte Louis de Kergorlay, exploitée par M. F. Le Paisant. C'est une des plus considérables de la contrée. L'exploitation, étendue à plusieurs communes, présente plus de 150 hectares en terres labourables, en herbages ou en prairies. Ces terres, de médiocre qualité en assez grande partie, ont dû aux travaux d'une culture perfectionnée, et particulièrement au drainage et à de nombreux engrais, une véritable tranformation. On a vu, en moins de dix ans, changer entièrement l'aspect de ces fermes et en augmenter la valeur dans une très forte proportion. Le nombre du bétail, l'élevage, les soins donnés aux troupeaux, ont paru à des juges compétents en rapport avec le perfectionnement des cultures. Indiquons de grandes exploitations, comme Tierceville, dans le canton de Ryes, où la culture du colza et celle des prairies artificielles se font sur une vaste échelle. Les bâtiments de ferme, les granges surtout, la laiterie, sont fort appréciés par les gens spéciaux. Pour l'heureuse initiative des procédés perfectionnés, engrais et machines, on reconnaît dans M. Morel un des plus habiles cultivateurs de la contrée. Dans la même région, la plus considérable des exploitations agricoles et une des mieux tenues, malgré de nombreuses difficutés de faire valoir, est l'immense ferme de Neuville, qui contient plus de 170 hectares, 100 en labour et 70 en herbages et en prés, exploitée par M. Bidel. D'autres grandes exploitations, comme celle du Parc, à Magny, dirigée par M. et Mme Bertrand, des fermes de moindre étendue, mais cultivées avec un rare mérite, comme celle de Belval, à Chouain, exploitée par M. Folliot, et celle de Crépon, ayant également une soixantaine d'hectares, exploitée par M. Renaude, sont également signalées par les récompenses des comices et par la notoriété publique. Ce sont là des fermes-modèles, sans parler de beaucoup d'autres.

Nulle propagande agricole plus efficace que celle-là : la réalité des perfectionnements y est démontrée par le bénéfice. Depuis un demi-siècle, les terres de cette région ont presque doublé en valeur, capital et revenu. Le drainage y fut d'abord fort mal accueilli, et, parmi les promoteurs qui contribuèrent le plus à vaincre des résistances peu motivées, on cite M. de Caumont, célèbre à tant d'autres titres, et l'agronome dont on rencontre plus d'une fois le nom et l'expérience, M. Morière, auteur d'un traité sur le drainage qui a servi à dissiper plus d'un préjugé et à venir en aide à plus d'une expérience. L'exemple donné d'abord par quelques propriétaires, fut suivi de proche en proche, et aujourd'hui on peut dire que c'est cause gagnée. On ne s'oppose plus au drainage : on le demande à l'envi, ou si l'insouciance persiste parfois, cela tend à devenir de plus en plus l'exception.

L'outillage avait beaucoup à faire pour s'améliorer dans cette partie du Calvados. On ne trouve pas un fermier qui ne reconnaisse que le progrès s'est opéré de ce côté depuis vingt-cinq ans d'une manière sensible. La première batteuse mécanique était posée, il y a plus de quarante ans, à la ferme du château du Quesnay-Guesnon : elle était d'une construction très primitive. Elle a été suivie de nombreuses batteuses perfectionnées. Le progrès devait être bien moins marqué pour la faucheuse et la moissonneuse. Mais le plus souvent il faut moins en accuser la routine des habitants que la configuration du sol qui les empêche de fonctionner. Il existe un certain nombre de faucheuses, qui rendent de grands services sur les terrains plats, dans les prés, dans les marais, dans les riches plaines, mais beaucoup moins, nous dit-on, qu'il ne serait désirable.

La jachère a partout disparu de cette contrée. La sélection des animaux a fait des progrès énormes, notamment pour l'espèce chevaline et l'espèce bovine. La fabrication du cidre présente aussi des perfectionnements réels. En revanche, on regrette que la plantation des pommiers ne soit pas faite avec assez de soin, et que les beaux plants d'autrefois soient imparfaitement remplacés. Le bienfait des routes, et notamment des chemins de fer, naguère si contesté par les préventions des mêmes populations, ne rencontre plus aujourd'hui ni incrédulité ni ingratitude. Le grand essor pris par la fabrication et la vente du beurre fournit ici une démonstration trop palpable des services rendus par les voies de communication. En 1874, la France exportait une valeur en cette denrée évalué à 90 298 202 francs. J'ai montré comment les produits de cette nature, dits de Bayeux et d'Isigny, y entrent pour une bonne part.

La visite des exploitations de la Manche montre aussi d'admirables domaines. Il y en a dans l'Avranchin comme dans les autres parties de la Manche, mais il y en a moins, et les hommes intelligents, amis d'un sage progrès, qui habitent le pays, signalent eux-mêmes l'état arriéré des fermes et des cultures; il faut faire la part à l'insuffisance du capital. Mais il y a aussi quelque obstination à repousser les procédés perfectionnés et les nouveaux engrais. Les agronomes les plus compétents entrent sur ce sujet dans des détails d'une précision technique, qui marquent à la fois le mal et le remède. « Les engrais obtenus dans les exploitations, disent-ils, sont insuffisants aux besoins de la culture, mais trop souvent on s'en contente. On n'emploie jamais de plâtre, et dans la plus grande partie de l'arrondissement d'Avranches on n'emploie pas la chaux non plus, mais seulement la tangue. Dans les cantons, comme ceux de la Haye-Pesnel et de Villedieu, par exemple, où l'usage de la chaux est assez répandu, on considère cette matière comme un engrais, et l'on se dispense de fumer les terres chaulées. La chaux n'est alors qu'un excitant qui peut favoriser une récolte, mais qui appauvrit le sol au lieu de l'amender. Les cultivateurs achètent quelquefois un peu de noir animal ou de guano, mais généralement ils n'aiment pas à dépenser de l'argent ; ils sont beaucoup trop imbus du proverbe : *Un bon tiens vaut mieux que deux tu l'auras*, et la certitude d'augmenter considérablement leurs produits ne les décide pas toujours à faire des achats d'engrais. Les fumiers de ferme sont aussi mal aménagés que possible. Les purins sont en grande partie perdus ; souvent on les laisse couler sur la voie publique, au préjudice de la salubrité. On pratique des trous dans les murs des étables, du côté des chemins, pour s'en débarrasser. Quand les purins s'écoulent du côté des cours, la perte est un peu moindre, parce que nos cultivateurs ont l'habitude d'apporter non seulement auprès des étables et écuries, mais aussi devant leurs maisons, une grande quantité de terre qu'ils prennent à la surface de leurs champs. Cette terre est piétinée pendant six mois par les gens et par les bêtes ; puis elle est reportée dans les champs. On *promène* ainsi, chaque année, dans une ferme de moyenne étendue, deux ou trois cents des champs dans la cour et de la cour dans les champs. C'est un travail long et pénible pour un résultat assez mince. La terre ainsi promenée ne vaut pas à beaucoup près ce qu'elle coûte. Étendue dans les cours sur une très grande surface, exposée à l'action du soleil et de la pluie, elle ne conserve guère de substances fertilisantes, et elle rend difficile et nauséabond l'accès des bâtiments ruraux. Mais nos cultivateurs ne trouveraient pas leurs fermes convenablement tenues, si on ne s'embourbait en entrant dans leurs maisons, et si on n'y respirait l'odeur du fumier. Un autre inconvénient de ce transport de terre, c'est que la partie du champ, à la surface de laquelle cette terre est prise, est amaigrie pour longtemps. Si encore on profitait de l'habitude de faire du terreau pour mélanger avec une terre légère de l'argile qui lui donnerait de la consistance et *vice versa*, la chose serait bonne : mais on ne se préoccupe guère de cela ; on porte sans discernement de l'argile sur de l'argile et de la terre légère sur de la terre légère. » A ces plaintes, trop fortement motivées, on ajoute que « les fumiers restent en grande partie dans les étables, que les bestiaux croupissent dessus jusqu'au moment où on a des champs à engraisser », que « alors seulement on vide les étables », que « le séjour prolongé des bestiaux dans des logements aussi dégoûtants est souvent la cause des maladies dont ils sont atteints ; mais à la campagne personne ne veut le croire, » etc.[1].

Le seul remède efficace, nous disent les propriétaires et les cultivateurs de cette région agricole, à opposer à l'esprit d'inertie, c'est l'emploi des bonnes méthodes par les propriétaires et les fermiers les mieux en situation pour en donner l'exemple aux moindres propriétés et aux moindres fermes. On indique aussi d'autres moyens, sinon toujours absolument efficaces, utiles du moins, si on les emploie avec persévérance. Des traités de quelques pages, d'un caractère tout pratique, signalant les procédés et les résultats obtenus, peuvent faire un certain bien. Ces petits traités existent. Ils ont pour auteurs des hommes compétents habitués à parler le langage simple et clair qui peut se faire entendre des gens de la campagne, Peut-être, parmi les raisons qui empêchent dans cette partie du département de la Manche le progrès agricole de prendre tout son essor, en trouverait-on une qu'il importe que l'en-

[1] Avis énoncé par M. Mauduit dans une des séances de l'Association normande en 1875. D'autres membres, MM. Renau, Hélie, M. Desvaut-Savouré et d'autres agronomes ont exprimé la même opinion.

seignement agricole s'occupe de dissiper. Si l'usage des engrais était inconnu aux habitants, l'appât du gain pourrait les décider à se jeter sur ceux qu'on leur propose. Mais, nous l'avons vu dans ces études, ils en emploient un déjà en une certaine abondance, c'est la tangue, que livrent à la consommation la baie du Mont-Saint-Michel et les baies voisines de Granville. Comme on obtient de la tangue, qu'il est facile de se procurer, de bons résultats, on s'en tient là, dans une trop grande mesure du moins, et alors c'est le bien qui devient l'ennemi du mieux. Les tangues sont répandues parfois sans aucune préparation sur les prairies. Pourtant il est vrai de dire qu'on les mélange le plus souvent à des fumiers et à des terres pour en faire les couches. Mais la chaux et d'autres engrais, quoique introduits en une certaine quantité, sont trop négligés. L'existence d'un engrais bon, mais insuffisant, voilà donc un premier obstacle au progrès : C'est par l'intelligence de l'intérêt mieux entendu qu'on peut le combattre. Ici nous allons reconnaître un autre obstacle dans un état moral qui paraît dominer. On se trouve à peu près bien comme on est : on n'éprouve guère le besoin d'être mieux. Cette disposition est tellement rare dans nos populations qu'on éprouverait quelque scrupule à la troubler quand d'aventure on la rencontre. Pourtant il faut se demander si cet état de quiétude mérite d'être aussi absolument respecté et ménagé, quand il manque plusieurs des conditions nécessaires à l'hygiène, au développement des forces physiques, à la culture intellectuelle et morale nécessaire pour faire des hommes, aussi complets que possible dans leur condition, des hommes qui rendent à l'agriculture tous les services qu'elle peut en attendre. Nul n'a le droit de rester inerte ; nul ne doit se placer volontairement au-dessous de la moyenne des progrès accomplis, et c'est un devoir pour chacun de contribuer de son mieux à l'intérêt général par le perfectionnement de ses facultés et de ses moyens. Ce sont là des principes bien généraux pour toucher beaucoup les cultivateurs ; mais c'est à ceux qui en sont pénétrés de faire leur possible pour que ni les hommes ni les champs ne demeurent sans recevoir tout le degré de culture et d'amélioration nécessaire pour les mettre en valeur.

Nous avons visité dans l'Orne quelques-unes de ces exploitations qui n'ont rien à envier aux plus belles que l'Angleterre présente à notre admiration. Tantôt elles appartiennent à des propriétaires riches qui font exploiter, mais qui veillent à ce que les procédés les plus avancés soient employés dans leurs domaines. M. Donon, propriétaire près d'Alençon, a bien voulu nous faire avec une grande obligeance les honneurs de celles qui lui appartiennent et qui emploient les instruments les plus perfectionnés y compris la charrue à vapeur, et nous servir de guide dans des exploitations voisines. Nous citerons deux de ces domaines, qui sont au nombre des plus beaux qu'on puisse citer, et où tout nous a intéressé, captivé. On pourra juger par les détails qui suivent de ce que sont les grandes exploitations rurales en Normandie. L'un est le domaine d'Avoise, appartenant à M. Houel. A peu près d'un seul tenant, il est situé dans la commune de Redon, canton-est d'Alençon, partie-sud du département de l'Orne, sur le sommet d'un côteau, à l'est de la forêt d'Écouves. Il est arrosé par plusieurs ruisseaux. Dans certaines parties le sous-sol imperméable maintenait à la surface les eaux de pluie; le drainage a fait disparaître cet inconvénient. Les eaux sont peu abondantes sur l'exploitation. Un puits perforé à une grande profondeur fournit l'eau en quantité plus que suffisante pour les emplois domestiques et industriels. En dehors des travaux spéciaux de la moisson, le salaire des ouvriers de la culture, par journée de 10 heures de travail effectif, est de 2 francs à 2 francs 25 pour les hommes, et de 1 franc 20 pour les femmes en toute saison. Avant l'établissement de l'exploitation, le salaire était de 1 franc 25 pour les hommes, et de 0 franc 50 à 0 franc 60 pour les femmes. La moisson est un travail qui se fait aujourd'hui à la tâche et pour lequel le prix de la journée ressort entre 3 et 4 francs; on paye 16 à 18 francs pour moissonner un hectare.

Je ne m'arrêterai pas sur les débouchés de cette belle exploitation, quoique ce soit elle-même qui ait créé et qui entretienne bon nombre des chemins destinés à la desservir. Le personnel, l'étendue du domaine et la nature des cultures, les bâtiments d'exploitation qui nous ont tout particulièrement frappé, les améliorations foncières, le dessèchement, le drainage, les irrigations avec le prix de revient de ces travaux si considérables et si bien entendus, le bétail existant sur l'exploitation, les assurances de travail, les appareils d'intérieur et véhicules, instruments aratoires, matériel industriel, le capital employé, etc., etc.; en un mot tout ce qui compose la vie économique d'une grande ferme a été exposé dans un mémoire très complet avec de fort belles planches[1].

Je passe à une autre exploitation véritablement modèle que j'ai également visitée.

Le domaine de Bois-Roussel appartient à M. le comte Rœderer qui le fait valoir lui-même. Il est situé dans la commune de Bursard, arrondissement d'Alençon, à 16 kilomètres de cette ville. Il occupe la pente, exposée au midi, des coteaux qui bordent la vallée de la Sarthe. Les terres sont, en général, de bonne qualité; cependant, dans les parties hautes elles sont argileuses, et le plus souvent, le sous-sol est imper-

[1] Paris, typographie Lahure, 9, rue de Fleurus.

méable. Le propriétaire cherche, autant que possible, à faire exécuter à la tâche la plupart des travaux, tels que fauchage des prairies et des blés, épandage des fumiers, sarclage et arrachage des racines. Les domestiques à gages sont payés, les hommes de 300 à 350 francs, les femmes, de 150 à 200 francs. Ajoutons-y certaines gratifications établies selon les produits, et qui varient pour chacun de 25 à 100 francs. L'étendue de la ferme de Bois-Roussel est de 153 hectares d'un seul tenant. Terres de labour, 62 hectares. Prairies, 91 hectares. Depuis 1864, le propriétaire fait valoir en dehors du domaine 10 hectares de terres labourables et 34 hectares de prairies. Les herbages de Bois-Roussel sont séparés par des cours d'eau qui permettent des irrigations partielles. Les bâtiments de la ferme ont tous été reconstruits depuis 1860, d'après un plan unique, combiné de manière à simplifier, autant que possible, le service et la main-d'œuvre. Les principaux bâtiments ont été tous construits sous la direction du propriétaire par les seuls ouvriers de la localité. Ainsi une grande étable pouvant contenir 120 têtes de bétail. La distribution de ce bâtiment permet aux bouviers d'y faire tout leur service sans en sortir; les fourrages se trouvent sur un plancher au-dessus de l'étable; l'eau arrive à volonté dans des auges en fonte (revenant à 12 fr. 50 le mètre). Les couloirs sont disposés de façon à ce qu'à l'aide d'un chariot, on puisse distribuer la nourriture avec une grande promptitude. Trois hommes suffisent à tous les travaux de la bouverie : alimentation, curage journalier des fumiers, traite des vaches, pansements, etc. Des canaux, distincts de ceux qui conduisent le purin dans la citerne, emmènent le surplus des eaux qui ont servi à abreuver les animaux. A six mètres de l'étable, et dans un bâtiment spécial, sont placés tous les instruments nécessaires la préparation des pulpes de betterave, base de l'alimentation du bétail, en hiver. Ces instruments sont mus par une machine à vapeur de la force de huit chevaux. Un laveur de grande dimension se vide de lui-même dans un dépulpeur de la fabrique de M. Bodin. Un hache-paille de la même fabrique reçoit le mouvement de l'arbre de couche. Tout cet ensemble fort simple, fonctionnant parfaitement, a été monté sous la direction de M. Rœderer par des ouvriers du pays.

Le bâtiment contient deux silos pouvant recevoir 100 mètres cubes de betterave et paille hachée. Un plancher, surmonté d'un treuil mobile, sert à enlever le mélange du fond des silos, et à le placer dans les chariots servant à la distribution. On trouve ensuite une porcherie de quatorze boxes, avec cours, conduits et citerne à purin, un hangar et charretterie, avec un grenier où les sacs sont montés au fur et à mesure que la batteuse les emplit; un poulailler à deux étages, avec les mues pour l'élevage et l'engraissement; la maison d'habitation comprenant : les laiteries en caves, cuisine, réfectoire, bureau, boulangerie, magasins, chambres pour les gens de service, et greniers, pressoir et cellier; puis une écurie pour douze chevaux, avec sellerie attenante.

Le propriétaire de Bois-Roussel a cherché à augmenter la somme d'engrais produite, en entretenant un nombre considérable d'animaux. Pour atteindre ce but, il a adopté l'assolement qui fournissait les fourrages les plus abondants. Il a augmenté graduellement le nombre des animaux, et est arrivé à un chiffre de cent quatre-vingts têtes. Les achats pour les nourrir n'ont jamais consisté qu'en avoine pour le haras et en pailles transformées en engrais. La culture des betteraves fournit une abondante nourriture pour les bêtes à cornes, et permet d'employer les foins et les prairies à l'élevage des chevaux, à l'engraissement des bœufs. Une sole entière de fourrages artificiels vient en aide aux racines pour nourrir à l'étable, pendant six mois environ, la moitié du bétail. Le surplus de ces fourrages, qui n'est pas employé à la nourriture en vert, est fané pour l'arrière-saison. Le propriétaire de Bois-Roussel a essayé avec avantage la culture du maïs fourrage, et chaque année il en fait hacher et fermenter en silos environ 100 000 kilogrammes pour les dépenser en janvier. C'est avec la pensée dominante d'une production d'engrais croissant chaque année qu'il a adopté l'assolement quadriennal que voici : 1° Racines et plantes sarclées, avec fumure minima de 60 000 kilogrammes par hectare; 2° Céréales de printemps; 3° Trèfle ou vesce avec demi-fumure; 4° Blé d'hiver. Les fourrages d'arrière-saison, navets, etc., sont obtenus en récoltes dérobées avec demi-fumure. Une luzernière est en dehors de l'assolement régulier, ainsi que quelques hectares de terres maigres sur lesquelles on récolte des sainfoins, du seigle, des pommes de terre. Les terres reçoivent tous les quatre ans une fumure de 60 000 kilogrammes par hectare. Les fourrages artificiels et les récoltes dérobées reçoivent en outre une demi-fumure de 20 000 à 30 000 kilogrammes. L'engrais de Saint-Gobin est largement employé.

Dans les terres argileuses, un chaulage de 5000 kilogrammes à l'hectare a fort bien réussi. Les cendres de bois, les composts à base de chaux sont répandus sur les prairies. Un tonneau en fonte, à pompe atmosphérique, transporte sur les prés l'excédant des citernes à purin, étendu d'eau, dans la proportion de 1 à 5. Ce tonneau sert aussi à l'extraction et au transport de toutes les vidanges. Les fumiers sont étendus sur une plate-forme à proximité de l'étable; une citerne à purin sépare les différents tas, qui, journellement arrosés, ne perdent pas en qualité, quoique étant le produit de curages journaliers. Ces fumiers sont transportés dans les terres aussitôt que leur fermentation est arrivée à un degré suffisant; ils sont immédiatement répandus et enfouis.

La plus grande partie du domaine est drainée. Ce travail revient à 250 ou 300 francs par hectare.

La terre profondément labourée, assainie autant qu'ameublie, a doublé ses produits.

Je passe sur d'importantes opérations de cette grande exploitation rurale, sur les semences, sur la manière dont on fait la moisson, la fenaison, sur les granges, etc. Les labours et les charrois sont faits par des juments de race percheronne au nombre de dix. La multiplicité des travaux ne permet pas de les livrer à la reproduction. Le propriétaire achète chaque année deux poulains de deux ans pour remonter l'écurie. Chaque jument reçoit de huit à dix litres d'avoine par jour, douze kilogrammes de foin, remplacés en été par des fourrages verts. Des carottes ou du son remplacent quelquefois une partie de la ration d'avoine. M. Rœderer s'occupe depuis une trentaine d'années de l'élevage des chevaux de pur sang et de demi-sang, et il a obtenu de brillants résultats.

L'étable est peuplée de 125 têtes : 2 taureaux; 25 vaches; 98 animaux de tous âges.

Tout en recherchant la faculté d'engraissement, le propriétaire de ce domaine ne néglige pas l'aptitude laitière; il pratique les croisements durham, qui donnent d'excellents animaux de boucherie, mais il ne remonte sa vacherie qu'avec les génisses dont les facultés laitières paraissent les plus prononcées.

Chaque vache produit environ 2000 à 2500 litres de lait par an. Pour produire un kilogramme de beurre, il faut, en moyenne, 25 litres de lait. En été, la crème est recueillie sur des terrines de forme évasée, vingt-quatre heures après la traite, et battue deux ou trois fois par semaine. L'hiver, la crème montant plus difficilement, on fait baratter le lait pour la consommation du château. La quantité de beurre produite est un peu moindre, puisqu'il faut 28 litres de lait pour 1 kilogramme de beurre; mais la qualité est extrêmement supérieure. Ce lait qui provient du barattage conserve un goût excellent; il est consacré à la nourriture des veaux le plus récemment sevrés; le beurre se vend 2 francs à 3 francs le kilogramme.

Plusieurs de ces vaches, ce ne sont pas toujours les plus abondantes laitières, produisent 750 grammes de beurre par jour, avec 18 litres de lait; d'autres avec 25 litres, ne produisent pas davantage. Les vaches sont traites trois fois par jour. On ne fait de fromages que pour l'usage de la ferme, avec le lait écrémé. Les déchets de laitage sont utilisés à la porcherie.

L'alimentation des animaux de tout âge est composée, en hiver, de foin, de betterave mélangée avec les menues pailles de blé, d'avoine, etc. Ce mélange est soumis à la fermentation dans les silos étanches que nous avons mentionnés en parlant des bâtiments. Lorsque ce mélange est distribué aux bestiaux, dans la proportion de 30 kilogrammes par jour pour les adultes et de 15 kilogrammes pour les élèves d'un à deux ans, il exhale une odeur alcoolique agréable. Les animaux sont extrêmement avides de cette nourriture.

Dans la belle saison, une partie des élèves est envoyée dans les pâturages. Les vaches et tous les élèves de l'année restent soumis, à une stabulation presque permanente. Cependant les vaches laitières sont lâchées six heures par jour, dans une prairie à proximité de la ferme, et à l'arrière-saison, on les envoie pâturer les trèfles.

Lorsque les bœufs ont atteint l'âge de trois ans, ils sont placés dans les meilleurs pâturages. Une partie, engraissée de bonne heure, part directement pour Paris. Huit ou dix des plus beaux sont rentrés après les regains et poussés à un plus haut degré de graisse, à l'aide de farine et de foin excellent.

Tous sont vendus avant d'avoir accompli leur quatrième année.

La porcherie est composée d'une vingtaine de têtes. Le rapport consiste dans la vente des porcelets. Il a fallu renoncer à la race new-leicester pure, l'éloignement des gens du pays pour cette race étant invincible. Le poulailler est peuplé de poules de la race de Crèvecœur, de canards normands.

Les rendements qui, en 1861 et 1862, étaient de 13 et 17 hectolitres à l'hectare pour le blé, de 21 à 22 hectolitres pour l'avoine, de 22 000 à 38 000 kilogrammes pour les betteraves, sont maintenant doublés.

La comptabilité est tenue à l'aide d'un journal relatant tous les travaux, jour par jour, l'emploi des chevaux, etc. Un cahier sur lequel sont inscrites les journées des ouvriers, ainsi qu'un livre de recettes et de dépenses, servent en outre à établir les comptes de culture. Il y aurait intérêt à donner les résultats de ces comptes, les rendements et prix de revient. Mais arrêtons-nous. Par ces indications nous avons voulu seulement présenter l'image de ce que sont en Normandie les exploitations les mieux tenues.

L'ASSISTANCE PUBLIQUE

DANS LES CAMPAGNES NORMANDES

QUESTIONNAIRE

DE LA COMMISSION LÉGISLATIVE

SUR

L'ASSISTANCE PUBLIQUE

RÉPONSES

FAITES PAR LA COMMISSION DÉPARTEMENTALE DU CALVADOS

Sur le rapport et la proposition de M. NIOBEY, son président.

I. — Bureaux de bienfaisance.

1. — *Doit-on instituer un Bureau de bienfaisance dans chaque commune?*

Il est désirable qu'il y ait, dans chaque commune, un Bureau de bienfaisance, et pour arriver à l'y organiser utilement, il faut que la loi en pose le principe.

Instituer ces établissements, ce ne sera évidemment pas les

doter ; sans doute, il ne leur sera pas donné de fonctionner immédiatement sur tous les points. En l'état actuel des circonscriptions communales, où l'on compte encore un grand nombre de communes trop faibles ou trop pauvres pour répondre aux nécessités de l'existence autonomique, c'est-à-dire de communes qui n'ont pas d'église, pas de presbytère, pas d'école, pas de chemins suffisants, il est à craindre que, dans beaucoup de localités, les Bureaux de bienfaisance ne soient pas, de sitôt, en état de rendre les services propres à ce genre d'institutions. Ce n'est point une raison pour ne pas les créer partout. Ceux qui ne produiront rien ou produiront peu tout d'abord, auront devant eux l'avenir et le prépareront, l'assureront, en stimulant, dès à présent la charité privée, par l'idée d'un être moral, susceptible de posséder et de recevoir, destiné à exercer l'assistance publique, et en habituant la commune à faire sur ses ressources facultatives la part de l'indigence. L'expérience autorise cette expectative. Depuis quelques années, les vues charitables se sont tournées vers les établissements légalement organisés. Les dons et legs aux Hospices, aux Bureaux de bienfaisance des modestes campagnes aussi bien que des villes, deviennent de plus en plus fréquents. Il convient de favoriser cette heureuse tendance en augmentant le nombre des bénéficiaires.

2. — *De quelle manière arrêtera-t-on la liste des indigents admis à recevoir les secours alimentaires ?*

La liste serait arrêtée par une commission composée des membres du Bureau de bienfaisance et d'un nombre égal de conseillers municipaux, tirés au sort ou désignés par le Conseil, chaque année, dans la séance de mai ou d'août. L'élément municipal paraît essentiel à différents points de vue : la subvention communale, souvent l'une des principales ressources du Bureau, en justifierait seule l'adjonction.

Les curés ou desservants, que leurs fonctions mettent, chaque jour, en contact avec la misère et la souffrance, avec toutes les sortes de besoins, seraient préalablement entendus.

3. — *De quelle manière arrêtera-t-on la liste des indigents admis à recevoir les soins médicaux?*

De la même manière que la liste de ceux admis aux secours alimentaires.

4. — *Où sera fixé le domicile de secours?*

Ce point, aussi important que délicat, a été l'objet d'un soin tout particulier dans la loi du 24 vendémiaire an II. Faire mieux serait peut-être difficile. On ne saurait se dissimuler, cependant, que le séjour d'un an qu'elle exige pour avoir droit aux secours, ne réduise trop souvent à une pénible et fâcheuse extrémité, le nécessiteux, que des motifs légitimes portent à changer de domicile; placé entre la commune qu'il quitte et dans laquelle, néanmoins, il conserve provisoirement son domicile de secours, bien qu'il ne puisse y être effectivement secouru, et la commune où il va se fixer qui ne lui devra l'assistance qu'à l'expiration de l'année de la translation réelle, il ne peut, durant l'intervalle, obtenir aucun secours à domicile, et, comme la faim n'attend pas, il se voit condamné, lorsqu'elle survient, à entrer à l'hospice, jusqu'à ce que son nouveau domicile soit établi. — C'est là une chose regrettable, le recours aux hospices étant un moyen dont il convient de n'user que quand on ne peut faire autrement.

D'un autre côté, la suppression du temps de séjour, cette espèce de stage, garantie d'une translation sérieuse, ne serait pas, non plus, sans inconvénients; il est permis d'espérer, toutefois, qu'ils seront moins graves dans l'avenir, qu'ils ne l'ont paru à l'époque de l'an II et qu'ils n'ont pu se montrer depuis. Du jour où il existera des Bureaux de bienfaisance organisés et fonctionnant dans toutes les communes, il y aura beaucoup moins à redouter, pour les uns ou les autres, une invasion calculée de l'indigence, n'ayant d'autre but que les secours et dont la durée serait celle de la saison où les secours sont le plus nécessaires et se donnent plus largement. Secouru partout, on ne changerait guère pour le seul plaisir du changement, et dans les mutations qui s'opéreraient alors, il n'y aurait, en général, entre les différentes communes, qu'un échange tout naturel, dans le personnel des nécessiteux, se transportant d'un point à un autre, selon le goût ou le besoin, comme les autres citoyens, et non plus pour aller à la recherche d'une assistance qu'ils auraient partout désormais.

Si l'espoir que l'établissement des Bureaux de bienfaisance, dans chaque commune, amènera une modification dans les dispositions nomades des indigents, les rendra plus sédentaires, plus attachés au domicile, n'est point une chimère, il devrait conduire, sinon à supprimer toute condition de séjour préalable, du moins à en diminuer la durée, ce qui atténuerait d'autant les inconvénients signalés plus haut.

5. — *Convient-il de conférer une action aux Bureaux de bienfaisance pour le recouvrement de leurs avances contre les parents qui sont légalement tenus de fournir des aliments à l'indigent secouru?*

Non. Il ne convient pas d'ériger une institution charitable en une agence de poursuites. D'ailleurs, la société, quoique rudement éprouvée, n'est pas si malade, la négation des devoirs alimentaires n'est pas tellement flagrante, qu'il y ait lieu d'évoquer une sorte de procureur officieux entre l'indigent et sa famille. Puis, donner ce rôle aux Bureaux de bienfaisance, serait altérer leur caractère essentiel et y faire pénétrer, peu à peu, surtout dans les campagnes, cet esprit processif qui commence à s'éteindre, mais qui se ranimerait vite et ne tarderait pas à nuire à l'esprit de charité. Heureux si l'on ne voyait pas trop souvent l'assistance ne se montrer facile envers le père, qu'avec l'arrière-pensée de poursuivre les enfants!

Les parents sont armés de la loi; l'assistance judiciaire ouvre le prétoire aux plus pauvres. Il faut les laisser s'adresser, eux-mêmes, aux tribunaux, s'ils croient devoir le faire. Ils sont en cela les meilleurs juges.

Combien répugneraient à réclamer les secours publics, lorsqu'ils sauraient qu'en les recevant, ils autorisent une action, des poursuites, des tracasseries contre leur famille?

L'article 5 de la loi du 7 août 1851 a fait, au sujet des malades, ou incurables, tout ce qui était possible dans cet ordre d'idées.

6. — *Convient-il d'admettre en principe, les Bureaux de bienfaisance à agir en justice sous le bénéfice de l'assistance judiciaire?*

Les Bureaux de bienfaisance doivent avoir peu d'occasions de plaider; mais on ne voit pas d'inconvénient à leur accorder l'assistance judiciaire ; dépositaires du bien des pauvres, il est même naturel de les associer aux immunités des pauvres pour le défendre.

2. — Comités cantonaux.

7. — *Doit-on instituer, daus les cantons composés de plusieurs communes, un Comité chargé de prendre les mesures générales d'assistance dans le canton et de veiller à l'organisation et au fonctionnement, dans chaque commune, d'un bureau de bienfaisance.*

L'utilité de ces Comités ne s'aperçoit pas. Lorsque la loi aura institué des bureaux de bienfaisance dans toutes les communes, ces établissements se constitueront, s'organiseront sous l'impulsion de l'administration supérieure et avec le concours de l'administration locale, selon les règles tracées par le législateur.

A quel titre et dans quel but le canton, sous une forme quelconque, aurait-il à s'en mêler?

Le concours de la commune, dont ils sont l'un des modes de gestion, est indiqué par la nature même des choses; on conçoit pareillement, le regard de l'autorité centrale, chargée de veiller à l'exécution des lois; l'intervention cantonale ne s'explique pas. Le canton n'a pas et ne doit pas avoir d'existence administrative; comment viendrait-il peser sur la commune? Il n'a ni budget, ni ressources; il ne dispose de rien, n'aide en rien! Son ingérence injustifiée dans l'administration de celle-ci, ne pourrait être que fâcheuse.

8. — *Quelles attributions pourraient être, en outre, conférées aux comités cantonaux, pour les mesures relatives à l'hygiène, à la salubrité, au service médical, enfin à la perception et à la répartition des revenus de l'assistance?*

N'admettant pas la création de comités cantonaux, inutile de parler des attributions à leur conférer. La législation actuelle pourvoit, du reste, à toutes les nécessités de l'hygiène et l'on n'imagine pas quelles mesures devraient être ajoutées, en vue de la salubrité publique, à celles dont les différents dépositaires de l'autorité ont le devoir de suivre et de surveiller l'exécution. On se figure encore moins que, dans le cas où le besoin de mesures nouvelles se révélerait, on dût en charger de nouveaux agents. Il faut éviter les conflits dans l'exercice des attributions; souvent, en compliquant ses rouages, on paralyse la machine. Quant aux revenus de l'assistance, chaque Bureau doit rester libre dans la réception et la répartition des siens. L'intervention étrangère serait, ici, une cause permanente de difficultés, d'embarras, de réclamations, de mécontentements, sous lesquels l'assistance succomberait.

9. — *Convient-il d'attribuer aux Comités cantonaux, pour les intérêts de l'assistance cantonale, des droits analogues à ceux des Bureaux de bienfaisance?*

La solution donnée aux 1re, 7e et 8e questions, conduit à résoudre la neuvième par la négative. L'idée d'un Bureau de bienfaisance par commune est inconciliable avec celle d'un établissement de même nature au canton. Ah! si le canton pouvait avoir dans sa circonscription, le rôle du département au milieu de la sienne; s'il avait un budget, des finances, une bourse commune destinée à aider les localités pauvres avec l'argent des localités riches, et qu'il pût, à ce moyen, patronner, encourager, subventionner les œuvres de bienfaisance, ce serait autre chose; mais la collection cantonale n'est point organisée, nul lien administratif n'en rattache les populations; pas plus que l'arrondissement, il n'a de ressources propres et, si l'on veut bien y réfléchir, il ne doit pas en avoir. Pense-t-on qu'il puisse lui en venir de dons ou legs? Ce serait une profonde erreur. Qui donc, animé du désir de faire le bien, ayant dans sa commune un Bureau de bienfaisance, songera jamais à doter le canton, dans la pensée qu'il en refluera quelque chose sur sa localité? Il donnera, de préférence, à la commune qu'il habite, aux communes où il a des intérêts, et cela est tout naturel. La commune attache; la police intérieure, l'église, l'école, la voirie, etc., en relient les habitants et en forment un groupe solidaire de sentiments et d'intérêts; c'est le foyer, la petite patrie, image et molécule de la grande, et la main tendue dans cette patrie intime, aura une force attractive qui relèguera bien loin le pauvre canton, groupe purement nominal et qui ne peut guère être autre chose, administrativement parlant.

5. — Assistance médicale et pharmaceutique.

10. — *Doit-on organiser dans chaque canton ou chaque commune, les secours médicaux et pharmaceutiques?*

11. — *Sur quelles bases doit être faite cette organisation?*

12. — *Doit-on laisser le malade indigent libre dans le choix de son médecin, procédera-t-on au contraire, par voie d'abonnements dans les communes, ou confiera-t-on à un médecin spécial par canton, le soin de l'assistance?*

13. — *Quel sera le mode de rétribution des médecins de l'assistance? sera-t-elle proportionnelle au nombre des malades visités, ou au nombre des indigents inscrits?*

14. — *Doit-on demander aux médecins de l'assistance, des rapports annuels sur l'état sanitaire de leur circonscription?*

Assurer des secours médicaux et pharmaceutiques aux malades indigents, est une mesure essentielle, mais il ne semble pas qu'il y ait à créer, pour cela, ce qu'on entend, d'habitude, par une organisation. Dans l'état actuel des choses, quoiqu'il n'y ait rien d'organisé, on peut dire que ces secours ne font point défaut à l'indigence. On considère néanmoins, que tout Bureau de bienfaisance devrait s'attacher un médecin qu'il rétribuerait, à tant par visite; les abonnements à forfait ayant rarement donné des résultats satisfaisants,

Le tarif de ces visites serait arrêté entre l'administration du Bureau et le médecin. Un fait à reconnaître à l'honneur du corps médical, c'est qu'il s'est toujours montré généreux, dévoué, plein d'abnégation touchant le service des pauvres ; le tarif sera facile à régler dans des conditions modérées.

Les visites seraient constatées comme elles le sont d'usage. Si l'on voulait un autre mode, il n'en manquerait pas : on pourrait, par exemple, délivrer des bons au malade qui les remettrait au fur et à mesure au médecin.

On pourrait s'entendre, pareillement, avec un pharmacien, pour se procurer, à l'aide d'un rabais qui ne se refusera pas quand il s'agit des pauvres, les médicaments nécessaires.

L'affectation d'un médecin au service du Bureau de bienfaisance, ne devrait pas ôter au malade la liberté du choix, liberté dont on usera rarement et à laquelle on songera d'autant moins, qu'on n'en sera pas privé. Mais il y a là une question de confiance d'une importance toute particulière. Le Bureau de bienfaisance allouerait au médecin choisi, la même rétribution que celle qui aurait été payée au médecin du Bureau ; on rencontrerait peu de ces messieurs qui ne s'en contentassent.

Un rapport annuel ou biennal pourrait être utile. Il serait adressé à l'administration centrale, qui le soumettrait, dans l'arrondissement et au chef-lieu du département, aux conseils de salubrité.

15. — *Doit-on établir dans chaque canton où il n'existe pas de pharmacien, un dépot pharmaceutique, pour l'usage de l'assistance?*

Il est peu de cantons, s'il en est, où il n'existe une ou plusieurs pharmacies. S'il s'en trouvait qui en manquassent, on n'y suppléerait pas par des dépôts pharmaceutiques. A qui confierait-on ces dépôts de substances plus ou moins dangereuses ou délicates? qui les délivrerait? qui exécuterait les ordonnances du médecin, composerait les potions et les mélanges prescrits? qui saurait conserver, entretenir ces médicaments que le temps détériore et qui deviennent inefficaces et même nuisibles, s'ils ne sont renouvelés?

Un pharmacien, seul, serait propre à remplir un tel office, et l'on peut juger ce que coûterait un fonctionnaire dans cette condition, qui n'aurait à s'occuper que de la pharmacie des indigents d'une circonscription cantonale.

Ce qui convient en pareil cas, c'est toujours de s'adresser au pharmacien le plus proche du bureau de bienfaisance.

16. — *Convient-il de faciliter, par des conditions spéciales, la délivrance des remèdes dans des pharmacies attachées à des établissements charitables?*

On ne le pense pas.

17. — *Doit-on confier aux conseils généraux l'organisation et la surveillance des services médicaux et pharmaceutiques dans les divers cantons de leur département?*

D'après les solutions qui précèdent, il ne doit pas y avoir d'organisation, proprement dite, des services médicaux et pharmaceutiques. En tous cas, les services de ce genre sont choses étrangères à l'œuvre des conseils généraux.

18. — *Convient-il d'organiser, dans chaque département, une inspection spéciale des services médicaux et pharmaceutiques de l'assistance?*

S'il n'y a pas de service spécial organisé, s'occuper de son inspection serait oiseux.

Mais en supposant qu'il y eût quelque chose à inspecter, par suite de la création de bureaux dans toutes les communes, il ne serait pas nécessaire de chercher de nouveaux inspecteurs. Qu'on utilise les conseils de salubrité qui, dans beaucoup de localités, fonctionnent si rarement, surtout dans les arrondissements, qu'à peine on sait s'ils existent.

4. — Assistance hospitalière.

19. — *L'entretien des malades dans les hopitaux, doit-il être mis à la charge de leur commune respective?*

En principe, chaque commune doit pourvoir à l'entretien de ses malades, mais il y a des communes hors d'état de supporter entièrement cette charge; celles-là, le département les aiderait. Comment et dans quelle mesure? C'est ce qu'il convient de laisser à l'appréciation de l'administration départementale; il y aurait à craindre, sans cela, de voir beaucoup de communes s'ingénier à établir l'insuffisance de leurs moyens. L'article 4 de la loi du 7 août 1851, contient une disposition sage qu'il y aurait lieu d'appliquer ici.

20. — *Les malades indigents doivent-ils être admis et entretenus dansl'hôpital de leur circonscription, toutes les fois que leur translation est déclarée nécessaire par le médecin qui les assiste?*

21. — *Par qui doivent être supportés les frais d'entretien des malades dans les hôpitaux?*

A la question n° 20, réponse affirmative ; mais il semble qu'il serait bon d'ajouter à l'opinion du médecin du malade, celle d'un médecin désigné par l'autorité supérieure, ou par le bureau de bienfaisance de la commune, sur la nécessité et la possibilité de la translation, et de s'assurer, préalablement au transport, qu'il y a place dans l'hôpital ; peu de ces établissements étant en état de recevoir constamment, tout ce que leur circonscription pourrait fournir de malades.

22. — *Quelles mesures convient-il de prendre pour l'assistance des vieillards et des infirmes?*

Les dispositions sagement conçues de la loi du 7 août et non du 23 mars 1851, paraissent suffisantes pour ce qui concerne les vieillards et les infirmes.

V. — Enfants orphelins ou abandonnés.

24. — *Quel est l'état actuel du service des enfants assistés?*

L'état du service des enfants assistés paraît satisfaisant dans le Calvados. Il s'y est produit, depuis une dizaine d'années, une amélioration qui résulte principalement de la stricte exécution donnée à un règlement du 17 juin 1871, dont le but était de substituer, en réalité, le système de secours aux filles-mères, à la trop facile admission des enfants dans les hospices, qui s'était pratiqué jusque-là.

En 1861, le chiffre des enfants assistés, dans le Calvados, s'élevait à 1709 ; successivement abaissé, il n'était plus que de 1117 en 1871, et la mortalité des enfants secourus temporairement, dans la même période, est descendue de 14 60/100 pour 100 à 6/41 pour 100. Elle n'était que de 4/35 pour 100 en 1870; la différence qui se rencontre entre ces deux années, peut s'expliquer par l'épidémie variolique qui a cruellement sévi dans le Calvados en 1871. — La proportion des infanticides, des expositions sur la voie publique, des avortements et des homicides par imprudence, a aussi sensiblement diminué, de même que les récidives chez les filles-mères, et l'on a eu à constater des mariages avec légitimation, par suite des soins donnés par les filles-mères à leurs enfants.

25. — *Conviendrait-il d'apporter des modifications à la législation en cette matière?*

L'exemple de ce qui se produit dans le Calvados, semble répondre que la législation actuelle satisfait aux nécessités de l'assistance des enfants orphelins ou abandonnés, sauf ce qui va être dit sur les questions 26 et 27.

26. — *Quelles mesures doit-on prendre à l'effet de recueillir, dans chaque commune, entretenir et élever les enfants orphelins ou abandonnés?*

27. — *Faut-il développer, dans chaque département, l'institution des orphelinats agricoles?*

Les orphelinats, en thèse générale, peuvent être et se montrent déjà de précieux auxiliaires pour l'assistance dont il s'agit. Il en existe un à Caen, fondé par M. l'abbé Le Veneur, que le département encourage de sa subvention et qui paraît donner de bons résultats. Les enfants y reçoivent l'instruction religieuse, élémentaire et professionnelle. L'agriculture et le jardinage font partie du programme. D'autres orphelinats, pour les filles, fonctionnent avec succès, dans plusieurs maisons religieuses du département. Favoriser le développement de ces sortes d'institutions, ne peut que venir en aide à l'assistance; mais il ne faudrait pas se borner à l'industrie agricole; tous les enfants ne sont pas également propres à l'agriculture, et si l'on veut tirer parti des diverses aptitudes et répondre aux différents besoins de la société, on doit, autant que possible, enseigner dans les orphelinats les arts et métiers les plus utiles.

VI. — Extinction de la mendicité.

28. — *Quelles mesures convient-il de prendre pour l'extinction de la mendicité?*

29. — *Quel est l'état actuel des dépôts, y a-t-il lieu de les supprimer?*

30. — *Faut-il modifier les articles 274 à 282 du Code pénal, sur le mode de répression des délits de mendicité?*

La seule force de la loi n'éteindra pas la mendicité; aux règlements, il faut joindre des œuvres. L'homme valide ne doit pas mendier; mais l'indigent incapable de travail, doit encore moins mourir de faim. Donc il faut assurer du pain à celui-ci, et organiser, contre celui-là, des moyens efficaces de répression.

Ces points entendus, il reste un principe à poser, c'est que toute commune doit nourrir, assister ses indigents non valides.

De là, pour la commune, nécessité de créer des ressources; l'institution des bureaux de bienfaisance communaux sera un puissant stimulant à cet effet. La commune se fera un devoir de doter son bureau ; la charité privée, qui doit avoir une grande part dans cette œuvre, viendra en aide. On a dit, plus haut, que déjà les vues philanthropiques se portent, d'une façon plus marquée, vers les bureaux de bienfaisance; la vaste organisation d'assistance qui viendra ouvrir une source de secours au milieu de chaque groupe de besoins, donnera une nouvelle impulsion à ces sentiments généreux. Ils se généraliseront, et, peu à peu, les dons et les legs viendront constituer un revenu propre à ces établissements. Autrefois, la pitié des fidèles avait doté presque toutes les paroisses, pourquoi ne pas attendre un effet analogue, en faveur des bureaux d'assistance, des idées de philanthropie et de charité qui caractérisent notre époque?

Les communes qui se trouveraient hors d'état de se suffire par elles-mêmes seraient soutenues par le département, ainsi qu'on l'a admis dans la réponse à la dix-neuvième question, et même par l'État, dans des cas exceptionnels, comme la guerre, l'inondation, l'épidémie, où le pays aurait particulièrement souffert.

Quant aux mendiants valides, les articles 274 à 282 du Code pénal se dresseront en vain contre leur coupable industrie, tant qu'ils ne seront pas appuyés de dépôts ou la répression s'exerce en réalité. Il faut multiplier ces dépôts et les organiser de telle sorte, que les magistrats puissent avoir la confiance que les condamnations qu'ils seront appelés à prononcer pourront être sérieusement et fructueusement exécutées.

51.—Quid *de la transportation des mendiants récidivistes?*

Faut-il ajouter la transportation aux moyens répressifs?

La transportation, déjà édictée dans la loi du 24 vendémiaire an II, est, en soi, une bien grave mesure, une mesure extrême, dont on ne doit user qu'en cas d'extrême nécessité. On s'émeut à l'idée d'arracher ainsi un citoyen à son foyer, à sa patrie ; mais, considérée au point de vue de la mendicité, son caractère s'atténue singulièrement. Posée de nouveau dans la loi, elle aura un effet préventif sur les individus susceptibles d'en comprendre la rigueur, d'en sentir le poids : elle pourra les retenir et les préserver des rechutes; à l'égard des autres, de ces fainéants éhontés, insouciants, de ces vagabonds, de ces nomades sans feu ni lieu, mendiants incorrigibles, indéfiniment récidivistes, est-ce qu'ils ont le sentiment du foyer, de la patrie? la transportation leur serait peu sensible et pourrait leur être utile ; en tout cas, elle contribuerait à guérir la société d'une de ses plaies les plus profondes, les plus opiniâtres.

VII. — Ressources, répartition des charges.

32. — *Comment doivent être constituées les ressources de l'assistance?*

Les solutions déjà données sous les numéros 28, 29 et 30 répondent à cette question.

33. — *Les communes et les conseils généraux doivent-ils voter, selon les besoins, des centimes additionnels pour l'assistance?*

Obliger, en principe, les communes à voter des centimes spéciaux pour l'assistance, serait aller loin ; ce serait instituer la taxe des pauvres, taxe dont un pays voisin n'a pas à se féliciter si, comme on l'observe, ce qui du reste est dans la nature des choses, elle n'a fait qu'augmenter le personnel de la population indigente ; ce serait peut-être, en même temps, refroidir le zèle de l'initiative privée qu'il importe d'avoir toujours comme auxiliaire. Le mieux semble de laisser la commune légalement libre dans ses efforts ; mais, comme on doit admettre que le département suppléera à ces efforts, du moment qu'ils seront reconnus réels, sincères, on réserverait au conseil général le droit de dire aux communes, se prétendant nécessiteuses : aidez-vous, le département vous aidera, et de faire des sacrifices que ces communes s'imposeraient, une condition de sa propre subvention. A ce moyen, et sans qu'il y eût une taxe générale préétablie, elles seraient conduites à faire tout ce qui serait en leur pouvoir.

34. — *Comment doivent être réparties entre les communes et les départements les diverses charges de l'assistance?*

35. — *L'État et le département doivent-ils venir en aide, par voie de subvention, aux communes dont les revenus sont insuffisants?*

Les communes, on le répète, doivent supporter cette charge dans les proportions de leurs ressources ; le département ne peut avoir qu'à compléter, après avoir reconnu l'insuffisance communale.

L'État ne devrait être appelé à participer que dans les cas exceptionnels, prévus en la solution n° 29 et 30.

VIII. — Mesures de prévoyance.

36. — *Doit-on laisser entièrement libre la création des établissements de bienfaisance et des associations charitables?*

Il semble préférable de créer, d'instituer obligatoirement, dans chaque commune, un bureau de bienfaisance : les motifs de cette opinion ont été exprimés ci-dessus, dans les réponses aux questions première et neuvième.

Les établissements de cette nature qui fonctionnent en ce moment, rendent d'inappréciables services et font regretter qu'il n'en existe pas davantage; c'est un des principaux instruments de l'assistance publique; en les prescrivant législativement, on en hâtera l'institution et l'action partout où ils sont appelés à porter leurs bienfaits.

Mais il convient de laisser libre la création de tous autres établissements charitables.

57. — *Doit-on développer dans les communes rurales, l'institution des caisses d'épargne?*

58. — *Pourrait-on, à cet effet, autoriser les percepteurs à recevoir des dépôts et à délivrer des livrets?*

Il est inutile d'établir des caisses d'épargne dans les communes rurales. Celles qui existent au chef-lieu d'arrondissement et dans d'autres centres importants d'attraction suffisent. L'extension de la faculté de recevoir les épargnes et de remettre les livrets présente plus d'*inconvénients* que d'avantages; elle compliquerait la comptabilité, déjà très chargée, surtout au point de vue de *la vérification des opérations*. D'ailleurs, il en coûte peu au paysan d'apporter ses économies, le dimanche, à la ville; souvent il profite de l'occasion de ce voyage pour d'autres choses qui, sans cela, l'y amèneraient.

59. — *Convient-il d'étendre aux communes rurales le bénéfice des associations de secours mutuels et des institutions de crédit agricole?*

40. — *Quels seraient les moyens pratiques de faciliter l'organisation et d'assurer le fonctionnement de ces institutions?*

Les associations de secours mutuels ne peuvent qu'être utiles dans les communes susceptibles de jouir d'institutions de cette nature, mais peu de communes rurales seront à portée de constituer, sous ce rapport, une société fructueuse.

Il ne semble pas, du reste, qu'il y ait lieu d'ajouter à la législation actuelle pour améliorer, faciliter l'organisation et le fonctionnement de ces associations dans les campagnes.

En ce qui concerne les institutions de crédit agricole, c'est là un tout autre ordre d'idées, qui demanderait une étude particulière, mais qui ne tient que de bien loin, s'il s'y rattache, aux questions d'assistance publique.

On se bornera à dire ici qu'il est regrettable de voir l'agriculteur obligé, pour des besoins momentanés ou transitoires, plus ou moins fréquents, plus ou moins périodiques, de subir le prélèvement de bien lourds intérêts. Heureux encore quelquefois, quand il peut, grâce à son crédit, se procurer de l'argent à ce prix. Souvent, au milieu d'un mobilier opulent qui constitue toute sa fortune, mais où le banquier ne peut trouver un gage assez sûr, toutes les bourses se ferment devant lui. Qu'y faire? On a élucidé différents projets dans le but de faire servir le mobilier de ferme à l'usage de garantie pour son possesseur. Il ne paraît pas qu'il ait été rien conçu de praticable.

C'est chose à étudier encore, mais le temps où les capitaux, sollicités par des besoins plus urgents, sont rares et chers, n'est pas celui qui convient pour s'occuper, avec fruit, de ces sortes de sujets.

Les Membres de la Commission,

NIOBEY, BEAUJOUR, DE LARTURIÈRE, BELLENCONTRE, LUARD, CH. PAULMIER ET DE LYÉE DE BELLEAU.

Caen, le 14 janvier 1875.

TABLE DES MATIÈRES

CHAPITRE V.

CHAPITRE VI.

CHAPITRE VII.

CHAPITRE VIII.

CHAPITRE IX.

TYPOGRAPHIE A. LAHURE, RUE DE FLEURUS, 9, A PARIS.

Printed in Dunstable, United Kingdom

91219926R00251